普通高等教育土建学科专业"十二五"规划教材
高校工程管理专业指导委员会规划推荐教材

地 基 基 础

（第二版）

重庆大学　黄　音　兰定筠　叶天义　编著

中国建筑工业出版社

图书在版编目（CIP）数据

地基基础/黄音，兰定筠，叶天义编著. —2 版. —北
京：中国建筑工业出版社，2016.6
普通高等教育土建学科专业"十二五"规划教材. 高校
工程管理专业指导委员会规划推荐教材
ISBN 978-7-112-19459-9

Ⅰ.①地… Ⅱ.①黄… ②兰… ③叶… Ⅲ.①地基-基
础（工程）-高等学校-教材 Ⅳ.①TU47

中国版本图书馆 CIP 数据核字（2016）第 113850 号

本书依据高等学校工程管理和工程造价学科专业指导委员会编制的《高等学校工程管理本
科指导性专业规范》，结合工程管理专业技术课程的改革目标，按我国现行规范、规程进行编
写。其主要内容包括：地基基础引论；土力学；岩土工程勘察；浅基础（无筋扩展基础和钢筋
混凝土扩展基础与柱下条形基础和筏形基础）；桩基础及其他深基础；软弱土地基处理；区域性
地基处理。

本书适用于高等学校工程管理专业、工程造价专业的技术平台教材，也可作为高等学校土
木工程专业、建筑学专业、城乡规划专业的教材或教学参考书。

责任编辑：刘晓翠　牛　松　王　跃
责任校对：李欣慰　党　蕾

普通高等教育土建学科专业"十二五"规划教材
高校工程管理专业指导委员会规划推荐教材
地 基 基 础
（第二版）
重庆大学　黄　音　兰定筠　叶天义　编著

*

中国建筑工业出版社出版、发行（北京西郊百万庄）
各地新华书店、建筑书店经销
北京红光制版公司制版
北京君升印刷有限公司印刷

*

开本：787×1092 毫米　1/16　印张：14¾　字数：365 千字
2016 年 8 月第二版　2016 年 8 月第七次印刷
定价：**30.00** 元
ISBN 978-7-112-19459-9
（28715）

第 二 版 前 言

随着我国经济的快速发展及城镇化进程的不断加快,社会对工程管理专业和工程造价专业人才的需求日益强烈,对其人才的培养也提出了更高要求,同时,目前我国工程管理专业和工程造价专业教学中技术、经济、管理、法律四个平台课程的整合度不够,特别是技术平台课程,传统技术平台课程往往采用土木工程专业相关教材,导致工程管理专业和工程造价专业学生较难掌握技术课程内容。为此,住房和城乡建设部高等学校工程管理和工程造价学科专业指导委员会认为有必要对技术课程的教学内容进行改革,改革目标是用简单、形象、生动的语言表达复杂的技术问题,进行技术课程的"白话"革命,并且在内容上考虑与经济、管理、法律等相关内容的渗透。

《地基基础》正是按照上述改革目标,为工程管理专业和工程造价专业提供一本技术基础课程教材,使学生掌握地基基础的基本原理与基本技能,具有从事各类建筑地基基础技术管理的能力。本书第一版作为《建筑结构》一书中的第三篇内容。为方便教学,应读者要求,此次改版独立成书。

本教材在编写时,体现了如下特点:

1. 重视地基基础的基本概念和基本原理。对地基基础中的基本概念、基本原理尽量用图形进行解释,如地基、基础、复合地基的概念,土的压缩性原理;弱化繁琐的理论与设计计算公式,不讲述计算公式的推导过程,而是采用图形、表格阐述其具体的运用,并强调运用时的注意事项。

2. 重视地基基础的概念设计。比如,对地基基础的三种设计方法(即常规设计方法;地基与基础协同设计方法;地基、基础与上部结构协同设计方法)及其设计过程采用了简单、形象的图示方式进行讲述;阐述了基础的变刚度设计原则。

3. 重视地基基础的相关学科知识。如土力学的基本知识、岩土工程勘察的知识,这有利于学生对今后实际工程中复杂地基基础问题的处理。

4. 简单、形象与生动性。本书采用大量的图文,对地基基础的基本概念、基本原理、力学计算等知识运用简单语言进行讲述,以方便学生理解和自学。

5. 阐述地基基础知识时,密切结合工程施工、造价、管理的知识,尽力做到工程技术与经济结合,增强学生的综合处理工程问题的能力。

6. 强调学以致用,侧重于地基基础知识的工程应用,解决工程建设过程中的地基基础问题。比如,在第3章岩土工程勘察中,运用案例阐述了如何使用工程勘察报告确定基础的埋置深度的方法;在第4章浅基础中,结合我国建筑物基础设计施工图的表达方式,将独立基础的平面整体表示方法(简称"平法")纳入本书的附录中,引导学生掌握基础施工图的内容;同时,阐述了在基础施工前,基槽验槽的相关内容等。

本书的编写工作是在高等学校工程管理和工程造价学科专业指导委员会的领导和组织下进行的,指委会主任任宏教授对本书的编写思路和编写要求给予了悉心指导,在编写过程中得到了主编单位重庆大学的大力支持。

　　本书由重庆大学黄音、兰定筠、叶天义主编。本书的编写工作分工如下：第1章由兰定筠撰写；第2章由傅宴撰写；第3章由彭军撰写；第4章由黄音撰写；第5章由黄音、兰定筠撰写；第6章由叶天义撰写；第7章由兰定筠撰写；第8章由林琳撰写。

　　本书在编写过程中参考了诸多专家、学者的成果与资料，在此一并致谢。

　　本书虽几经修改，但由于水平有限，缺点错误在所难免，敬请读者予以指正。

4

第 一 版 前 言

随着我国经济的快速发展及城市化进程的不断加快，社会对工程管理专业人才的需求日益强烈，对工程管理专业人才的培养也提出了更高要求，同时，目前我国工程管理专业教学中技术、经济、管理、法律四个平台课程的整合度不够，特别是技术平台课程，传统技术平台课程往往采用土木工程专业相关教材，导致工程管理专业学生较难掌握技术课程内容。为此，住房和城乡建设部高等学校工程管理专业指导委员会认为有必要对技术课程的教学内容进行改革，改革目标是用简单、形象、生动的语言表达复杂的技术问题，进行技术课程的"白话"革命，并且在内容上考虑与经济、管理、法律等相关内容的渗透。

《建筑结构》正是按照上述改革目标，依据"高等学校工程管理专业指导委员会"制定的"工程管理专业"技术类课程中的建筑结构教学大纲进行编写，目的是为工程管理专业提供一部主干技术基础课程教材，使学生掌握建筑结构基本原理、各类建筑结构基本知识、基本技能，具有从事各类建筑结构技术管理的能力。

本教材在编写时，体现了如下特点：

1. 结构整体思维。本书第一章、第二章从建筑结构整体的角度，阐述建筑结构概念设计，总结构体系与水平分体系、竖向分体系、基础分体系的相互关系，从而改变传统的只重视基本构件轻视结构整体分析的教学模式，引导学生形成建筑结构整体思维。

2. 系统性。按结构整体思维，本书系统阐述了荷载、地震作用在建筑结构中的作用及其传递过程，明确水平分体系、竖向分体系、基础分体系之间的力学关系；较系统阐述了钢筋混凝土结构、砌体结构、钢结构的受力特点及基本设计原理，并对结构的基础分体系即地基与基础设计进行介绍，并指出基础设计应结合建筑的上部结构、地基三者相互协同作用进行考虑，强调从结构整体的角度，解决地基与基础问题。

3. 重原理轻公式。本书在阐述建筑结构设计基本原理、各类建筑结构设计内容时，重视基本原理、基本概念、结构整体分析，侧重于技术知识的有效性，弱化计算公式的推导过程及其参数的讲解，从而引导学生掌握技术课程的精华，学以致用，满足工程管理中技术管理的要求。

4. 简单与形象、生动性。本书采用大量的图文，对建筑结构基本原理、基本概念、力学关系等知识运用简单语言进行阐述，增强学生的理解能力。

5. 实践性。本书最后一章，结合工程实践，进行现浇钢筋混凝土楼盖设计，引导学生掌握建筑结构设计的基本过程，结构施工图的形成过程。

本书的编写工作是在住房和城乡建设部人事司和高等学校工程管理专业指导委员会的领导和组织下进行的，指委会主任任宏教授对本书的编写思路、编写大纲及编写过程给予了悉心指导，在编写过程中得到了主编单位重庆大学和同济大学的大力支持，并经过了清华大学罗福午教授的严格审阅。

本书第一章、第二章由重庆大学黄音、兰定筠编写，第三章由重庆大学唐建立、蒋时节编写，第四章由同济大学孙继德编写，第四章第六节由重庆大学黄音编写，第五章由重庆大学黄音、兰定筠编写，第六章由重庆大学黄音编写，第七章由西华大学杨利容编写，第八章由重庆大学黄音、兰定筠编写，第九章、第十章由重庆大学兰定筠、西南科技大学杨莉琼编写。全书由黄音、兰定筠负责制定编写大纲并统稿。

重庆大学研究生谢应坤、谢伟、李凯、王龙等为本书的出版作了许多有益的工作，在此一并表示谢意。

本书虽几经修改，但由于水平有限，缺点错误在所难免，敬请读者予以指正。

目　　录

1　地基基础引论 …………………………………………………… 1
1.1　地基与基础的概念 ……………………………………………… 1
1.2　土木工程的主要基础类型 ……………………………………… 2
1.3　地基与基础的重要性和内容 …………………………………… 7
1.4　地基与基础的特点及学习方法 ………………………………… 10
思考题 ………………………………………………………………… 11

2　土力学 …………………………………………………………… 13
2.1　土的物理性质及土的分类 ……………………………………… 13
2.2　土的压缩性与地基沉降计算 …………………………………… 29
2.3　土的抗剪强度与地基承载力 …………………………………… 42
思考题 ………………………………………………………………… 48

3　岩土工程勘察 …………………………………………………… 49
3.1　建筑物的岩土工程勘察 ………………………………………… 49
3.2　岩土工程勘察报告 ……………………………………………… 52
思考题 ………………………………………………………………… 55

4　浅基础——无筋扩展基础和钢筋混凝土扩展基础 …………… 57
4.1　概述 ……………………………………………………………… 57
4.2　浅基础的设计方法——常规设计法 …………………………… 62
4.3　地基计算 ………………………………………………………… 64
4.4　基础底面尺寸设计 ……………………………………………… 76
4.5　无筋扩展基础 …………………………………………………… 78
4.6　钢筋混凝土扩展基础 …………………………………………… 81
4.7　基础施工图与基坑验槽 ………………………………………… 91
思考题 ………………………………………………………………… 92

5　浅基础——柱下条形基础和筏形基础 ………………………… 95
5.1　柱下条形基础 …………………………………………………… 95
5.2　筏形基础 ………………………………………………………… 97
5.3　连续基础的设计方法 …………………………………………… 100
5.4　基础稳定性 ……………………………………………………… 105
5.5　减轻不均匀沉降危害的措施 …………………………………… 106
思考题 ………………………………………………………………… 109

6 桩基础及其他深基础 ……………………………… 111
  6.1 概述 ……………………………………………… 111
  6.2 桩基础的设计原则 ……………………………… 116
  6.3 桩的竖向承载力 ………………………………… 119
  6.4 桩的水平承载力 ………………………………… 127
  6.5 桩基础的沉降计算 ……………………………… 129
  6.6 桩承台的设计 …………………………………… 132
  6.7 桩基础的设计 …………………………………… 140
  6.8 其他深基础简介 ………………………………… 146
  思考题 ……………………………………………… 151

7 软弱土地基处理 …………………………………… 153
  7.1 概述 ……………………………………………… 153
  7.2 换填垫层法 ……………………………………… 156
  7.3 预压法 …………………………………………… 160
  7.4 压实法与夯实法 ………………………………… 166
  7.5 复合地基概述 …………………………………… 171
  7.6 散体材料增强体复合地基 ……………………… 176
  7.7 有粘结强度增强体复合地基 …………………… 181
  思考题 ……………………………………………… 187

8 区域性地基处理 …………………………………… 189
  8.1 湿陷性黄土地基 ………………………………… 189
  8.2 膨胀土地基 ……………………………………… 194
  8.3 红黏土地基 ……………………………………… 198
  8.4 山区地基 ………………………………………… 200
  8.5 滑坡 ……………………………………………… 207
  8.6 地震区的地基基础 ……………………………… 209
  思考题 ……………………………………………… 213

附录一 附加应力系数和平均附加应力系数 ……… 215

附录二 单桩竖向静载荷试验要点 ………………… 218

附录三 桩型与成桩工艺选择 ……………………… 220

附录四 独立基础平法施工图 ……………………… 221

参考文献 ……………………………………………… 226

1.1　地基与基础的概念

地基与基础是两个不同的概念。

任何建筑物都是建造在一定的地层（土层或岩层）上。通常把支承建筑物基础的土体或岩体称为地基（图1-1）。按地层情况，地基可分为土质地基（简称土基）、岩石地基（简称岩基）。未经人工处理就可以满足设计要求的地基称为天然地基。若地基软弱，地基承载力不能满足设计要求，则需对地基进行加固与处理（如采用换填垫层、排水固结、振密或挤密、置换或增强、加筋、化学剂、电热等方法或机械手段进行处理），称为人工地基。

基础（也称为基础结构）是将建筑结构承受的各种荷载（或作用）传递到地基上的结构组成部分（图1-1），一般它应埋入地下一定的深度，进入较好的地层。根据基础的埋置

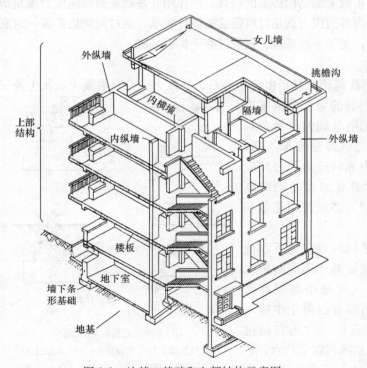

图1-1　地基、基础和上部结构示意图

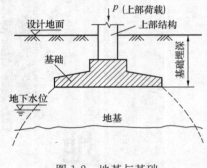

图1-2　地基与基础

深度不同可分为浅基础和深基础。通常把埋置深度不大（地面下1～5m）、只需经过挖槽、排水等一般施工方法就可以建造起来的基础称为浅基础；反之，若浅层土质不良，须把基础埋置于深处的好地层时（地面下5m以上），就得借助于特殊的施工方法，建造各种类型的深基础（如桩基础、地下连续墙、墩基础、沉井基础和沉箱基础等）。

在建筑物地基基础的设计中，通常将图1-1简化为图1-2。

1.2　土木工程的主要基础类型

土木工程的基础类型可划分为两大类：浅基础、深基础。

1.2.1　浅基础的类型

浅基础包括天然地基上的浅基础和人工地基上的浅基础。

根据基础结构形式，浅基础可分为扩展基础、联合基础、柱下条形基础、柱下交叉条形基础、筏形基础、箱形基础和壳体基础等。根据基础所用材料的性能可分为无筋基础和钢筋混凝土基础。

墙下条形基础（包括砌体墙下条形基础和钢筋混凝土墙下条形基础）、柱下独立基础统称为扩展基础。扩展基础是为扩散上部结构传来的荷载，使作用在基础底面的压应力满足地基承载力的设计要求，且基础内部的应力满足材料强度的设计要求，通过向侧边扩展一定底面积的基础。扩展基础可分为：无筋扩展基础、钢筋混凝土扩展基础。

1. 无筋扩展基础

无筋扩展基础（也称为刚性基础）是指由砖、毛石、混凝土、毛石混凝土、灰土及三合土等材料组成的无需配置钢筋的墙下条形基础或柱下独立基础（图1-3）。无筋基础的材料都具有较好的抗压性能，但抗拉、抗剪强度都不高，为了不使基础内产生的拉应力和剪应力超过相应的材料强度设计值，设计时需要加大基础的高度。无筋扩展基础适用于单层、多层民用建筑和轻型厂房。

采用砖或毛石砌筑无筋基础时，在地下水位以上可用混合砂浆，在水下或地基土潮湿时则应用水泥砂浆。当荷载较大，或要减小基础高度时，可采用混凝土基础，也可以在混凝土中掺入体积占25％～30％的毛石（石块尺寸不宜超过300mm），即做成毛石混凝土基础，以节约水泥。

灰土由石灰和土配制而成，石灰以块状为

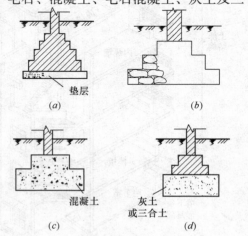

图1-3　无筋扩展基础

(a) 砖基础；(b) 毛石基础；(c) 混凝土或毛石混凝土基础；(d) 灰土或三合土基础

宜, 经熟化 1～2 天后过 5mm 筛立即使用; 土料用塑性指数较低的粉土和黏性土, 土料团粒应过筛, 粒径不得大于 15mm。石灰和土料按体积比为 3：7 或 2：8 拌合均匀, 在基槽内分层夯实 (每层虚铺 220～250mm, 夯实至 150mm)。灰土基础宜在比较干燥的土层中使用。

三合土是由石灰、砂和骨料 (矿渣、碎砖或碎石) 加水泥混合而成的。

2. 钢筋混凝土扩展基础

钢筋混凝土扩展基础 (简称扩展基础) 是指墙下钢筋混凝土条形基础和柱下钢筋混凝土独立基础。这类基础的抗弯和抗剪性能良好, 可在竖向荷载较大、地基承载力不高以及承受水平力和弯矩等情况下使用。与无筋基础相比, 其基础高度较小, 故更适宜在基础埋置深度较小时使用。

(1) 墙下钢筋混凝土条形基础

墙下钢筋混凝土条形基础如图 1-4 所示, 一般情况下可采用无肋梁的墙基础, 当地基不均匀, 为了增强基础的整体性和抗弯能力, 可采用有肋梁 (也称为基础梁) 的墙基础, 即在肋梁内配置足够的纵向受力钢筋和箍筋, 以承受由于不均匀沉降引起的弯曲应力。

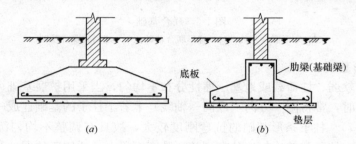

底板

肋梁(基础梁)

垫层

(a)　　　　　　　　(b)

图 1-4　墙下钢筋混凝土条形基础
(a) 无肋的; (b) 有肋的

(2) 柱下钢筋混凝土独立基础

柱下钢筋混凝土独立基础如图 1-5 所示, 现浇柱的独立基础可做成锥形或阶梯形; 预制柱则采用杯口基础以及高杯口基础。杯口基础、高杯口基础常用于装配式单层工业厂房。

砖基础、毛石基础和钢筋混凝土基础在施工前常在基坑底面敷设 100mm 厚、强度等级为 C10 的混凝土垫层。垫层的作用在于保护基坑底土体不被人为扰动和雨水浸泡, 同

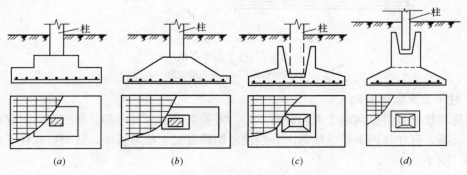

柱　　　柱　　　柱　　　柱

(a)　　　(b)　　　(c)　　　(d)

图 1-5　柱下钢筋混凝土独立基础
(a) 阶梯形基础; (b) 锥形基础; (c) 杯口基础; (d) 高杯口基础

时改善基础的施工条件。

3. 联合基础

联合基础主要是指同列相邻两柱公共的钢筋混凝土基础（图1-6）。采用联合基础的情况是：相邻两柱分别配置柱下独立基础时，常因其中一柱靠近建筑界线，或因两柱间距较小，而出现基底面积不足或荷载偏心过大等。此外，联合基础还可用于调整相邻两柱的沉降差，或防止两者之间的相向倾斜等。

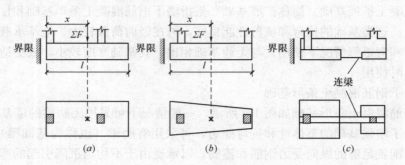

图 1-6　联合基础

（a）矩形联合基础；（b）梯形联合基础；（c）连梁式联合基础

4. 柱下条形基础

当地基较为软弱、柱荷载或地基压缩性分布不均匀，当采用扩展基础可能产生较大的不均匀沉降，此时，常将同一方向（或同一轴线）上若干柱子的基础连成一体而形成柱下条形基础（图1-7）。柱下条形基础的抗弯刚度较大，故具有调整不均匀沉降的能力，并能将所承受的集中柱荷载较均匀地分布到整个基底面积上，适用于软弱地基上框架结构或排架结构的基础。

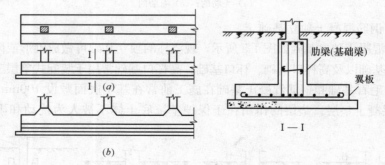

图 1-7　柱下条形基础

（a）等截面；（b）柱位处加腋

5. 柱下交叉条形基础

当地基软弱且沿纵横两个方向分布不均，需要基础在两方向都具有一定的刚度来调整不均匀沉降，可在柱网下沿纵横两向分别设置钢筋混凝土条形基础，从而形成柱下交叉条形基础（图1-8）。

6. 筏形基础

筏形基础是指当柱下交叉条形基础底面积占建筑物平面面积的比例较大，或者建筑物在使用上有要求时（如作为地下车库，或作为地下室、水池、油库等的防渗底板），可以在建筑物的柱、墙下方做成一块满堂的基础。筏形基础由于其底面积大，故可减小基底压力，同时提高地基土的承载力，并能有效地增强基础的整体性，调整不均匀沉降。筏形基础分为平板式和梁板式两种类型（图1-9）。

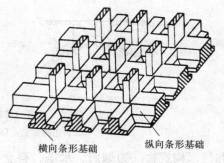

横向条形基础　　纵向条形基础

图 1-8　柱下交叉条形基础

平板式筏板基础的厚度不应小于 500mm，一般为 0.5~2.5m，其特点是施工方便、工期短，但混凝土用量大。当柱荷载较大时，可将柱位下板厚局部加大或设柱墩，如图 1-9（a）所示，以防止基础发生冲切破坏。若柱距较大，为了减小板厚，可以柱轴两个方向设置肋梁，形成梁板式筏形基础，如图 1-9（b）所示，其筏板厚度不应小于 400mm。

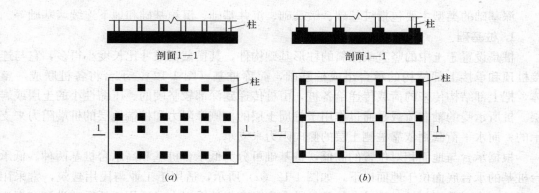

剖面1—1　　　　　　　　剖面1—1

（a）　　　　　　　　　　（b）

图 1-9　筏形基础
（a）平板式；（b）梁板式

7. 箱形基础

箱形基础是由钢筋混凝土的底板、顶板、外墙和内隔墙组成的有一定高度的整体空间结构（图 1-10），适用于软弱地基上的高层建筑，或对不均匀沉降有严格要求的建筑。与筏形基础相比，箱形基础具有更大的抗弯刚度，产生大致均匀的沉降或整体倾斜。箱形基础埋深较大，由于开挖卸去的土重部分抵偿了上部结构传来的荷载，基底的附加应力减小，甚至为零，故基础沉降量较小。此外，箱形基础的抗震性能较好。

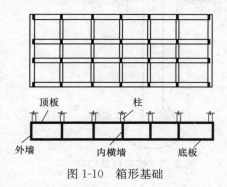

顶板　　　　　柱

外墙　　内横墙　　底板

图 1-10　箱形基础

箱形基础的钢筋水泥用量很大，工期长，工程造价高，施工技术比较复杂，在进行深基坑开挖时，还需考虑降低地下水位、坑壁支护及对周边环境的影响等问题。同时，其不利于地下停车，故采用越来越少。

8. 壳体基础

为了发挥混凝土抗压性能好的特性，可以将基础的形式做成壳体。常见的壳体基础形式有三种：正圆锥壳、M 形组合壳和内球外锥组合壳（图 1-11）。壳体基础可用作柱基础

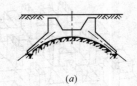 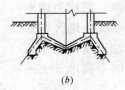 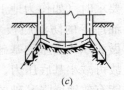

(a) (b) (c)

图 1-11　壳体基础的结构形式

(a) 正圆锥壳；(b) M形组合壳；(c) 内球外锥组合壳

和筒形构筑物（如烟囱、水塔、料仓、中小型高炉等）的基础。壳体基础的优点是材料省、工程造价低，土方挖运量较少，施工时可以不必支模，但较难实行机械化施工，导致施工工期长、施工工作量大、施工技术要求高。

1.2.2　深基础的类型

深基础的类型主要包括桩基础、墩基础、沉井基础、沉箱基础和地下连续墙基础等。

1. 桩基础

桩是设置于土中的竖直或倾斜的柱形基础构件，其横截面尺寸比长度小得多，它与连接桩顶和承接上部结构的承台组成桩基础，简称桩基（图 1-12）。承台将各桩联成一整体，把上部结构传来的荷载传递给各桩，由桩传递到深部较坚硬的、压缩性小的土层或岩层。桩所承受的轴向荷载是通过作用于桩周土层的桩侧摩阻力和桩端地层的桩端阻力来支承的；而水平荷载则依靠桩侧土层的侧向阻力来支承。

根据承台与地面相对位置的高低，桩基础可分为低承台桩基和高承台桩基两种。低承台桩基的承台底面位于地面以下，如图 1-12 (a) 所示，适用于工业与民用建筑，常采用竖直桩，有时采用斜桩；高承台桩基的承台底面高出地面以上，适用于桥梁、港湾和海洋构筑物等工程，如图 1-12 (b) 所示。此外，桩底进行扩底，如图 1-13 所示，形成扩底桩基础。

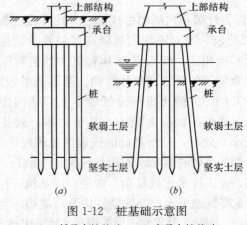 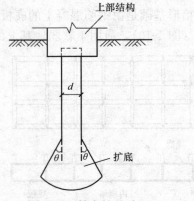

图 1-12　桩基础示意图   图 1-13　扩底桩基础

(a) 低承台桩基础；(b) 高承台桩基础

2. 墩基础

墩是一种利用机械或人工在地基中开挖成孔，再灌注混凝土而形成的长径比较小的大直径桩，由于其直径粗大如墩，故称为墩基础。一般地，将桩的有效长度小于 6m 的桩称其为墩。墩基础的受力性能与桩基础相似但也存在区别，工程实际中常采用扩底墩基础。扩底墩基础的深度一般在 20～40m，最大可达 60～80m，墩底直径可达 7.5m。墩基础由于能较好地适应复杂的地质条件，常用于桥梁工程的桥墩台基础、超高层建筑物基础等。

3. 沉井基础

沉井是一种利用机械或人工清除井内土石，借助自重或添加压重等措施克服井壁摩阻力逐节下沉至设计标高，再浇筑混凝土封底、填塞井孔，形成井筒状构筑物，如图 1-14 所示。将沉井内部填实做成上部结构的基础，称为沉井基础，也可保持空间，作为地下结构物用。当沉井顶部有顶盖时，称为沉箱基础。

图 1-14　沉井基础

沉井基础的特点是埋深较大，整体性强、稳定性好，能承受较大的竖向力、水平力及弯矩，并且沉井既是基础也是施工时的挡土和挡水围堰结构物，施工工艺简便，因此，它常作为高层及超高层建筑，或者桥梁工程桥墩桥台、矿用竖井、大型设备等的基础。但是，沉井基础施工工期较长，对粉砂、细砂类土在井内抽水时易发生流土现象，导致沉井倾斜，故适用于不太透水的土层。

4. 地下连续墙基础

地下连续墙是在泥浆护壁条件下，使用专门的成槽机械，在地面开挖一条狭长的深槽，然后在槽内设置钢筋笼，浇筑混凝土，逐步形成一道连续的地下钢筋混凝土连续墙。地下连续墙一般作为基坑开挖时防水、挡土、抗滑和对临近建筑物基础的支护，以及直接作为上部结构的基础的一部分。地下连续墙的成墙深度一般在 50m 以内，与墙厚和墙体的深度以及受力情况有关。

1.3　地基与基础的重要性和内容

1.3.1　地基与基础的重要性

工程实践证明，建筑物的事故很多是与地基基础有关的，轻则建筑物的上部结构开裂、倾斜，重则倒塌，危及生命和财产安全。

1. 地基事故

（1）地基承载力不满足要求

1997 年云南大理某住宅小区一组团共 14 幢住宅建筑，另有一幢办公楼，总建筑面积 25000m²，抗震设防烈度为 9 度，为 4～6 层砖砌体结构，设置构造柱和圈梁，毛石混凝土条形基础，采用人工地基（即采用粉喷桩进行地基处理）。天然地基为：地面表层 2.5m～4.0m 范围为相对较好的硬壳层（即硬壳层厚度分布不均匀）；地表下埋深 2.5～40m 范围为极软的泥炭质土、淤泥和软黏土。经人工地基处理，房屋建成后，各楼号的沉降量均过大，最大沉降量近 1m，严重影响底层使用。经专家分析鉴定，产生过量沉降的根本原因是条形基础底面压力过大，致使软弱下卧层的承载力不能满足要求。

（2）地基变形不满足要求

著名的意大利比萨斜塔，由于地基发生不均匀沉降，使南北两侧沉降差达 1.8m（图1-15）；我国苏州虎丘塔，也是由于地基不均匀沉降，塔身东北方向发生严重倾斜，塔顶偏离塔中心线 2.31m（图 1-16）。

图 1-15　比萨斜塔　　　　　　　　　　　　　　　图 1-16　虎丘塔

地基的不均匀沉降也会导致建筑物墙体开裂，或基础开裂。此外，地基的严重不均匀沉降会影响建筑物的正常使用。

（3）地基稳定性不满足要求

加拿大的特朗斯康谷仓，因超载发生地基强度破坏发生地基整体滑动，致使谷仓倾倒（图 1-17）。

2009 年，上海市闵行区莲花河畔景苑小区，一栋即将竣工的 13 层住宅楼发生倾塌，其事故原因是：该楼在主体完工后又在楼前挖地下室，而土方堆在楼后达 10m 高，加上下雨，造成地基失稳而发生倒塌（图 1-18）。

图 1-17　加拿大谷仓倾倒　　　　　　图 1-18　上海闵行莲花河畔景苑小区一栋楼房倒塌

（4）地基土液化、岩溶和冻胀

饱和砂土或粉土受到振动后趋于密实，导致孔隙水压力骤然上升，相应地减小了土粒间的有效应力，从而降低了土体的抗剪强度。在振动、地震等作用下，孔隙水压力逐渐累积，甚至可以完全抵消有效应力，使土粒处于悬浮状态，而接近液体的特性。这种现象称为土的液化。地基土液化导致地基失效，会对建筑物造成严重破坏。

在碳酸盐岩为主的可溶性岩石地区，如我国云南部分地区，存在岩溶（也称喀斯特，它是可溶性岩石在水的溶蚀作用下产生的各种地质作用、形态和现象的总称）。岩溶会影响地基稳定性、地基不均匀沉降等。

土的冻胀是指土冻结过程中土体积增大的现象。地基土为冻胀土时，因冻胀会导致建筑物墙体开裂或基础开裂等。

2. 基础事故

浅基础和桩基础通常发生基础抗浮失稳、桩基础整体失稳、基础开裂、桩基础变形过大，以及基础承载力不足导致建筑物倾斜，甚至倒塌。

（1）基础抗浮失稳

1996 年 9 月，海南省海口市遭受了12 级台风的袭击，伴有 400mm 以上的大暴雨，海水位高出海岸边地下水位，局部地带产生海水倒灌现象，某幢 2 层地下室从地下突然窜出地面 5～6m（图 1-19），发生了基础抗浮失稳，导致工程停建。

（2）桩基础整体失稳

1995 年，武汉市汉口前三眼桥与建设大道交汇处，某幢 18 层、住宅楼，为钢筋混凝土剪力墙结构，地下 1 层，基础采用

图 1-19　地下室上浮的事故

桩基础，桩型为夯扩桩，桩径为 0.48m，桩长为 16.0～20.0m。桩端持力层为粉细砂（桩进入持力层的深度为 0.8m），桩身为厚度约 13m 的淤泥和淤泥质土。房屋竣工后，发生了严重倾斜。经专家分析鉴定，该倾斜产生的原因是桩基础受压失稳，最终采用爆破拆除。

从上述地基与基础事故中，可知，地基与基础是建筑物的根本，其勘察、设计、施工和监测质量的好坏将直接影响到建筑物的安全、经济和正常使用。由于地基与基础是在地下或水下进行，施工难度较大，在一般高层建筑中，其工程造价约占总造价的 25%，工期占总工期的 25%～30%。当需采用深基础或人工地基时，其工程造价和工期所占比例更大。同时，地基与基础为建筑物的隐蔽工程，一旦失事，不仅损失巨大，而且补救十分困难，因此，它在土木工程中具有十分重要的作用。

1.3.2　地基与基础的内容

地基与基础的内容包括其设计、施工和监测。

地基与基础的设计包括两大部分：地基设计；基础设计。

1. 浅基础

浅基础的地基设计包括：地基承载力计算；地基变形验算；地基稳定性验算。当地基

承载力不足或压缩很大而不能满足设计要求时，需要进行地基处理。

浅基础的基础设计包括：基础形式的选择；基础埋置深度的确定；基础底面积的确定；基础内力与断面及配筋计算；基础抗浮验算等。

2. 桩基础

桩基础设计包括：桩及承台的承载力计算；桩基整体稳定性验算；桩基的沉降与水平位移验算；带地下室的桩基抗浮稳定性验算；桩与承台的抗裂和裂缝宽度验算等。

3. 地基、基础和上部结构的相互协同作用

在荷载作用下，地基、基础和上部结构三部分彼此联系、相互制约。设计时应根据地质勘察资料，综合考虑地基—基础—上部结构的协同作用以及施工条件，进行工程技术与经济的比较，选取安全可靠、经济合理、技术先进和施工简便的地基基础方案。

1.4　地基与基础的特点及学习方法

1.4.1　本课程的特点

地基与基础课程是建立在土力学、岩石力学的基础之上，涉及工程地质学、土力学、岩石力学、岩土工程勘察、建筑力学、建筑材料、建筑结构、土木工程施工等学科领域，所以本课程是一门综合性很强的课程。

通常土木工程设计之前应进行岩土工程勘察，即通过勘探和取样进行原位测试、室内试验，得到岩土工程勘察报告（简称工程勘察报告）；有了工程勘察报告，结合上部结构的实际情况，运用土力学及建筑结构的基本原理，分析地层（土层或岩层）与基础、上部结构的协同作用的规律，特别是变形与稳定，提出合理的地基与基础方案，从而进行地基与基础的设计。

从上述设计过程可知，地基基础的学习应具备阅读和使用工程勘察报告的能力，了解岩土的现场原位测试和室内试验的基本知识，掌握土力学的基本原理（如：地基承载力、稳定性与土的抗剪强度的关系；地基变形与土的压缩性的关系等）。正确合理地解决工程实际中的地基与基础的设计、施工问题，关键是运用土力学的基本原理，并借鉴工程实际经验。因此，本书第 2 章简单介绍了土力学的基本原理，以及第 3 章简单介绍了岩土工程勘察的基本知识。

1.4.2　本课程的学习方法

地基土的碎散性、多相性（固、水、气相）和地质历史形成的变异性，导致地基土的性质复杂，加之上部结构类型、荷载情况可能又各不相同，故在地基与基础中很难找到完全相同的实例。这就要求理论紧密联系工程实际。

我国地域辽阔，地质历史形成过程不同，且分布着不同于一般土类的特殊性岩土（如：膨胀岩土、湿陷性土、软土、多年冻土、红黏土、盐渍岩土等），以及不良地质作用（如：岩溶、滑坡、泥石流、地面沉降等）。这就要求重视各地区的实践经验。

岩土工程远不如上部结构工程严密、完善和成熟，这是由于岩土工程充满着条件的不确知性（即地层条件不可能完全查清）、参数的不确定性和信息的不完善性。正如，近代岩土工程创始人太沙基（K·Terzaghi）有句名言："Geotechnology is an art rather tan a science"，即：岩土工程与其说是一门科学，不如说是一门艺术。因此岩土工程具有科学性和艺术性。这就要求重视岩土工程的基本概念，具备综合分析、综合判断的能力。比如，地基承载力需要综合地分析与判断进行确定。

随着我国超限高层建筑及复杂大型工程的大量涌现，岩土工程正面临着新的技术挑战。为了实现抗震性能化设计，传统小震作用下地基基础的抗震验算已很难满足设计要求，这就需要不断学习新的岩土工程知识和工程实践知识，阅读相关书籍，才能处理超限高层建筑及复杂工程的岩土工程问题。

思考题

1. 地基、基础的概念是什么？两者的区别是什么？
2. 浅基础的类型有哪些？
3. 柱下独立基础的适用范围是哪些？
4. 筏板基础的适用范围是哪些？其筏板厚度有什么要求？
5. 深基础的类型有哪些？
6. 地基事故包括哪些？
7. 基础事故包括哪些？
8. 浅地基的地基与基础设计主要包括哪些内容？
9. 深基础的基础设计主要包括哪些内容？
10. 地基与基础的主要特点是什么？

土 是多孔多相不连续的介质，其骨架是由不同矿物、不同尺度和形状的颗粒形成，骨架的孔隙中充填着水和空气。因此土具有三大特性：碎散性、多相性、地质历史的产物，由土的三特性引出土的三个工程问题，即：土的强度、土的变形和土的渗流。

解决上述土的三大工程问题的理论成果是三大理论，并由它们组成了土力学的核心内容。首先，土的强度理论揭示了土的破坏机理，莫尔-库仑强度理论描述了剪切面上剪应力与该面上正应力之间的关系；其次，土的有效应力原理；最后，有关土中水渗流的达西定律。本章将对上述土力学的基本理论进行简单介绍。

2.1 土的物理性质及土的分类

2.1.1 土的组成

1. 土的形成

在自然界，存在于地壳表层的岩石圈是由基岩及其覆盖土组成。其中，基岩是指原位的各类岩石；覆盖土是指覆盖于基岩之上各类土的总称。基岩岩石按成因可分为岩浆岩、变质岩和沉积岩三大类。土是还没有固结成沉积岩的松散沉积物。土的性质差别很大，其原因主要是由其成分和结构不同所致，而土的成分和结构又取决于其成因特点。

在自然界，土的形成过程是十分复杂的，地壳表层的岩石在阳光、大气、水和生物等因素影响下，发生风化作用（包括物理风化、化学风化），使岩石崩解、破碎，经流水、风、冰川等动力搬运作用，在各种自然环境下沉积，形成土体。根据土的形成条件，常见的成因类型有：残积土、坡积土、洪积土、冲积土、湖积土、海积土、风积土、冰积土。

土的上述形成过程决定了它具有特殊的物理力学性质。土具有如下三个重要特点：

（1）碎散性——颗粒之间无黏结或一定的黏结，存在大量孔隙，可以透水透气；

（2）多相性——土往往是由固体颗粒、水和气体组成的三相体系，相系之间质和量的变化直接影响它的工程性质；

（3）地质历史的产物——土是在自然界漫长的地质历史时期演化形成的多矿物组合体，性质复杂，不均匀，且随时间还在不断变化的材料，具有自然变异性。

2. 土中固体颗粒

（1）土粒粒度与粒度成分分布曲线

组成土的各个土粒的特征，即土粒的个体特征，主要包括土粒的大小和形状。粗大土粒其形状呈块状或粒状，细小土粒主要呈片状，但实际上土是由土粒的集合体组成的，有关土的集合体的特征将在土的结构和构造中讨论。

自然界中存在的土都是由大小不同的土粒组成。土粒的粒径由粗到细逐渐变化时，土的性质相应地发生变化。土粒的大小称为粒度，通常以粒径表示；介于一定粒度范围内的土粒，称为粒组。土粒的大小及其组成情况，通常以土中各个粒组的相对含量（是指土样各粒组的质量占土粒总质量的百分数）来表示，称为土的粒度成分或颗粒级配。

土的粒度成分或颗粒级配是通过土的颗粒分析试验测定的，常用的测定方法有筛分法和沉降分析法。前者是适用于粒径大于 0.075mm 的巨粒组和粗粒组，后者适用于粒径小于 0.075mm 的细粒组。根据粒度成分分析试验结果，常采用粒径累计曲线表示土的颗粒级配。该法是比较全面和通用的一种图解法，其特点是可简单获得定量指标，特别适用于几种土级配好与差的相对比较。粒径累计曲线法的横坐标为粒径，由于土粒粒径的值域很宽，因此采用对数坐标表示；纵坐标为小于（或大于）某粒径的土重（累计百分）含量，如图 2-1 所示。由粒径累计曲线的坡度可以大致判断土粒均匀程度或级配是否良好。如曲线较陡，表示粒径大小相差不多，土粒较均匀，级配不良；反之，曲线平缓，则表示粒径大小相差悬殊，土粒不均匀，级配良好。

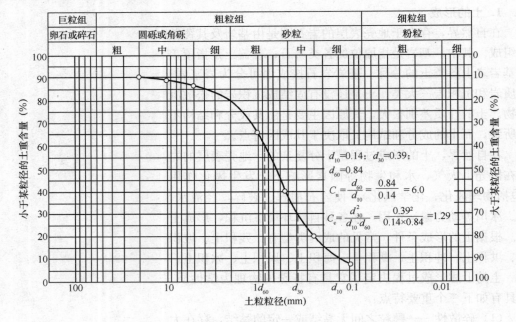

图 2-1 粒径累计曲线

根据粒径累计曲线，可以简单地确定颗粒级配的两个定量指标，即不均匀系数 C_u 和

曲率系数 C_c，见图 2-1 中计算公式，其中 d_{60}、d_{30}、d_{10} 分别相当于小于某粒径土重累计百分含量为 60％、30％、10％对应的粒径，分别称为限制粒径、中值粒径和有限粒径。显然对同一种土有 $d_{60} > d_{30} > d_{10}$。

在一般情况下，工程上把 $C_u < 5$ 的土看作是均粒土，属级配不良；$C_u > 10$ 的土，属级配良好。对于级配良好的土，较粗颗粒间的孔隙被较细的颗粒所填充，便能得到密实度较好的土，此时的地基土的强度和稳定性较好，透水性和压缩性也较小；若作为填方工程的建筑材料，则比较容易获得较大的密实度，是堤坝或其他土建工程良好的填方用土。

此外，对于粗粒土，不均匀系数 C_u 和曲率系数 C_c 也是评价渗透稳定性的重要指标。

（2）土粒的矿物成分

土中固体颗粒的矿物成分绝大部分是矿物质，其余为有机质（图 2-2）。

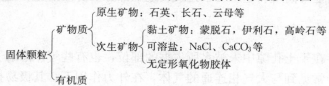

图 2-2　固体颗粒的矿物成分

在黏土矿物中，蒙脱石是由伊利石进一步风化或火山灰风化而成的产物。当土中蒙脱石含量较高时，土则具有较大的吸水膨胀和失水收缩的特性。伊利石主要是云母在碱性介质中风化的产物，其结晶构造的稳定性优于蒙脱石，其膨胀性和收缩性都较蒙脱石小。高岭石是长石风化的产物，其亲水性、膨胀性和收缩性均较小于伊利石，更小于蒙脱石。

土中矿物成分与粒度成分存在着一定的内在联系。粗颗粒往往是岩石经物理风化作用形成的原岩碎屑，是物理化学性质比较稳定的原生矿物颗粒；细小土粒主要是化学风化作用形成的次生矿物颗粒和生成过程中介入的有机物质，而次生矿物的成分、性质及其与水的作用均很复杂，这也是细粒土具有塑性特征的主要因素之一，对土的工程性质影响很大。同样，有机质对土的工程性质有很大的影响。

3. 土中水

土中水可以处于液态、固态或气态。土中细粒愈多，即土的分散度愈大，土中水对土性质影响也愈大。存在于土中的液态水可分为结合水和自由水两大类。实际上，土中水是成分复杂的电解质水溶液，并与土粒有着复杂的相互作用。土中水在不同作用力之下而处于不同的状态。

（1）结合水

当土粒与水相互作用时，土粒会吸附一部分水分子，在土粒表面形成一定厚度的水膜，成为结合水。结合水是指受电分子吸引力吸附于土粒表面的土中水，故也称为束缚水或吸附水。根据其吸附力的强弱，结合水可分为强结合水和弱结合水。其中，强结合水是指紧靠土粒表面的结合水膜，也称为吸着水。其特征是：没有溶解盐类的能力，不能传递静水压力，只有吸热变成蒸汽时才能移动。当黏性土中只含有强结合水时，呈固体状态，磨碎后则呈粉末状态。

弱结合水是紧靠于强结合水的外围而形成的结合水膜，也称为薄膜水，其特征是：不能传递静水压力，但较厚的弱结合水能向邻近较薄的水膜缓慢转移。弱结合水的厚度对黏性土的黏性特征及工程性质有很大影响。

（2）自由水

自由水是存在于土粒表面电场影响范围以外的水。自由水能传递静水压力，冰点为0℃，有溶解能力。自由水按其移动所受作用力的不同，它可分为重力水和毛细水。

重力水是指存在于地下水位以下的透水土层中的地下水，是在重力或水头压力作用下运动的自由水，对土粒有浮力作用。重力水的渗流特征对土中的应力状态，开挖基槽、基坑以及修筑地下工程有重要影响，因此，它是地下工程排水和防水工程的主要控制因素之一。

毛细水是指存在于地下水位以上，受到水与空气交界面处表面张力作用的自由水。在工程中，毛细水的上升高度和速度对于建筑物地下部分的防潮措施和地基土的浸湿、冻胀等有重要影响。

4. 土中气

土中的气体存在于土孔隙中未被水所占据的部位，也有些气体溶解于孔隙水之中。在粗颗粒沉积物中，常见到与大气相连通的气体，在外力作用下，其极易排出，对土的性质影响不大。在细粒土中，常存在与大气隔绝的封闭气泡，在外力作用下，土中封闭气体易溶解于水，外力卸除后，溶解的气体又重新释放出来，使得土的弹性增加，透水性减小。

土中气成分与大气成分比较，前者含有更多的 CO_2，较少的 O_2，较多的 N_2。土中气与大气的交换愈困难，两者的差别愈大。因此，在与大气连通不畅的地下工程施工中，应注意氧气的补给，以保证施工人员的安全。

5. 土的结构和构造

试验表明，同一种土，原状土样和重塑（土的结构性彻底破坏）土样的力学性质有很大差别，这表明土的组成成分不是决定土性质的全部因素，土的结构和构造对土的性质也有很大影响。

土的结构是指土的微观结构，是土粒的原位集合体特征，是由土粒单元的大小、矿物成分、形状、相互排列及其联结关系，土中水性质及孔隙特征等因素形成的综合特征。土的结构一般可分为单粒结构、蜂窝结构和絮凝结构三种基本类型（图 2-3）。

土的构造是指土的宏观结构，是同一土层中的物质成分和颗粒大小等都相近的各部分之间的相互关系的特征，是表征土层的层理、裂隙及大孔隙等宏观特征。首先，成层性（即层理构造）是土的构造最主要特征，它是在土的形成过程中，由于不同阶段沉积的物质成分、颗粒大小或颜色不同，而沿竖向呈现的成层特征，常见的有水平层理构造和交错层理构造。其次，土的构造的另一特征是土的裂隙性，如黄土的柱状裂隙，膨胀土的收缩裂隙等。裂隙的存在大大降低土体的强度和稳定性，增大透水性，对工程不利，往往是工程结构或土体边坡失稳的原因。然后，还应注意土中有无包裹物（如腐殖物、贝壳、结核体等）以及天然或人为的孔洞存在。土的构造特征都造成土的不均匀性。

2.1.2　土的物理性质及分类

1. 土的三相组成

土是由固体颗粒、水和气体三部分组成的。土中的固体颗粒构成土的骨架，骨架之间存在大量孔隙，孔隙中填充着液态水和空气。同一地点土体的三相比例组成会随环境变

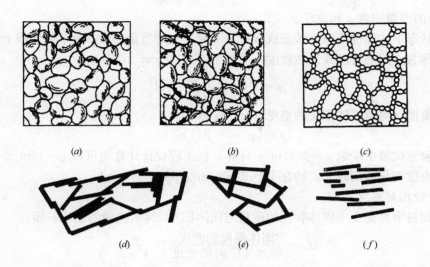

图 2-3 土的结构类型

(a) 疏松的单粒结构；(b) 紧密的单粒结构；(c) 蜂窝结构；

(d) ～ (f) 絮凝结构

化。土的三相比例不同，土的状态和工程性质也各异，出现如稍湿与饱和、松散与密实、坚硬与软塑等不同的物理状态。当土中孔隙全部由气体填充时为湿土，此时黏土多为可塑状态；当土中孔隙全部由液态水填充时为饱和土，此时粉细砂或粉土遇强烈地震可能发生液化。土的物理状态对于评定土的力学性质，特别是土的承载力和变形性质关系极大，因此，为了研究土的物理状态，就要掌握土的组成部分之间的比例关系。表示土体三相组成之间关系的指标被称为土的物理性质指标。

为了阐述和标记方便，把自然界中的土的三相混合分布的情况分别集中起来，固相集中于下部，液相居中部，气相集中于上部，并按适当的比例画一个土的三相图（图 2-4），图的左边标出各相的质量，右边标出各相的体积。其中，质量 m 和体系 V 的下标含义是：s 代表颗粒，w 代表水，a 代表空气，v 代表孔隙。气体的质量比其他两部分质量小很多，可忽略不计，即 $m_a = 0$，水的密度 $\rho_w = 1 \mathrm{t/m^3}$，则有数量关系 $m_w = \rho_w V_w = V_w$。

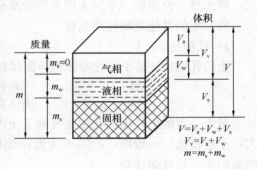

图 2-4　土的三相图

设总体积为 V，颗粒体积为 V_s，孔隙体积为 V_v，水体积为 V_w，气体体积为 V_a，总质量为 m，颗粒质量为 m_s，水的质量为 m_w。空气质量略去不计。由此可得，土的总体积与总质量的关系，如图 2-4 所示。

2. 土的物理性质指标

（1）土的三项基本物理性质指标

土的质量密度（简称密度）ρ 和土的重力密度（简称重度）γ、土粒相对密度 d_s 以及土的含水率 w 是土的三项基本物理性质指标，其值均可由实验室直接测定。

1) 土的质量密度 ρ 和重度 γ

天然状态下（即保持原始状态或含水量不变）土的质量密度 ρ 为单位体积土内湿土的质量，也称为土的湿密度或天然密度，简称密度 ρ（g/cm³），即：

$$\rho = \frac{土的总质量}{土的总体积} = \frac{m}{V} \tag{2-1}$$

土的重度 γ 为单位体积土的重量（kN/m³），即：

$$\gamma = \rho g = 9.81\rho \approx 10\rho \tag{2-2}$$

在实验室试验中应取 $g=9.81\text{m/s}^2$ 计算，在工程设计计算时可取 $g=10\text{m/s}^2$。天然状态下土的重度变化范围较大，约在 $16\sim22\text{kN/m}^3$ 之间。

2) 土粒相对密度 d_s

土粒相对密度是土中固体颗粒的质量与同体积4℃纯水质量的比值，即：

$$d_s = \frac{固体颗粒的密度}{纯水\ 4℃\ 时的密度} = \frac{m_s}{V_s\rho_w} \tag{2-3}$$

因为4℃纯水的密度 $\rho_w=1.0\text{g/cm}^3$，故土的相对密度在数值上即等于土粒的密度，是一个无量纲量。土粒相对密度 d_s 的数值大小，取决于土的矿物成分，其变化范围为：砂土 $d_s=2.65\sim2.69$；粉土 $d_s=2.70\sim2.71$；黏土 $d_s=2.72\sim2.76$。

3) 土的含水量 w

土的含水量表示土中含水的数量，为土体中水的质量与固体颗粒质量的比值，用百分数表示，即：

$$w = \frac{水的质量}{固体颗粒质量} \times 100\% = \frac{m_w}{m_s} \times 100\% \tag{2-4}$$

土的含水量反映土的干湿程度。含水率愈大，说明土愈湿，一般情况土也愈软；反之，则土愈干也愈硬。不同土的天然含水率变化范围很大。

（2）土的其他物理性质指标

1) 孔隙比 e

土的孔隙比 e 是土中孔隙体积与固体颗粒体积的比值，即：

$$e = \frac{孔隙体积}{固体颗粒体积} = \frac{V_v}{V_s} \tag{2-5}$$

对于一定的土，土的孔隙比反映了土的密实程度。孔隙比愈大，表示土中孔隙体积愈大，土愈疏松。一般地，$e<0.6$ 为低压缩性的密实土，是良好地基；$e>1.0$ 为高压缩性的疏松土，是软弱地基。

2) 饱和度 S_r

土的饱和度是土中水的体积与孔隙总体积之比，以百分率计，即：

$$S_r = \frac{水的体积}{孔隙体积} \times 100\% = \frac{V_w}{V_v} \times 100\% \tag{2-6}$$

土的饱和度是表示水在孔隙中充满的程度，反映土潮湿程度的物理性质指标。当土是干燥的、孔隙中没有水存在时，$S_r=0$；当土是完全饱和的、孔隙中充满了水时，$S_r=100\%$。

粉、细砂的饱和程度对其工程性质具有一定的影响。如稍湿的粉、细砂表现出微弱的黏聚性，而饱和的粉、细砂则呈散粒状态，且容易发生流土现象。因此，在评价粉、细砂工程性质时，除了确定其密度外，还要考虑其饱和度。砂土、粉土根据饱和度的指标分为：稍湿（$S_r \leqslant 50\%$）、很湿（$50\% \leqslant S_r \leqslant 80\%$）和饱和（$S_r > 80\%$）三种湿度状态。

3）几种特定条件下的密度

① 干密度 ρ_d 和干重度 γ_d

土的干密度 ρ_d 为单位体积土中固体颗粒部分的质量（g/m³ 或 t/m³），即：

$$\rho_d = \frac{\text{固体颗粒质量}}{\text{土的总体积}} = \frac{m_s}{V} \tag{2-7}$$

土的干重度 γ_d 为单位体积土中固体颗粒部分的重量（kN/m³），其值等于干密度乘以重力加速度，即：

$$\gamma_d = \rho_d g = 9.81\rho_d \approx 10\rho_d \tag{2-8}$$

土的干重度反映土颗粒排列的密实程度，工程上常用来作为填方工程中控制土体压实质量的检查标准。γ_d 越大，土体越密实，工程质量较好。

② 土的饱和密度 ρ_{sat} 和土的饱和重度 γ_{sat}

土的饱和密度 ρ_{sat} 为孔隙中全部充满水时单位体积的重量（g/cm³ 或t/m³），即：

$$\rho_{sat} = \frac{\text{孔隙全部充满水的总质量}}{\text{总体积}} = \frac{m_s + m_w + V_a\rho_w}{V} \tag{2-9}$$

土的饱和重度 γ_{sat} 为孔隙中全部充满水时单位体积的重量（kN/m³），即：

$$\gamma_{sat} = \rho_{sat} g = 9.81\rho_{sat} \approx 10\rho_{sat} \tag{2-10}$$

土的饱和重度的常见范围为：$\gamma_{sat} = 18 \sim 23\text{kN/m}^3$。

③ 土的浮重度 γ'

由于在静水下的土体受水的浮力作用，当土的饱和重度 γ_{sat} 减去水的重度称为土的浮重度 γ'，即：

$$\gamma' = \gamma_{sat} - \gamma_w \tag{2-11}$$

土的四种密度（重度）之间比较，有：$\rho_{sat} \geqslant \rho \geqslant \rho_d > \rho'$，$\gamma_{sat} \geqslant \gamma \geqslant \gamma_d > \gamma'$。

（3）土的物理性质指标换算

土粒的相对密度，含水量和密度三个指标是通过试验测定的。这三个基本指标确定后，可以导出其余各个指标。土的三相比例指标换算公式，见表 2-1。

土的三相比例指标换算公式　　　　　表 2-1

名称	符号	三相比例表达式	常用换算公式		常见的数值范围
干密度	ρ_d	$\rho_d = \dfrac{m_s}{V}$	$\rho_d = \dfrac{\rho}{1+w}$	$\rho_d = \dfrac{d_s}{1+e}\rho_w$	$1.3 \sim 1.8\text{g/cm}^3$
干重度	γ_d	$\gamma_d = \rho_d \cdot g$	$\gamma_d = \dfrac{\gamma}{1+w}$	$\gamma_d = \dfrac{d_s}{1+e}\gamma_w$	$13 \sim 18\text{kN/m}^3$
饱和重度	γ_{sat}	$\gamma_{sat} = \rho_{sat} \cdot g$	$\gamma_{sat} = \dfrac{d_s+e}{1+e}\gamma_w$		$18 \sim 23\text{kN/m}^3$
浮重度	γ'	$\gamma' = \rho' \cdot g$	$\gamma' = \gamma_{sat} - \gamma_w$	$\gamma' = \dfrac{d_s-1}{1+e}\gamma_w$	$8 \sim 13\text{kN/m}^3$
孔隙比	e	$e = \dfrac{V_v}{V_s}$	$e = \dfrac{wd_s}{S_r}$ $e = \dfrac{d_s(1+w)\rho_w}{\rho} - 1$		黏性土和粉土：$0.40 \sim 1.20$ 砂土：$0.30 \sim 0.90$

续表

名称	符号	三相比例表达式	常用换算公式	常见的数值范围
孔隙率	n	$n = \dfrac{V_v}{V} \times 100\%$	$n = \dfrac{e}{1+e}$　$n = 1 - \dfrac{\rho_d}{d_s\rho_w}$	黏性土和粉土：30%～60% 砂土：25%～45%
饱和度	S_r	$S_r = \dfrac{V_w}{V_v} \times 100\%$	$S_r = \dfrac{wd_s}{e}$　$S_r = \dfrac{w\rho_d}{n\rho_w}$	$0 \leqslant S_r \leqslant 50\%$ 稍湿 $50\% < S_r \leqslant 80\%$ 很湿 $80\% < S_r \leqslant 100\%$ 饱和
三相比例指标换算图	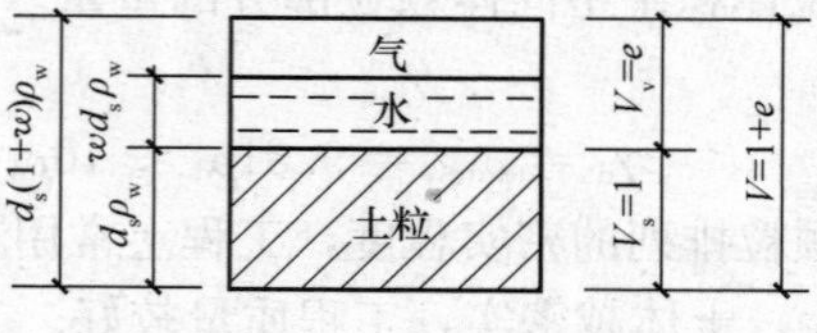	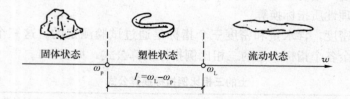		

3. 土的物理特征

（1）黏性土的物理状态指标——塑性指标和液性指数

稠度是反映黏性土的物理状态指标，它是指黏性土在某一含水率时的稀稠程度或软硬程度，用坚硬、可塑和流动等状态来描述。稠度还反映了黏性土的颗粒在不同含水量时土粒间的连接强度，稠度不同，土的强度及变形特性也不同。因此，稠度也可以指土对外力引起变形或破坏的抵抗能力。黏性土处在某种稠度时所呈现出的状态，称为稠度状态。

1）界限含水量

黏性土所表现出的稠度状态，是随含水率的变化而变化的。黏土的物理状态随其含水率的变化而有所不同。黏性土的土粒很细，所含黏土矿物成分较多，故水对其性质影响较大，土粒表面与水相互作用的能力较强，土粒间存在黏聚力。黏性土随着含水量的变化，可具有不同的状态（图 2-5）。

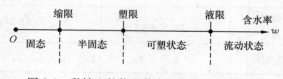

图 2-5　黏性土状态与含水量关系图

黏性土从一种状态过渡到另一种状态之间的分界含水量（图 2-6）称为界限含水量。它对黏性土的分类和工程性质的评价有重要意义。

液限 w_L（%）——是指黏性土由可塑状态转到流动状态的界限含水率。液限是黏性土在极小扰力作用下将发生流动时的最小含水量。

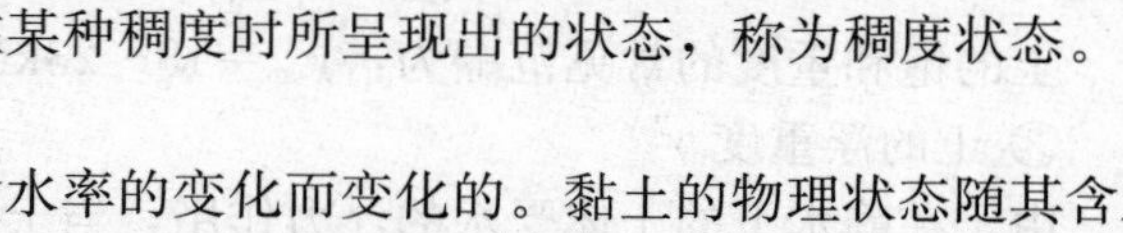

塑限 w_p（%）——是指黏性土由半固态转到可塑状态的界限含水率。塑限是产生塑性变形的最小含水量。

图 2-6　黏性土的物理状态与界限含水率关系

缩限 w_s（%）——是指黏性土呈半固态不断蒸发水分，则体积不断缩小，直到体积不再缩小时土的界限含水率。

2）塑性指数 I_p

细粒土的液限与塑限的差值定义为塑性指数 I_p，常用百分数的绝对值表示（不带%），即：

$$I_p = w_L - w_p \tag{2-12}$$

塑性指数反映细粒土体处于可塑状态下，含水率变化的最大区间。液限与塑限之差越大，说明土体处于可塑状态的含水量变化范围越大。

塑性指数的大小与土中结合水的含量有直接关系。土中含的结合水愈多，土与水之间的作用愈强烈。一种土的塑性指数越大，表明该土所能吸附的弱结合水越多，即该土黏粒含量高或矿物成分吸水能力强。从土的颗粒讲，土粒越细、黏粒含量越高，其比表面积越大，则结合水越多，塑性指数也越大。

塑性指数是一个能反映黏性土性质的综合性指数，工程上普遍采用塑性指数对黏性土进行分类和评价，用塑性指数 I_p 作为区分黏土与粉土的标准。《建筑地基基础设计规范》GB 50007—2011（以下简称《地基规范》）规定：黏性土为塑性指数 I_p 大于 10 的土，可按表 2-2 分为黏土和粉质黏土。

黏 性 土 的 分 类　　　　　　表 2-2

塑性指数 I_p	土的名称	塑性指数 I_p	土的名称
$I_p > 17$	黏土	$10 < I_p \leq 17$	粉质黏土

注：塑性指数由相应于 76g 圆锥体沉入土样中深度为 10mm 时测定的液限计算而得。

粉土为介于砂土与黏性土之间，塑性指数 $I_p \leq 10$ 且粒径大于 0.075mm 的颗粒含量不超过全重 50% 的土。

3）液性指数

土的含水率在一定程度上可以说明土的软硬程度。对同一种黏性土来说，含水率越大，土体越软。但对两种不同的黏性土来说，即使含水率相同，若它们的塑性指数各不相同，这两种土所处的状态就可能不同。如两土样的含水率均为 32%，对液限为 30% 的土样是处于流动状态，而对于液限为 35% 的土样来说则是处于可塑状态。因此，必须把天然含水率 w 与这种土的塑限 w_p 和液限 w_L 进行比较，才能判定天然土的稠度状态，进而说明土是硬的还是软的。工程中，用液性指数 I_L 作为判定土的软硬程度的指标，将其定义为：黏性土的天然含水率与塑限的差值和液限与塑限的差值之比：

$$I_L = \frac{w - w_p}{w_L - w_p} = \frac{w - w_p}{I_p} \tag{2-13}$$

液性指数是判别黏性土软硬程度（即稀稠程度）的指标，反映土的软硬不同。当天然含水量 w 小于 w_p 时，I_L 小于 0，土体处于固体或半固体状态；当 w 大于 w_L 时，$I_L > 1.0$，天然土体处于流动状态；当 w 在 w_p 与 w_L 之间时，I_L 在 0~1.0 之间，天然土体处于可塑状态。因此，可用液性指数 I_L 表示黏性土所处的天然状态。I_L 值越大，土体越软；I_L 值越小，土体越坚硬。《地基规范》规定：根据其液性指数 I_L，黏性土的状态可划分为坚硬、硬塑、可塑、软塑、流塑五种状态（表 2-3）。

（2）黏性土的活动度、灵敏度和触变性

为把黏性土中所含矿物的活动性显示出来，可用塑性指数与黏粒（粒径小于0.002mm的颗粒）含量百分数之比值，即称为活动度。黏性土的活动度反映了黏性土中所含矿物的活动性。

黏 性 土 的 状 态　　　　　表 2-3

液性指数 I_L	状 态	液性指数 I_L	状 态
$I_L \leqslant 0$	坚 硬	$0.75 < I_L \leqslant 1$	软 塑
$0 < I_L \leqslant 0.25$	硬 塑	$I_L > 1$	流 塑
$0.25 < I_L \leqslant 0.75$	可 塑		

注：当用静力触探探头阻力或标准贯入试验锤击数判定黏性土的状态时，可根据当地经验确定。

黏性土的灵敏度（s_t）是以原状土的强度与该土经过重塑后的强度之比来表示。重塑试样具有与原状试样相同的尺寸、密度和含水量。根据灵敏度可将饱和黏性土分为：低灵敏（$1 < s_t \leqslant 2$）、中灵敏（$2 < s_t \leqslant 4$）和高灵敏（$s_t > 4$）三类。土的灵敏度愈高，其结构性愈强，受扰动后土的强度降低就愈多。因此，在基础工程施工中，应注意保护基坑或基槽，尽量减少对坑底土的结构扰动。

饱和黏性土的结构受到扰动，导致强度降低，但当扰动停止后，土的强度又随时间而逐渐部分恢复。黏性土的这种抗剪强度随时间恢复的胶体化学性质称为土的触变性。如在黏性土中打桩时，往往利用振扰的方法，破坏桩侧土和桩尖土的结构，以降低打桩的阻力，但在打桩完成后，土的强度可随时间部分恢复，使桩的承载力逐渐增加，这就是利用了土的触变性机理。

（3）无黏性土的物理状态指标——密实度

无黏性土一般指砂土和碎石土，它们最主要的物理状态指标是密实度。土的密实度是指单位体积中固体颗粒的含量。天然状态下，无黏性土的密实度与其工程性质有密切关系。当为松散状态时，其压缩性和透水性较高，强度较低；当为密实状态时，其压缩性较小，强度较高，为良好的天然地基。

1）砂土的密实状态指标

《地基规范》规定，砂土为粒径大于2mm的颗粒含量不超过全重的50%，粒径大于0.075mm的颗粒超过全重50%的土。砂土可分为砾砂、粗砂、中砂、细砂和粉砂（表2-4）。

砂 土 的 分 类　　　　　表 2-4

土的名称	粒 组 含 量
砾 砂	粒径大于2mm的颗粒含量中为全重的25%～50%
粗 砂	粒径大于0.5mm的颗粒含量超过全重的50%
中 砂	粒径大于0.25mm的颗粒含量超过全重的50%
细 砂	粒径大于0.075mm的颗粒含量超过全重的85%
粉 砂	粒径大于0.075mm的颗粒含量超过全重的50%

注：分类时应根据粒组含量栏从上到下以最先符合者确定。

砂土是无黏性的散体，不具备可塑性。天然状态下的砂土可处于从密实到疏松的不同物理状态。匀粒砂土颗粒一般为粒状，比较接近于圆形，其堆积情况一般为单粒结构，即单个颗粒之间互相支撑，以保持稳定。单粒结构也具有松密状态，理想的圆球状颗粒的排

列结构如图 2-7 所示。图 2-7 中
(a) 为疏松排列，孔隙最大；图
2-7 (b) 为密实排列，孔隙比最
小。实际的砂土是大、小颗粒混
杂的，而且颗粒形状也不是圆形，
当细小颗粒多，尤其是片状颗粒
较多时，容易出现架空现象，此
时多处于疏松状态。试验资料表
明，一般粗颗粒砂多处于较密实

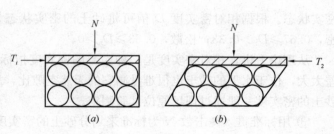

图 2-7 理想砂土的颗粒排列
(a) 疏松排列；(b) 密实排列

状态；而粒径为 0.1~0.005mm 颗粒为优势的细颗粒砂，处于疏松状态的比较多；片状
的云母颗粒愈多，也愈易疏松。从沉积环境来讲，一般静水中沉积的较流水中的疏松，新
沉积的较沉积久的疏松。

砂土的密实状态对其工程性质有很大影响。如密实的天然砂层是良好的天然地基；而
疏松的砂，尤其是饱和的细颗粒砂，动力作用下结构常处于不稳定状态，对基础工程很不
利。所以，判定天然条件砂土的密实状态很重要。工程中，以孔隙比 e、相对密实度 D_r、
标准贯入锤击数 N 为标准来划分砂土的密实度。

①以孔隙比 e 为标准来划分砂土的密实度

孔隙比 e 愈小，表示土愈密实；孔隙比愈大，土愈疏松。具体划分标准见表 2-5。

砂 土 的 密 实 度 表 2-5

密实度 土的名称	密 实	中 密	稍 密	松 散
砾砂、粗砂、中砂	$e<0.60$	$0.60\leqslant e\leqslant0.75$	$0.75<e\leqslant0.85$	$e>0.85$
细砂、粉砂	$e<0.70$	$0.70\leqslant e\leqslant0.85$	$0.85<e\leqslant0.95$	$e>0.95$

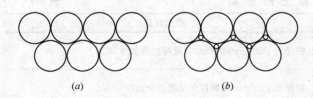

图 2-8 颗粒级配对砂土密实度的影响

尽管用孔隙比 e 来判断砂土的密实
度是最简便的方法，但它未考虑土粒
径的级配因素。同样密实度的砂土在
粒径均匀时孔隙比较大，而粒径级配
良好时孔隙比较小。如图 2-8 所示两种
不同级配的砂土，将砂土颗粒视为理

想的圆球，图2-8 (a) 为均匀级配的砂最紧密的排列，图2-8 (b) 同样是理想的圆球状砂，
但其中除大的圆球外，还有小的圆球可以充填于孔隙中，这说明两种级配不同的砂若都具
有相同的孔隙比，由于级配不同，后者比前者密实；反之，相同密实状态下，级配良好的
砂，其孔隙比较小。

② 用相对密实度 D_r 为标准来划分砂土的密实度

相对密实度 D_r 是用天然孔隙比 e 与同一种砂土的最疏松状态孔隙比 e_{max} 和最密实状态
孔隙比 e_{min} 进行对比，按下式计算：

$$D_r = \frac{e_{max} - e}{e_{max} - e_{min}} \tag{2-14}$$

当 $D_r=0$ 时，$e=e_{max}$，表示土处于最疏松状态；当 $D_r=1$ 时，$e=e_{min}$，表示土处于最

密实状态。根据相对密实度 D_r 值可将砂土的密实状态划分为：密实，$1 \geqslant D_r > 0.67$；中密，$0.67 \geqslant D_r > 0.33$；松散，$0.33 \geqslant D_r > 0$。

从理论上讲，相对密实度是一种完善的密实度指标，但由于测量 e_{max} 和 e_{min} 的操作误差太大，位于水下的砂土也很难量测它的天然空隙比，故实际应用相当困难。因此，天然砂土的密实度一般通过现场原位试验测定。

③ 用标准贯入锤击数 N 为标准来划分砂土的密实度

标准贯入试验是用规定的锤质量（63.5kg）和落距（76cm）把标准贯入器（带有刃口的对开管，外径 50mm，内径 35mm）打入土中，记录贯入一定深度（30cm）所需的锤击数 N 的原位测试方法。根据所测得的锤击数 N，砂土的密实度可分为松散、稍密、中密和密实（表 2-6）。

砂 土 的 密 实 度　　　　　　　　　　　　表 2-6

标准贯入试验锤击数 N	密实度	标准贯入试验锤击数 N	密实度
$N \leqslant 10$	松　散	$15 < N \leqslant 30$	中　密
$10 < N \leqslant 15$	稍　密	$N > 30$	密　实

注：当用静力触探探头阻力判定砂土的密实度时，可根据当地经验确定。

2）碎石土的密实度

碎石土为粒径大于 2mm 的颗粒含量超过全重 50% 的土。碎石土可分为漂石、块石、卵石、碎石、圆砾和角砾（表 2-7）。

碎石土可采用重型圆锥动力触探来测定其密实度。重型圆锥动力触探的探头为圆锥头，锥角 60°，锥底直径 7.4cm，用质量 63.5kg 的落锥以 76cm 的落距把探头打入碎石土中，记录探头贯入碎石土 10cm 的锤击数 $N_{63.5}$。根据测得的锤击数 $N_{63.5}$，碎石土的密实度可划分为松散、稍密、中密和密实（表 2-8）。

碎 石 土 的 分 类　　　　　　　　　　　　表 2-7

土的名称	颗粒形状	粒组含量
漂　石	圆形及亚圆形为主	粒径大于 200mm 的颗粒含量超过全重的 50%
块　石	棱角形为主	
卵　石	圆形及亚圆形为主	粒径大于 20mm 的颗粒含量超过全重的 50%
碎　石	棱角形为主	
圆　砾	圆形及亚圆形为主	粒径大于 2mm 的颗粒含量超过全重的 50%
角　砾	棱角形为主	

注：分类时应根据粒组含量栏从上到下以最先符合者确定。

碎 石 土 的 密 实 度　　　　　　　　　　　　表 2-8

重型圆锥动力触探锤击数 $N_{63.5}$	密实度	重型圆锥动力触探锤击数 $N_{63.5}$	密实度
$N_{63.5} \leqslant 5$	松　散	$10 < N_{63.5} \leqslant 20$	中　密
$5 < N_{63.5} \leqslant 10$	稍　密	$N_{63.5} > 20$	密　实

注：1. 本表适用于平均粒径不大于 50mm 且最大粒径不超过 100mm 的卵石、碎石、圆砾。对于平均粒径大于 50mm 或最大粒径大于 100mm 的碎石土，可按《地基规范》附录 B 确定。
　　2. 表内 $N_{63.5}$ 为经综合修正后的平均值。

对于平均粒径大于 50mm 或最大粒径大于 100mm 的碎石土，应按野外鉴别方法来综合判定其密实度，即可按《地基规范》附录 B 规定的鉴别方法，见表 2-9。

碎石密实度野外鉴别方法　　　　　　　　　　表 2-9

密实度	骨架颗粒含量和排列	可 挖 性	可 钻 性
密 实	骨架颗粒含量大于总重的 70%，呈交错排列，连续接触	锹镐挖掘困难，用撬棍方能松动，井壁一般较稳定	钻进极困难，冲击钻探时，钻杆、吊锤跳动剧烈，孔壁较稳定
中 密	骨架颗粒含量等于总重的 60%～70%，呈交错排列，大部分接触	锹镐可挖掘，井壁有掉块现象，从井壁取出大颗粒处，能保持颗粒凹面形状	钻进较困难，冲击钻探时，钻杆、吊锤跳动不剧烈，孔壁有坍塌
稍 密	骨架颗粒含量等于总重的 55%～60%，排列混乱，大部分不接触	锹镐可以挖掘，井壁易坍塌，从井壁取出大颗粒后，砂土立即坍落	钻进较容易，冲击钻探时，钻杆稍有跳动，孔壁易坍塌
松 散	骨架颗粒含量小于总重的 55%，排列十分混乱，绝大部分不接触	锹镐易挖掘，井壁极易坍塌	钻进很容易，冲击钻探时，钻杆无跳动，孔壁极易坍塌

注：1. 骨架颗粒系指与表 2-7 相对应粒径的颗粒；
　　2. 碎石土的密实度应按表列各项要求综合确定。

2.1.3　建筑地基土的分类

现行《地基规范》和《岩土工程勘察规范》的分类体系是在考虑划分标准时，注重土的天然结构特性和强度，并始终与土的主要工程特性——变形和强度特征紧密联系。因此，首先考虑了按沉积年代和地质成因的划分，同时，将某些特殊形成条件和特殊工程性质的区域性的特殊土与普通土区别开来。

1. 按沉积年代和地质成因划分

按沉积年代，地基土可划分为：老沉积土——第四纪晚更新世 Q3 及其以前沉积的土，一般呈超固结状态，具有较高的结构强度；新近沉积土——第四纪全新世近期沉积的土，一般呈欠固结状态，结构强度较低。

根据地质成因土，地基土可分为残积土、坡积土、洪积土、冲积土、湖积土、海积土、风积土和冰积土。

2. 岩石

岩石的坚硬程度根据岩块的饱和单轴抗压强度 f_{rk} 可分为坚硬岩、较硬岩、较软岩、软岩和极软岩（表 2-10）。岩石的风化程度可分为未风化、微风化、中风化、强风化和全风化。

岩石坚硬程度的划分　　　　　　　　　　表 2-10

坚硬程度类别	坚硬岩	较硬岩	较软岩	软岩	极软岩
饱和单轴抗压强度标准值 f_{rk}（MPa）	$f_{rk}>60$	$60\geqslant f_{rk}>30$	$30\geqslant f_{rk}>15$	$15\geqslant f_{rk}>5$	$f_{rk}\leqslant5$

3. 按颗粒级配和塑性指数划分

土按颗粒级配和塑性指数分为碎石土、砂土、粉土和黏性土四大类，四大类的具体细分见前面所述。

4. 人工填土

人工填土是指由于人类活动而堆积的土，其物质成分杂乱，均匀性较差。根据其物质组成和成因可分为素填土、压实填土、杂填土和冲填土。

（1）素填土——由碎石土、砂土、粉土、黏性土等组成的填土。其不含杂质或含杂质很少，按主要组成物质分为碎石素填土、砂性素填土、粉性素填土及黏性素填土，其中经分层压实或夯实的素填土称为压实填土。

（2）压实填土——经过分层压实或夯实的素填土。

（3）杂填土——含有大量建筑垃圾、工业废料或生活垃圾等杂物的填土。按组成物质分为建筑垃圾土、工业垃圾土及生活垃圾土。

（4）冲填土——由水力冲填泥砂形成的填土。

人工填土可按堆填时间分为老填土和新填土，通常把堆填时间超过 10 年的黏性填土或超过 5 年的粉性填土称为老填土，否则称为新填土。

5. 特殊土

特殊土是指具有一定分布区域或工程意义上具有特殊成分、状态和结构特征的土。根据目前工程实践，大体可分为软土、红黏土、黄土、膨胀土、多年冻土等。

（1）软土——是指沿海的滨海相、三角洲相、溺谷相，内陆的河流相、湖泊相、沼泽相等主要由细粒土组成的孔隙比大（$e \geq 1$）、天然含水量高（$w \geq w_L$）、压缩性高、强度低和具有灵敏性、结构性的土层。软土包括淤泥和淤泥质土等。淤泥和淤泥质土是在静水或缓慢的流水环境中沉积，并经生物化学作用形成。当黏性土的 $w \geq w_L$，$e \geq 1.5$ 时称为淤泥；而当 $w > w_L$，$1.5 > e \geq 1.0$ 时称为淤泥质土。当土的有机质含量大于或等于 10% 且小于或等于 60% 时称为泥炭质土，大于 60% 称为泥炭。

（2）红黏土——是指碳酸盐系的岩石经第四纪以来的红土化作用，形成并覆盖于基岩上，呈棕红、褐黄等色的高塑性黏土，其特征是：$w_L > 50\%$，土质上硬下软，具有明显胀缩性；裂隙发育。已形成的红黏土经坡积、洪积再搬运后仍保留着黏土的基本特征，且 $w_L > 45\%$ 的称为次生红黏土。我国红黏土主要分布于云贵高原、南岭山脉南北两侧及湘西、鄂西丘陵山地等。

（3）黄土——是一种含大量碳酸盐类，且常能以肉眼观察到大孔隙的黄色粉状土。天然黄土在未受水浸湿时，一般强度较高，压缩性较低。但其受水浸湿后，因黄土自身大孔隙结构的特征，压缩性剧增使结构受到破坏。土层突然显著下沉（其湿陷系数不小于0.015），同时强度也随之迅速下降，这类黄土统称为湿陷性黄土。湿陷性黄土根据上覆土自重压力下是否发生湿陷变形，又可分为自重湿陷性黄土和非自重湿陷性黄土。

（4）膨胀土——是指土中黏粒成分主要由亲水性矿物组成，同时具有显著的吸水膨胀和失水收缩特性，其自由膨胀率不小于 40% 的黏性土。膨胀土遇水，就呈现出较大的吸水膨胀和失水收缩的能力，往往导致建筑物和地坪开裂、变形而破坏。膨胀土大多分布于当地排水基准面以上的二级阶地及其以上的台地、丘陵、山前缓坡、垅岗地段。其分布特别是不具绵延性和区域性，多呈零星分布且厚度不均。

（5）多年冻土——是指土的温度不高于摄氏零度时含有固态水，且这种状态在自然界连续保持3年或3年以上的土。当自然条件改变时，它将产生冻胀、融陷、热融滑塌等特殊不良地质现象，并发生物理力学性质的改变。

2.1.4　土的压实性

土的压实是指在人工或机械动荷载（如：夯、碾、振动等）作用下，对土施加夯压能量，使土颗粒原有结构破坏，空隙减小，气体排出，重新排列压实致密，从而得到新的结构强度。对于粗粒土，主要是增加了颗粒间的摩擦和咬合；对于细粒土，则有效地增加了土粒间的分子引力。土的压实性是指土体在不规则动荷载作用下其密度增加的特性。

在试验室进行击实试验是研究土压实性质的基本方法。击实试验分轻型和重型两种，轻型击实试验适用于粒径小于5mm的黏性土，重型击实试验适用于粒径不大于20mm的土。试验时，将含水量为一定值的扰动土样分层装入击实筒中，每铺一层后，均用击锤按规定的落距和击数锤击土样，直到被击实的土样（共3~5层）充满击实筒。由击实

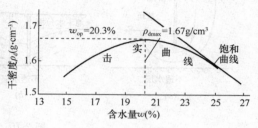

图 2-9　击实曲线

筒的体积和筒内击实土的总重计算出湿密度 ρ，再根据测定的含水量 w，即可算出干密度 $\rho_d = \rho / (1+w)$。用一组（通常为5个）不同含水量的同一种土样，分别按上述方法进行试验，即可绘制一条击实曲线，如图2-9所示。由图可见，对某一土样，在一定的击实功能作用下，只有当土的含水量为某一适宜值时，土样才能达到最密实。击实曲线的极值为最大干密度 ρ_{dmax}，相应的含水量即为最优含水量 w_{op}。

影响土的压实的因素很多，包括土的含水量、土类及级配、击实功能、毛细管压力、孔隙压力等，其中前三种是主要影响因素。

在工程中，填土的质量标准常用压实系数来控制，压实系数定义为施工现场压实达到的干密度 ρ_d 与击实试验所得到的最大干密度 ρ_{dmax} 之比，即 $\lambda_c = \dfrac{\rho_d}{\rho_{dmax}}$。压实系数愈接近1，表明对压实质量的要求越高。《地基规范》对压实系数的规定，见表2-11。

压实填土的质量控制　　　　　　　　　　　　　　　　表 2-11

结构类型	填土部位	压实系数 λ_c	控制含水量（%）
砌体承重结构和框架结构	在地基主要受力层范围内	≥0.97	$w_{op} \pm 2$
	在地基主要受力层范围以下	≥0.95	
排架结构	在地基主要受力层范围内	≥0.96	
	在地基主要受力层范围以下	≥0.94	

注：地坪垫层以下及基础底面标高以上的压实填土，压实系数不应小于0.94。

2.1.5 土的渗透性

1. 概述

在饱和土中，水充满整个孔隙，当土中不同位置存在水位差时，土中水就会在水位能量作用下，从水位高（即能量高）的位置向水位低（即能量低）的位置流动。液体（如土中水）从物质微孔（如土体孔隙）中透过的现象称为渗透。土体具有被液体（如土中水）透过的性质称为土的渗透性。液体（如地下水）在土孔隙或其他透水性介质（如水工建筑物）中的流动问题称为渗流。土木工程领域内的许多工程问题都与土的渗透性密切相关，如图 2-10 所示。

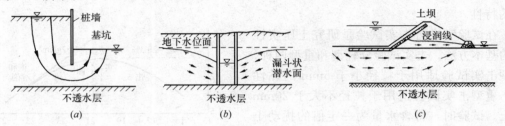

图 2-10　渗流示意图
(a) 基坑渗流；(b) 水井渗流；(c) 坝体的渗流

2. 达西定律

1855 年，法国工程师达西在恒定流和层流条件下，用饱和粗颗粒土进行大量的渗透试验，测定水流通过试样单位截面积的渗流量，获得了渗流量与水力梯度的关系，从而得到渗流速度与水力梯度和土体渗透性质的基本规律，即达西渗透定律，其公式如下：

$$v = ki \tag{2-15}$$

式中　v——渗透速度（cm/s）；

　　　i——水力梯度，$i = \dfrac{h}{L}$，其中 L 为水的渗流路径长度（cm），h 为 L 长度内的水头差（cm）；

　　　k——渗透系数（cm/s）。

渗透系数的物理意义为单位水力梯度时（$i=1$）的渗流速度，它反映了土体渗透性的大小，其值与土颗粒的粗细和级配、土的密实度和孔隙比、土的结构和构造等因素有关。渗透系数、水力梯度可通过试验测定。

3. 渗透对地基与基础的影响

水在土中的渗流将对土颗粒施加一种渗流作用力（即渗流力或动水力），使土体内部空隙中的细粒土被水流带走而流失，造成流土、管涌等现象，严重时会引起地基失稳。

（1）流土

当地基土质为颗粒级配均匀的饱和粉细砂或粉土时，若地下水流由下向上流动，由于动水力与重力方向相反，当动水力大于或等于土的浮重度时，土粒间有效应力为零，土颗粒悬浮，随着水的流动发生移动而流失的现象称为流土。

流土现象对工程的危害很大，基坑开挖时对边坡稳定或邻近的建筑产生不利影响等。因此在设计与施工阶段，应根据具体的工程地质条件、岩土的渗透性、地下水补给条件等因素，采取降水或隔水防治措施。

（2）管涌

管涌是指在渗透作用下，土体中的细颗粒在粗颗粒形成的孔隙通道中随水流移动并流失的现象。管涌开始时，细颗粒沿水流方向逐渐移动，不断流失，随后较粗的颗粒发生移动，使土体内部形成较大的连续贯通的管形通道，并带走大量砂粒，最后使土体坍塌而产生破坏。

管涌一般多产生在砂类土地基中，其特征是颗粒粒径差别较大，往往缺失某种粒径，孔隙大且连续贯通。通常可以采取打板桩改变水力条件，降低水力梯度，或者在渗流逸出部位铺设反滤层等措施加以防治。

2.2　土的压缩性与地基沉降计算

2.2.1　土中的应力

土像其他任何材料一样，受力后也要产生应力和变形。在地基上建造建筑物将使地基中原有的应力状态发生变化，引起地基变形。如果应力变化引起的变形量在容许范围以内，则不致对建筑物的使用和安全造成危害；当外荷载在土中引起的应力过大时，则不仅会使建筑物发生不能容许的过大沉降，甚至可能使土体发生整体破坏而失去稳定。因此，研究土中应力计算和分布规律是研究地基变形和稳定问题的依据。

土中的应力按产生的原因可分为自重应力和附加应力两种。其中，自重应力是指由土的自重作用而产生的应力。它始终存在于土中而与其上有无建筑物无关，因此，也称为常驻应力或原存应力。自重应力随深度增加而增大。附加应力是指土在建筑物荷载作用下产生的应力。它通过土粒之间的接触点传递到地基深处，它的数值随着深度的增加而逐渐减小。

一般地，土的自重应力不会使地基产生变形。因为土层形成的历史较长，土在自重作用下的压缩变形早已完成。但对于生成年代不久的欠固结土，如新的填土、冲填土等，则应考虑自重作用下的变形问题。与自重应力不同，附加应力能使地基产生新的变形，从而导致建筑物发生沉降。

1. 竖向自重应力

（1）基本假设与计算公式

在一般情况下，土层的覆盖面积很大，所以土的自重可看作分布面积为无限大的荷载，土体在自重作用下既不能有侧向变形也不能有剪切变形，只能产生垂直变形如图 2-11（a），根据这个条件，均质土中的竖向自重应力可按下式计算：

$$\sigma_{cz} = \gamma z \tag{2-16}$$

式中　σ_{cz}——地面下 z 深度处的竖向自重应力（kPa）；

　　　γ——土的天然重度（kN/m³）；

　　　z——由地面至计算点的高度（m）。

当地基由成层土组成如图 2-11（b），任意层 i 的厚度为 h_i，重度为 γ_i 时，则在地面下深度为 z 处的自重应力 σ_{cz} 等于该处单位面积上土柱的重量，即：

$$\sigma_{cz} = \gamma_1 h_1 + \gamma_2 h_2 + \gamma_3 h_3 + \cdots\cdots + \gamma_n h_n = \sum \gamma_i h_i \qquad (2\text{-}17)$$

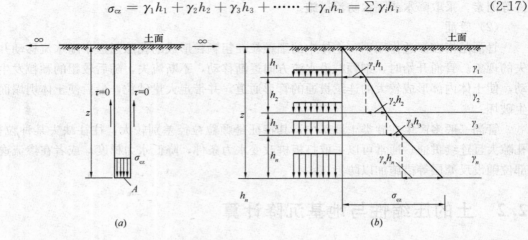

图 2-11　自重应力的计算

(a) 计算简图；(b) 成层土的自重应力图

(2) 地下水与不透水层的影响

地下水位以下的土层，对于砂土或其他透水的土，由于土颗粒受浮力作用，计算自重应力时应采用土的有效重度 γ' ($\gamma' = \gamma - \gamma_w = r - 10$)。这时地下水位面相当于土的一个分层面，在图 2-12 (a) 中，深度 z 处的自重应力为：

$$\sigma_{cz} = \sum \gamma_i h_i = \gamma_1 h_1 + \gamma'_2 h_2 + \gamma'_3 h_3 \qquad (2\text{-}18)$$

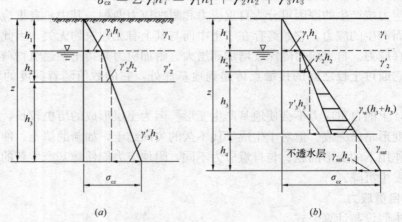

图 2-12　土的自重应力分布

(a) 成层土，有地下水的情况；(b) 成层土，地下水下有不透水层的情况

黏性土则视其物理状态而定，一般认为，若水下的黏性土其液性指数 $I_L \geqslant 1$，则土处于流动状态，土颗粒间存在着大量自由水，此时可以认为土体受到水的浮力作用；若 $I_L \leqslant 0$，则土处于固体状态，故认为土体不受水的浮力作用；若 $0 < I_L < 1$，土处于塑性状态时，土颗粒是否受到水的浮力作用就较难确定，在实践中一般均按不利状态来考虑。

不透水层一般为基岩或结构紧密的黏土层。地下水位以下的黏土层，也处于饱和状态，由于土中的孔隙水几乎全部是结合水，土粒不受浮力作用，计算自重应力时应采用饱和重度。不透水层上表面处的自重应力等于全部上覆土和水的自重应力之和。在图 2-12

(b) 中，不透水层顶面表面处的自重应力 σ_{cz} 为：

$$\sigma_{cz} = \sum \gamma_i h_i + \gamma_w (h_2 + h_3) = \gamma_1 h_1 + \gamma_2' h_2 + \gamma_3' h_3 + \gamma_w (h_2 + h_3) \qquad (2\text{-}19)$$

不透水层顶面以下的自重应力：

$$\sigma_{cz} = \gamma_1 h_1 + \gamma_2' h_2 + \gamma_3' h_3 + \gamma_w (h_2 + h_3) + \gamma_{sat4} h_4 \qquad (2\text{-}20)$$

（3）地下水升降的影响

地下水位升降，使地基土中自重应力也相应发生变化。图 2-13（a）为地下水位下降的情况，如在软土地区，因大量抽取地下水，以致地下水位长期大幅度下降，使地基中有效自重应力增加，从而引起地面大面积沉降的严重后果。图 2-13（b）为地下水位长期上升的情况，如在人工抬高蓄水水位地区（如筑坝蓄水）或工业废水大量渗入地下的地区。水位上升会引起地基承载力的减少、湿陷性土的塌陷现象。

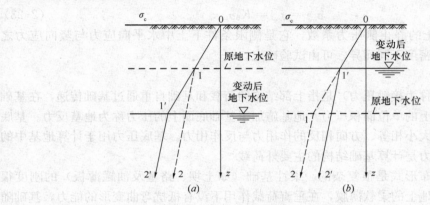

图 2-13　地下水升降时的土中自重应力的影响
(a) 0-1-2 线为原来自重应力的分布；(b) 0-1'-2' 线为地下水位变动后自重应力的分布

现通过图 2-14（a）所示的水面位于地面以上的情况来讨论产生上述现象的原因。现取一个竖直柱体进行分析，在截面 $a\text{-}a$ 上作用着由截面上方柱体中土、水的自重及气产生的作用力 P。为了分析 P 值在土骨架、孔隙水和气上的分布情况，将 $a\text{-}a$ 截面放大，如图 2-14（b）所示，可以看到该截面由孔隙水、气与土颗粒组成。为更清晰地说明力的传递情况，设想将分散的颗粒集中为一个大颗粒，如图 2-14（c）所示。由力的平衡条件可得：通过 $a\text{-}a$ 面传递的总压力，由通过 $a\text{-}a$ 面上土颗粒传递的压力和通过 $a\text{-}a$ 面上孔隙水与气传递的压力共同向下传递。通过土骨架传递的应力，称土骨架应力（也称为粒间应力）；通过孔隙中水与气传递的压力，称孔隙压力（或孔隙应力）。这是土力学中十分重要的两种力系之间的关系，即土中一点的总应力是该点粒间应力与孔隙应力之和。所以，地下水位以下土层中土骨架产生的自重应力等于土的有效重度乘以相应的土层厚度。

（4）满布荷载的影响

如图 2-15（a）所示，如果地面上满布着荷载 q，则在深度为 z 的水平面上，除了土的自重应力 γ_z 之外，还有满布荷载 q 产生的应力，其总的应力为：

$$\sigma_{cz} = \gamma z + q \qquad (2\text{-}21)$$

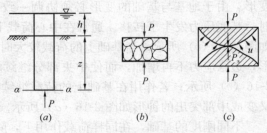

图 2-14　自重应力的骨架与孔隙应力的分析

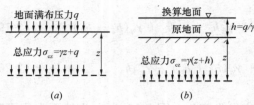

图 2-15　地面有满布荷载时土中自重应力
(a) 地面有满布荷载；
(b) 将满布荷载化为换算土层

由于 q 是满布的，它的力学作用就相当于在原地面上增加了一层厚度为 $h=q/\gamma$ 的土，h 称为换算土层厚度，如图 2-15（b）所示，这样在原地面以下 z 处的应力为：

$$\sigma_{cz} = \gamma(z+h) = \gamma(z+q/\gamma) \quad (2\text{-}22)$$

2. 水平自重应力

地基中除了存在作用于水平面上的竖向自重应力外，还存在作用于竖直面上的水平自重应力 σ_{cx} 和 σ_{cy}。把地基近似按弹性体分析，并将侧限条件代入，可推导得：

$$\sigma_{cx} = \sigma_{cy} = K_0\sigma_{cz} \quad (2\text{-}23)$$

式中 K_0 称为土的静止侧压力系数，它是侧限条件下土中水平向应力与竖向应力之比，依土的种类、密度不同而异，可由试验确定。

3. 基底压力

基底压力（或称为接触压力）是指上部结构的荷载和基础自重通过基础传递，在基础底面处施加于地基上的单位面积压力。地基施加于基础底面上的压力称为地基反力。基底压力与地基反力是大小相等、方向相反的作用力与反作用力。基底压力用于计算地基中的附加应力，地基反力是计算基础结构的主要外荷载。

接触压力的分布形式是很复杂的。柔性基础（如土坝、路基及油罐薄板）的刚度很小，可比拟为放在地上的柔软薄膜，在垂直荷载作用下没有抵抗弯曲变形的能力，基础随着地基一起变形。因此，柔性基础接触压力分布与其上部荷载分布情况相同。在中心受压时，为均匀分布如图 2-16（a）所示。

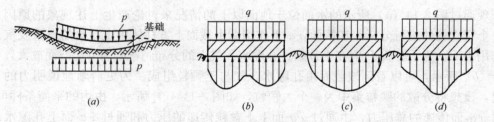

图 2-16　基础基底压力分布
(a) 柔性基础；(b) ～ (d) 刚性基础

刚性基础（如块式整体基础、素混凝土基础）本身刚度较大，受荷后基础不出现挠曲变形。由于地基与基础的变形必须协调一致，因此，在调整基底沉降使之趋于均匀的同时，基底压力发生了转移。通常在中心荷载下，基底压力呈马鞍形分布，中间小而边缘大如图 2-16（b）所示；当基础上的荷载较大时，基础边缘由于应力很大，使土产生塑性变形，边缘应力不再增加，而使中央部分继续增大，基底压力重新分布而呈抛物线形如图 2-16（c）所示；若作用在基础上的荷载继续增大，接近于地基的破坏荷载时，应力图形又变成中部突出的钟形如图 2-16（d）所示。

不同刚度的基础，在同样荷载作用下，除离接触面较近（一般为基础宽度的 1.5 倍）的范围内应力差别较大外，在离接触面较远范围的应力分布则大致相同，故地基的平均沉降量相差不多。因此，在计算土中应力及地基沉降量时，无论基础刚度如何，都按刚性基础处理。对于刚性基础来说，由于受地基容许承载力（或地基承载力特征值）的限制，作用在基础上的荷载不会很大，并且基础又有一定的埋置深度，因此，接触压力的分布图大都为鞍形。为了简化计算，假定接触压力按直线分布。

（1）轴心荷载下的基底压力

轴心荷载下的基础，其所受荷载的合力通过基底形心。基底压力假定为均匀分布（图2-17），此时基底平均压力 p（kPa），按下式计算：

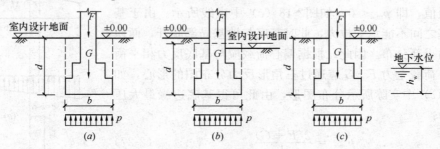

图 2-17 轴心荷载下的基底压力分布
（a）内墙或内柱基础；（b）外墙或外柱基础；（c）有地下水基础

$$p = \frac{F + G}{A} \tag{2-24}$$

式中 F——作用在基础上的竖向力（kN），其荷载组合应按地基基础设计的规定进行，即：计算地基承载力时，应取荷载的标准组合；计算地基变形时，应取荷载的准永久组合；计算基础结构时，应取荷载的基本组合；

G——基础及其上回填土的总重力（kN），$G = \gamma_G A d$，其中 γ_G 为基础及回填土的平均重度，一般取 20kN/m³，d 为基础埋深（m）；

A——基底面积（m²）。

当水位（包括地下水与地面以上的水位）位于基础底面以上时，水压力对基底压力的影响，可用浮力的概念，这时在地下水位以下部分基础及回填土的平均重度，应扣除浮力（$\gamma_w = 10$kN/m³），即：$G_k = \gamma_G A d - \gamma_w A h_w = 20Ad - 10Ah_w$，其中 h_w 为基础底面至地下水位面的距离（m）（图 2-17c）。

对于荷载均匀分布的条形基础，则沿长度方向截取一单位长度的截条进行基底平均压力 p 的计算，此时式（2-24）中的 A 改为 b（m），而 F 及 G 则为基础截条内的相应值（kN/m）。

（2）偏心荷载下的基底压力

对于单向偏心荷载下的矩形基础（图 2-18），基底两边缘的最大、最小压力 p_{max}、p_{min}（此时荷载组合同上）应按下式计算：

$$p_{max} = \frac{F + G}{bl} + \frac{M}{W} \tag{2-25}$$

$$p_{min} = \frac{F + G}{bl} - \frac{M}{W} \tag{2-26}$$

式中 M——作用于矩形基础底面的力矩（kN·m）；

l——垂直于力矩作用方向的基础底面边长（m）；

b——平行于力矩作用方向的基础底面边长（m）；

W——矩形基础底面的抵抗矩（m³），$W = bl^2/6$。

需注意，当偏心荷载的偏心矩 $e = M/(F+G) \leqslant b/6$ 时，上述公式才成立，即当 $e < b/6$ 时，基底压力分布图呈梯形如图 2-18（a）；当 $e = b/6$ 时，则呈三角形如图 2-18（b）；当 $e > b/6$ 时，按式（2-26）计算结果，距偏心荷载较远的基底边缘反力为负值，即 $p_{min} < 0$，如图 2-18（c）中虚线所示。由于基底与地基之间不能承受拉力，此时基底与地基局部脱开，而使基底压力重新分布。因此，根据偏心荷载应与基底反力相平衡的条件，荷载全力 $F+G$ 应通过三角形反力分布图的形心，如图 2-18（c）中实际所示分布图形，由此可得基底边缘最大压力 p_{max} 为：

$$p_{max} = \frac{2(F+G)}{3la} \tag{2-27}$$

式中　a——合力作用点至基底最大压力边缘的距离（m），$a = b/2 - e$。

4. 附加应力

由于建筑物等的荷载作用在土中产生的附加于原有应力之上的应力，称为附加应力。因此，附加应力是由于外荷载（建筑物荷载、车辆荷载、土中水的渗流力、地震作用等）的作用，在土中任意点产生的应力增量。

基底处附加应力 p_0，是作用在基础底面上由于建筑物建造后压力的改变量，是引起地基变形、基础沉降的主要因素。

凡由建筑物荷载产生的附加应力，其分布规律与自重应力不同。这是因为，建筑物基础的面积是有限的，基础荷载是局部荷载，应力通过荷载下土粒的逐个传递传至深层，在此同时发生应力扩散，随着深度的增加，荷载分布到更大的面积上去，使单位面积上的应力愈来愈小，所以，附加应力是随深度增加而逐渐减小的。

附加应力的另一特点是使地基产生新的变形，从而使建筑物发生沉降。变形的延续时间在可塑的或软的黏性土中往往很长，常达数年或十余年以上。

（1）基底处附加应力 p_0 的计算

当基础无埋深时，接触压力就等于基底处的附加应力如图2-19（a）；当基础埋于地面下 d 深度时，附加应力要小于接触压力，因为 d 深度处土层本来就承受自重应力 $p_c = \gamma d$，所以，应从接触压力中减去土原先承受的压力，余下部分才是由于建造建筑物新增加到土层上的附加应力。因此，在有埋深的情况下，基底处附加应力 p_0 为：

$$p_0 = p - p_c = p - \gamma d \tag{2-28}$$

式中　p_0——基底处的附加应力（kPa）；

p——基底处的接触压力（kPa）；

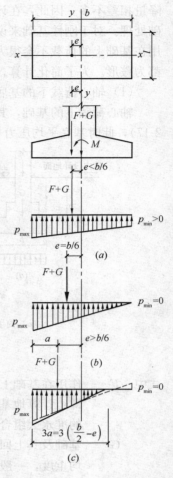

图 2-18　单向偏心荷载下的矩形基底压力分布图

p_c——基底处的自重应力（kPa）。

由上式可知，如接触压力 p 不变，埋深愈大则附加应力愈小。利用这一点，在地基的承载力不高时，为了减少建筑物的沉降，采取措施之一就是减少基底附加应力，为此，可将基础埋得很深，附加应力就很小了。如将高层建筑埋于地下 $8 \sim 9m$，而在地下部分修建两三层地下室，使 $p_0 = p - \gamma d = 0$，这时基底没有附加应力了，沉降也就不会产生（如果不考虑挖基坑卸载与建房再加载的变形），这样的基础称为浮式基础或补偿式基础（图 2-20），即基础不下沉，而是"浮"在那里，建筑物的重量正好"补偿"了挖去的土重。

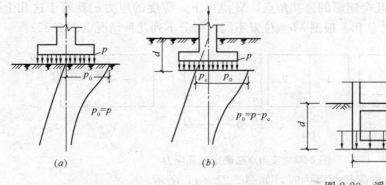

图 2-19　基底附加应力 p_0 的计算图形

(a) 当基础无埋深时；(b) 当基础有埋深时

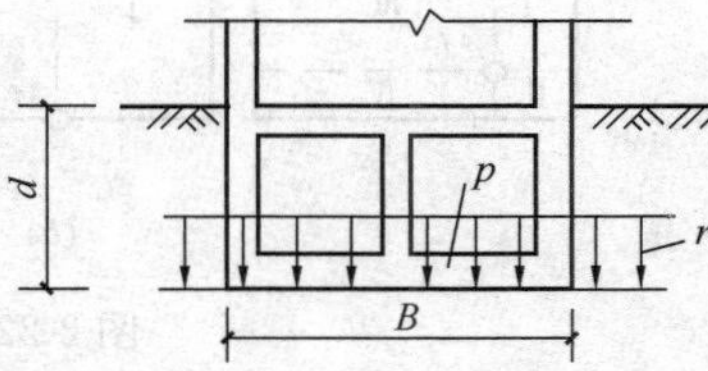

图 2-20　浮式基础示意图

(2) 土中的附加应力计算——角点法

土中的附加应力是由建筑物荷载在地基内引起的应力，通过土粒之间的传递，向水平与深度方向扩散，附加压力逐渐减小（图 2-21），假设将构成地基土的土粒看作是无数个直径相同的小圆柱，当沿垂直纸面方向作用一个线荷载 $F = 1$，图 2-21 (a) 表示各深度处水平面上各点垂直应力大小，图 2-21 (b) 为集中力下各深度处的垂直应力大小。

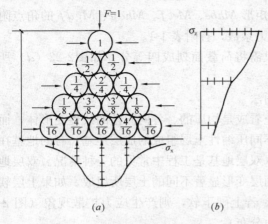

从该图可知，土中附加应力分布具有如下特点：

在地面下同一深度的水平面上各点的附加应力不等，沿力的作用线上的附加应力最大，向两边逐渐减小。

距地面愈深，附加应力分布范围愈大；在同一铅直线上的附加应力不同，距地面愈深，其值愈小。

可见，地基土中附加应力离荷载作用点愈远，其值愈小，这种现象称为附加应力的扩散作用。

图 2-21　地基土中附加应力扩散示意图

土中附加应力的计算方法有两种：一种是弹性理论方法；另一种是应力扩散角方法。其中，弹性理论方法是假定地基土具有各向同性的、均质的线性变形性，而且在深度和水平方向上都是无限延伸的，即把地基看成是均质的线性变形半空间，这样就可以直接采用弹性力学中关于弹性半空间的理论解答。当弹性半空间表面作用一个竖向集中力时，地基中任意点处所引起的应力和位移，可用 J. 布辛奈斯克（Boussinesq）公式求解；在弹性半空间表面作用一个水平集中力时，地基中任意点的应力和位移可用 V. 西娄提（Cerutti）公式求解；当弹性半空间内某一深度处作用一个竖向集中力时，地基中任意点的应力和位移可用 R. 明德林（Mindlin）公式求解。下面简述一种中心受压矩形基础作用下的角点法。

利用角点应力表达式，可以计算平面上任意点 M（可以在矩形面积之外）下任意深度处的竖向应力，这种方法称为角点法。角点法求任意点应力的做法，是通过点 M 做一些辅助线，使 M 成为几个矩形的公共角点，M 点以下 z 深度的应力 σ_z 就等于这几个矩形在该深度引起的应力之总和。根据 M 点位置不同，可分下列几种情况（图 2-22）：

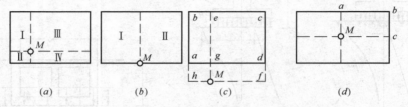

图 2-22　按角点法确定地基应力

1）M 点在矩形均布荷载面以内时，如图 2-22（a）所示

$$\sigma_{z(M)} = (\alpha_I + \alpha_{II} + \alpha_{III} + \alpha_{IV})p$$

式中　　　　　　　p——基础底面的平均附加压力（kPa）；

α_I、α_{II}、α_{III}、α_{IV}——为小矩形 I、II、III、IV 的角点附加应力系数，分别根据 l_i/b_i、z/b_i（l_i、b_i 分别为小矩形的长边和短边），查附表 1-1。

对于图 2-22（b）的情况有：$\sigma_{z(M)} = (\alpha_I + \alpha_{II})p$

2）M 点在矩形均布荷载面以内时，如图 2-22（c）所示

$$\sigma_{z(M)} = [\alpha_{(Mb)} + \alpha_{(Mc)} - \alpha_{(Ma)} - \alpha_{(Md)}]p$$

式中　　$\alpha_{(Mb)}$、$\alpha_{(Mc)}$、$\alpha_{(Ma)}$、$\alpha_{(Md)}$——表示矩形 $Mhbe$、$Mecf$、$Mhag$、$Mgdf$ 的角点附加应力系数，查附表 1-1。

3）M 点为矩形荷载面的中点时，这时只需将荷载面划成四等分，如图 2-22（d）所示，M 点下的 σ_z 值是小矩形 $Mabc$ 的 4 倍。

（3）土中的附加应力计算——应力扩散角法

上述地基土中附加应力计算都是把地基土看成是均质的、各向同性的线性变形体，而实际情况往往并非如此，如有的地基土是由不同压缩性土层组成的成层地基，有的地基在同一土层中土的变形模量随深度增加而增大。双层地基是工程中常见的一种情况。双层地基是指在附加应力影响深度范围内，地基由两层变形显著不同的土层所组成。如果上层软弱，下层坚硬，则产生应力集中现象；反之，若上硬下软，则产生应力扩散现象（图 2-23，虚线表示均质地基中水平面上的附加应力分布）。

【例 2-1】三个宽度相同，长度不同的基础，它们的基底尺寸分别为 2m×2m、4m×2m、20m×2m，埋置深度都是 1m，地基土重度为 18N/m³。作用在基础底面上的中心荷载（$F+G$）分别为 472kN、944kN、236kN/m。

试问：确定这三个基础中心点下 $z=2$m 处的竖向附加应力。

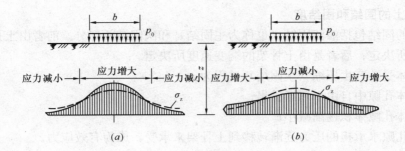

图 2-23 非均质和各向异性对地基附加应力的影响
(*a*) 产生应力集中；(*b*) 产生应力扩散

【解】 (1) 基础 1：取小矩形 $l=b=2/2=1$m

$l/b=1/1=1$，$z/b=2/1=2$，查本书附表 1-1 可得：$\alpha=0.084$

$$p_{01}=\frac{F+G}{A}-\gamma d=\frac{472}{2\times2}-18\times1$$

$$=100\text{kPa}$$

基础中心附加应力为 4 个小矩形、附加应力的叠加，则：

$$\sigma_{z1}=4\alpha p_0=4\times0.084\times100=33.6\text{kPa}$$

(2) 基础 2：取小矩形 $l=4/2=2$m，$b=2/2=1$m

$l/b=2/1=2$，$z/b=2/1=2$，查本书附表 1-1 可得：$\alpha=0.12$

$$p_{02}=\frac{944}{4\times2}-18\times1=100\text{kPa}$$

$$\sigma_{z2}=4\alpha p_0=4\times0.12\times100=48\text{kPa}$$

(3) 基础 3：取小矩形 $l=20/2=10$m，$b=2/2=1$m

$l/b=10/1=10$，$z/b=2/1=2$，查本书附表 1-1 可得：$\alpha=0.137$

$$p_{03}=\frac{236}{2}-18\times1=100\text{kPa}$$

$$\sigma_{z3}=4\alpha p_0=4\times0.137\times100=54.8\text{kPa}$$

从上述计算结果可知，在其他条件相同（p_0 相同、b 相同、z 相同）的条件下，地基中心点以下某点的附加应力随着基础长边与短边的比值增大而增大。因此，基础工程设计、施工中，当需要查明基础下一定深度范围的地基土是否存在有较软弱土层或其他异常情况时，对于墙基础所需考虑的深度要比同宽度的独立柱下基础深一些。

2.2.2 土的压缩性

地基承受荷载后，土粒相互挤紧，因而引起地基土的压缩变形，这种性质称为土的压缩。地基内由增加应力引起的应力—应变随时间变化的全过程（含最终变形）称为地基固结。

土的压缩变形主要有两个特点：一是土的压缩主要是由于土颗粒之间产生相对移动而靠拢，使土中孔隙体积减小，孔隙中的水、气在外力作用下会沿着土中孔隙排出，从而引起土体积减小而发生压缩；二是由于孔隙水排出而引起的压缩对于饱和黏性土而言是需要时间的，土随时间增长的压缩过程称为土的固结。

1. 饱和土的固结和固结度

饱和土的固结包括渗流固结（也称为主固结）和次固结两部分。前者由土孔隙中自由水排出速度所决定；后者是由土骨架的蠕变速度所决定。

饱和土体受荷产生压缩（主固结）过程为：

（1）土体孔隙中自由水逐渐排出；

（2）土体孔隙体积逐渐减小；

（3）由孔隙水承担的压力逐渐转移到土骨架来承受，成为有效应力。

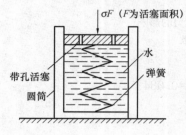

图 2-24 土骨架与土中水分
担应力变化的简单模型

上述三个方面为饱和土体固结作用：排水、压缩和压力转移，三者同时进行的一个过程。

饱和土的渗流固结，可借助弹簧活塞模型来说明。如图 2-24 所示，在一个盛满水的圆筒中装着一个带有弹簧的活塞，弹簧上下端连接活塞和筒底，活塞上有许多透水的小孔。当在活塞上施加外压力的一瞬间，弹簧没有受压而全部压力由圆筒内的水所承担。水受到超孔隙水压力后开始经活塞小孔逐渐排出，受压活塞随之下降，才使得弹簧受压而且逐渐增加，直到外压力全部由弹簧承担时为止。设想以弹簧来模拟土骨架，圆筒内的水就相当于土孔隙中的水，则此模拟可以用来说明饱和土在渗流固结中，土骨架和孔隙水对压力的分担作用，即施加在饱和土上的外压力开始时全部由土中水承担，随着土孔隙中一些自由水的被挤出，外压力逐渐转嫁给土骨架，直到全部由土骨架承担为止。

在饱和土的固结过程中任一时间 t，根据平衡条件，土中任意点的有效应力 σ' 与孔隙水压力 u 之和总是等于总应力 σ。饱和土渗流固结时的土中总应力通常是指作用在土中的附加应力 σ_z，即：

$$\sigma' + u = \sigma_z \tag{2-29}$$

由上式可知，当在加压的那一瞬间，由于 $u = \sigma_z$，所以 $\sigma' = 0$；而当固结变形完全稳定时，则 $\sigma' = \sigma_z$，$u = 0$。因此，只要土中超孔隙水压力还存在，就意味着土的渗流固结变形尚未完成。可见，饱和土的渗流固结就是孔隙水压力的消散和有效应力相应增长的过程。

土在固结过程中某一时间 t 的固结沉降量 s_t 与固结稳定的最终沉降量 s 之比称为固结度 U_t，即

$$U_t = \frac{s_t}{s} \tag{2-30}$$

由上式可知，当 $t=0$ 时，$s_t=0$，则 $U_t=0$，即固结完成 0%；当固结稳定时，$s_t=s$，则 $U_t=1.0$，即固结基本上达到 100% 完成。固结度变化范围为 0～1，它表示在某一荷载作用下经过 t 时间后土体所能达到的固结程度。

2. 压缩曲线与压缩系数

室内侧限压缩试验（也称为固结试验）是研究土的压缩性最基本的方法。侧限压缩试验的特点（图 2-25），即土样高度的应变等于其体积应变。通过室内侧限压缩试验可以求得在各级压力下的孔隙比大小，把各级压力与其相应的稳定孔隙比之间的曲线称为压缩曲线，或称 $e\text{-}p$ 曲线（图 2-26）。试验时所施加的最大压力应超过土自重力与预计的附加压

力之和。

该 e-p 曲线的特点是：非线性、弹塑性、只有体积压缩、没有体积膨胀、曲线陡缓代表压缩性大小，反映了土的压缩特性。不同的土，压缩曲线的形状不同，曲线陡者，表示压力变化时孔隙比大，即土的压缩性大；反之，压缩性小。因此，可用土的压缩曲线的斜率来衡量土的压缩性。设压力由 p_1 增至 p_2，相应的孔隙比由 e_1 减小到 e_2，土的压缩性可用这一段压力范围的割线的斜率 a 来表示，a 称为压缩系数（MPa^{-1}）：

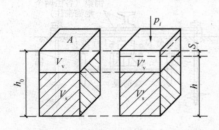 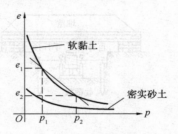

图 2-25　侧限压缩试验示意图　　　　图 2-26　压缩曲线图

$$a = \frac{e_1 - e_2}{p_2 - p_1} \tag{2-31}$$

式中　p_2、p_1——固结压力；

　　　e_1、e_2——相应于 p_2、p_1 时的孔隙比。

土的压缩系数并不是常数，而是随压力 p_2、p_1 的大小改变而变化，压缩系数愈小，土的压缩性就愈小。为了便于比较，地基土的压缩性一般按压力间隔 $p_1 = 100kPa$ 至 $p_2 = 200kPa$ 时相对应的压缩系数 a_{1-2} 划分为低、中、高压缩性，并应按以下规定进行评价：

$a_{1-2} < 0.1MPa^{-1}$，　　　　　低压缩性土

$0.1MPa^{-1} \leqslant a_{1-2} < 0.5MPa^{-1}$，　　　中压缩性土

$a_{1-2} \geqslant 0.5MPa^{-1}$，　　　　　高压缩性土

当考虑深基坑开挖卸荷和再加荷时，应进行回弹再压缩试验，其压力的施加应与实际的加卸荷状况一致。

土的压缩性指标（如压缩系数）除采用原状土室内压缩试验外，还可采用原位浅层或深层平板载荷试验、旁压试验确定。

3. 压缩模量 E_s

在侧限条件下，土的竖向应力变化量 Δp 与其相应的竖向应变变化量 $\Delta \varepsilon$ 的比，称为土的压缩模量，用 E_s 表示，即：

$$E_s = \frac{\Delta p}{\Delta \varepsilon} \tag{2-32}$$

压缩模量 E_s 也是土的压缩性指标，它与压缩系数的关系互为倒数关系，即：

$$E_s = \frac{1 + e_1}{a} \tag{2-33}$$

式中　e_1——地基土自重应力下的孔隙比；

　　　a——从土自重应力至土自重应力加附加应力段的压缩系数。

4. 土压缩性的原位测试

土的压缩性指标也可以通过野外静荷载试验确定。土的变形模量 E_0 是指土在无侧限

条件下受压时，压应力与相应应变之比值，其物理意义和压缩模量一样，只不过变形模量是在无侧限条件下由现场静荷载试验确定，而土的压缩模量 E_s 是在有侧限条件下由室内压缩试验确定的。故 E_0 能比较准确地反映土在天然状态下的压缩性。此外，现场原位荷载试验同时可测定地基承载力。

浅层平板载荷试验设备示例，如图 2-27 所示。

根据载荷试验的结果可计算出 E_0 值，以及地基承载力值。

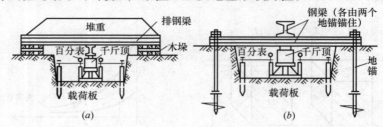

图 2-27　浅层平板载荷试验设备

2.2.3　地基沉降计算

建筑物（或土工结构物）的上部荷载通过基础（或填方路基或填方坝基）传递给地基，使天然土层原有的应力状态发生变化，即在基底压力的作用下，地基中产生了附加应力和竖向、侧向（或剪切）变形，导致建筑物（或土工结构物）及其周边环境的沉降的位移。沉降类包括地基表面沉降（即基础、路基或坝基的沉降）、基坑回弹、地基土分层沉降和周边场地沉降等；位移类包括建筑物主体倾斜、堤坝的垂直和水平位移、基坑支护倾斜和周边场地滑坡（边坡的垂直和水平位移）等。

地基变形的计算方法有弹性理论法、分层总和法、应力历史法、斯肯普顿-比伦法和应力路径法。最常用的是分层总和法。

1. 分层总和法

按分层总和法计算地基最终沉降量，应在地基压缩层深度范围内划分为若干分层，计算各分层的压缩量，然后求其总和。所谓地基压缩层深度，是指自基础底面向下需要计算变形所达到的深度，该深度以下土层的变形值小到可以忽略不计，亦称地基变形计算深度。土的压缩性指标从固结试验的压缩曲线中确定，即按 $e\text{-}p$ 曲线确定。

首先介绍分层总和法中单一土层单向压缩基本公式。

单一土层单向压缩基本公式假定地基土压缩时不考虑侧向变形，相当于压缩土层位于两层坚硬密实土之间或在大面积荷载作用下地基的侧限条件。

图 2-28 所示为覆盖面很大的单一压缩土层，荷载的分布面积亦很大。设在压力 p_1 作用下土样的高度为 H，孔隙比 e_1。当压力从 p_1 增加到 p_2 时，产生的压缩量 Δs 并达稳定后，孔隙比从 e_1 减少到 e_2。由于土在受压过程中不能侧向变形，根据受压前土粒体积和土样横截面积均不改变的条件，可得单一土层单向压缩变形：

$$\Delta s = \frac{e_1 - e_2}{1 + e_1}H \tag{2-34}$$

根据前述压缩系数和压缩模量间的关系式，可导出下式：

$$\Delta s = \frac{a \cdot \Delta p}{1 + e_1} H = \frac{\Delta p}{E_s} H \qquad (2\text{-}35)$$

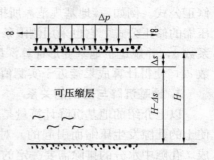

实际上，大多数地基的可压缩土层较厚而且是成层的（图 2-29）。计算时必须先确定地基压缩层深度，且在此深度范围内进行分层，然后计算基底中心轴线下分层的顶、底面各点的自重应力平均值和附加应力平均值。地基压缩层深度的下限，一般取地基附加应力等于自重应力的 20% 处，即 $\sigma_z = 0.2\sigma_c$ 处；在该深度以下如有较高压缩性土层，则应继续向下计算至 $\sigma_z = 0.1\sigma_c$ 处。地基压缩层深度范围内的分层厚度可取 $0.4b$（b 为基础短边宽度）左右，成层土的层面和地下水位面都是自然的分层面。

图 2-28 某单一压缩土层

地基最终沉降量 s 的分层总和法单向压缩基本公式表达如下：

$$s = \sum_{i=1}^{n} \Delta s_i = \sum_{i=1}^{n} \frac{e_{1i} - e_{2i}}{1 + e_{1i}} H_i = \sum_{i=1}^{n} \frac{a_i \Delta p_i}{1 + e_{1i}} H_i = \sum_{i=1}^{n} \frac{\Delta p_i}{E_{si}} H_i \qquad (2\text{-}36)$$

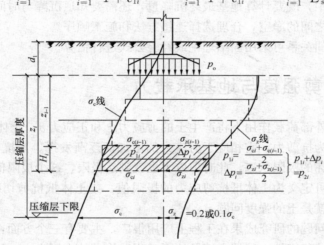

图 2-29 分层总和法

式中 σ_c——自重应力；

σ_z——附加应力；

Δs_i——第 i 分层土的压缩量；

H_i——第 i 分层土的厚度；

e_{1i}——根据第 i 层的自重应力平均值 $(\sigma_{ci} + \sigma_{c(i-1)})/2$（即 p_{1i}），从 e-p 曲线上得到相应的孔隙比；

e_{2i}——根据第 i 层的自重应力平均值 $(\sigma_{ci} + \sigma_{c(i-1)})/2$ 与附加应力平均值 $(\sigma_{zi} + \sigma_{z(i-1)})/2$ 之和（即 p_{2i}），从 e-p 曲线上得到相应的孔隙比；

a_i、E_{si}——第 i 分层土的压缩系数、压缩模量。

2. 分层总和法规范修正公式（规范法）

各行业规范（如：房屋建筑物、公路桥涵工程、铁路桥涵工程、港口工程、土石坝工程等）所推荐的地基最终变形量（即地基最终沉降量）计算公式是分层总和法单向压缩的修正公式。例如,《地基规范》所推荐的建筑地基最终沉降量计算公式是分层总和法单向压缩的修正公式。它也采用侧限条件 e-p 曲线的压缩性指标,但运用了地基平均附加应力系数 $\bar{\alpha}$,并规定了地基变形计算深度 z_n(即地基压缩层深度),还提出了沉降计算经验系数 ψ_s,使得计算成果接近于实测值。具体内容见本书第 4 章浅基础的地基沉降计算。

3. 地基沉降与时间的关系

以上介绍的地基沉降计算量是最终沉降量,是在建筑物荷载产生的附加应力作用下,使土的孔隙发生压缩而引起的。对于饱和土体压缩,必须使孔隙中的水分排出后才能完成。孔隙中水分的排除需要一定的时间,通常碎石土和砂土地基渗透性大、压缩性小,地基沉降趋于稳定的时间很短。而饱和的厚黏性土地基的孔隙小,压缩性大,沉降往往需要几年甚至几十年才能达到稳定。一般多层建筑物在施工期间完成的沉降量,对于碎石或砂土可认为其最终沉降量已完成 80% 以上;对于其他低压缩性土可以认为已完成最终沉降量的 50%~80%;对于中压缩性土可以认为已完成 20%~50%;对于高压缩性土可以认为已完成 5%~20%。因此,工程实践中一般只考虑黏性土的变形与时间之间的关系。

在建筑物设计中,既要计算地基最终沉降量,还需要知道沉降与时间的关系,以便预留建筑物有关部分之间的净空,合理选择连接方法和施工顺序。

地基沉降与时间关系可采用固结理论或经验公式进行估算。

2.3 土的抗剪强度与地基承载力

建筑物地基在外部荷载作用下将产生土的剪应力 τ 和正应力 σ。土体具有抵抗剪应力的潜在能力,也称为抗剪力,它相应于剪应力的增加而逐渐发挥。当抗剪力完全发挥时,土体就处于剪切破坏的极限状态,此时剪应力也就到达极限,这个极限值就是土的抗剪强度。土的抗剪强度可定义为土体抵抗剪应力的极限值,或土体抵抗剪切破坏的受剪能力。土的抗剪强度问题就是土的强度问题。

土的抗剪强度问题的研究成果在工程上应用很广,主要有三个方面:①地基承载力与地基稳定性;②土坡稳定性;③挡土墙及地下工程结构上的土压力。

2.3.1 土的抗剪强度

1. 库仑公式及抗剪强度指标

C·A·库仑(Coulomb,1773)根据土的试验,将土的抗剪强度 τ_f 表达为剪切破坏面上法向总应力 σ 的函数,即:

砂土:
$$\tau_f = \sigma\tan\varphi \tag{2-37}$$

黏性土:
$$\tau_f = c + \sigma\tan\varphi \tag{2-38}$$

式中　τ_f——土的抗剪强度(kPa);

　　　σ——总应力(kPa);

　　　c——土的黏聚力,或称内聚力(kPa);

　　　φ——土的内摩擦角(°)。

上述两式统称为库仑公式(或库仑定律),c、φ 称为土的抗剪强度指标(参数)。将库仑公式表示在 τ_f-σ 坐标中为两条直线,如图 2-30 所示,可称之为库仑强度线。

实验研究指出，土的抗剪强度不仅与土的性质有关，还与试验时的排水条件、剪切速率、应力状态和应力历史等许多因素有关，其中最重要的是试验时的排水条件，根据 K. 太沙基的有效应力原理，土体内的剪应力只能由土的骨架承担，因此，土的抗剪强度 τ_f 应表示为剪切破坏面上法向有效应力 σ' 的函数，库仑公式应表达为：

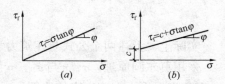

图 2-30 抗剪强度与法向压
应力之间的关系

(a) 无黏性土；(b) 黏性土和粉土

$$\tau_f = \sigma' \tan\varphi' \tag{2-39}$$

$$\tau_f = c' + \sigma' \tan\varphi' \tag{2-40}$$

式中　σ'——有效应力（kPa）；

　　　c'——有效黏聚力（kPa）；

　　　φ'——有效内摩擦角（°）。

因此，土的抗剪强度有两种表达方法，一种是以总应力 σ 表示剪切破坏面上的法向应力，称为抗剪强度总应力法，相应的 c、φ 称为总应力强度指标（参数）；另一种则以有效应力 σ' 表示剪切破坏面上的法向应力，称为抗剪强度有效应力法，c' 和 φ' 称为有效应力强度指标（参数）。

2. 莫尔-库仑强度理论及极限平衡条件

当土体处于三维应力状态，土体中任意一点在某一平面上发生剪切破坏时，该点即处于极限平衡状态，根据德国工程师 O. 莫尔（Mohr，1882）的应力圆理论，可得到土体中一点的剪切破坏准则，即土的极限平衡条件。现研究平面应变问题。在土体中取一微单元体（图 2-31a），设作用在该单元体上的两个主应力为 σ_1 和 σ_3（$\sigma_1 > \sigma_3$），在单元体内与大主应力 σ_1 作用平面成任意角 α 的 mn 平面上有正应力 σ 和剪应力 τ。为了建立 σ、τ 与 σ_1、σ_3 之间的关系，取微棱柱体 abc 为隔离体（图 2-31b），将各力分别在水平和垂直方向投影，根据静力平衡条件得到两组方程，再联立求解方程，得到 mn 平面上的正应力 σ 和剪应力 τ 分别为：

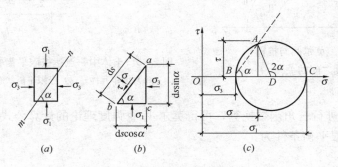

图 2-31 土体中任意点的应力

(a) 微单元体上的应力；(b) 隔离体 abc 上的应力；(c) 莫尔圆

$$\sigma = \frac{1}{2}(\sigma_1 + \sigma_3) + \frac{1}{2}(\sigma_1 - \sigma_3)\cos 2\alpha \tag{2-41}$$

$$\tau = \frac{1}{2}(\sigma_1 - \sigma_3)\sin 2\alpha \tag{2-42}$$

实际上，上述两个公式与建筑力学中平面应力计算式是相同的。

采用莫尔圆原理，σ、τ 与 σ_1、σ_3 之间的关系可用莫尔应力圆表示（图 2-31c），即在 $\sigma\tau$ 直角坐标系中，按一定的比例尺，沿 σ 轴截取 OB 和 OC 分别表示 σ_3 和 σ_1，以 D 点为圆心，$(\sigma_1 - \sigma_3)/2$ 为半径作一圆，从 DC 开始逆时针旋转 2α 角，使 DA 线与圆周交于 A 点。可以证明，A 点的横坐标即为斜面 mn 上的正应力 σ，纵坐标即为剪应力 τ。这样，莫尔圆就可以表示土体中一点的应力状态，莫尔圆圆周上各点的坐标就表示该点在相应平面上的正应力和剪应力。

如果给定了土的抗剪强度参数 c、φ 以及土中某点的应力状态，则可将土的抗剪强度包线与莫尔圆画在同一张坐标图上（图 2-32）。它们之间的关系有以下三种情况：①整个莫尔圆（圆 I）位于抗剪强度包线的下方，说明该点在任何平面上的剪应力都小于土所能发挥的抗剪强度（$\tau < \tau_{\mathrm{f}}$），因此不会发生剪切破坏；②莫尔圆（圆 II）与抗剪强度包线相切，切点为 A，说明在 A 点所代表的平面上，剪应力正好等于抗剪强度（$\tau = \tau_{\mathrm{f}}$），该点就处于极限平衡状态，此莫尔圆（圆 II）称为极限应力圆；③抗剪强度包线是莫尔圆（圆 III，以虚线表示）的一条割线，实际上这种情况是不可能存在的，因为该点任何方向上的剪应力都不可能超过土的抗剪强度，即不存在 $\tau > \tau_{\mathrm{f}}$ 的情况。

根据极限莫尔应力圆与库仑强度线相切的几何关系，可建立下面的极限平衡条件，设在土体中取一微单元体，如图 2-33 (a) 所示，mn 为破裂面，它与大主应力的作用面成破裂角 α_{f}。该点处于极限平衡状态时的莫尔圆如图 2-33 (b) 所示。

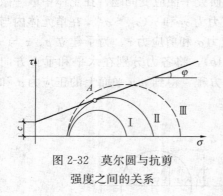

图 2-32 莫尔圆与抗剪
强度之间的关系

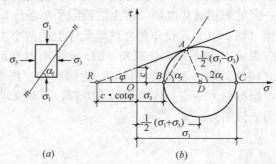

图 2-33 土体中一点达极限平衡状态时的莫尔圆
(a) 微单元体；(b) 极限平衡状态时的莫尔圆

根据图 2-33 进行三角函数换算，可得莫尔-库仑强度理论的计算公式如下：

黏性土的极限平衡条件为：

$$\sigma_1 = \sigma_3 \tan^2\left(45° + \frac{\varphi}{2}\right) + 2c\tan\left(45° + \frac{\varphi}{2}\right) \tag{2-43}$$

$$\sigma_3 = \sigma_1 \tan^2\left(45° - \frac{\varphi}{2}\right) - 2c\tan\left(45° - \frac{\varphi}{2}\right) \tag{2-44}$$

无黏性土的极限平衡条件为：

$$\sigma_1 = \sigma_3 \tan^2\left(45° + \frac{\varphi}{2}\right) \tag{2-45}$$

$$\sigma_3 = \sigma_1 \tan^2\left(45° - \frac{\varphi}{2}\right) \tag{2-46}$$

在图 2-33（b）的三角形 ARD 中，由外角与内角的关系可得破裂角为：

$$\alpha_f = 45° + \varphi/2 \tag{2-47}$$

说明破坏面与大主应力 σ_1 作用面的夹角为（$45°+\varphi/2$），或破坏面与小主应力 σ_3 作用面的夹角为（$45°-\varphi/2$）。

上述公式中，$\tan^2$（$45°-\varphi/2$）称为朗肯主动土压力系数；$\tan^2$（$45°+\varphi/2$）称为朗肯被动土压力系数。

3. 土的抗剪强度试验方法

土的抗剪强度指标通过土工试验确定。试验方法分为室内土工试验和现场原位测试两种。室内试验常用的方法有直接剪切试验、三轴剪切试验；现场原位测试的方法有十字板剪切试验和大型直剪试验。

同一种土在不同排水条件下进行试验，可以得出不同的抗剪强度指标，即土的抗剪强度在很大程度上取决于试验方法，根据试验时的排水条件可分为以下三种试验方法。

（1）不固结—不排水剪试验（Unconsolidation Undrained Test，简称 UU 试验）（直接剪切试验时称为快剪试验）

三轴剪切试验中，自始至终关闭排水阀门，无论在周围压力 σ_3 作用下或随后施加竖向压力，剪切时都不使土样排水，因而在试验过程中土样的含水量保持不变。直剪试验时，在试样的上下两面均贴以蜡纸或将上下两块透水石换成不透水的金属板，因而施加的是总应力 σ，不能测定孔隙水压力 u 的变化。

不固结—不排水剪试验是模拟建筑场地土体来不及固结排水就较快地加载的情况。在实施工作中，对渗透性较差，排水条件不良，建筑物施工速度快的地基土或斜坡稳定性验算时，可以采用这种试验条件来测定土的抗剪强度指标。

（2）固结—不排水剪试验（Consolidation Undrained Test，简称 CU 试验）（直接剪切试验时称为固结快剪试验）

三轴剪切试验时，先使试样在周围压力作用下充分排水，然后关闭排水阀门，在不排水条件下施加压力至土样剪切破坏。直剪试验时，施加竖向压力并使试样充分排水固结后，再快速施加水平力，使试样在施加水平力过程中来不及排水。

固结—不排水剪试验是模拟建筑场地土体在自重或正常载荷作用下已达到充分固结，而后遇到突然施加载荷的情况。对一般建筑物地基的稳定性验算以及预计建筑物施工期间能够排水固结，但在竣工后将施加大量活载荷（如料仓、油罐等）情况，就应用固结—不排水剪试验的指标。

（3）固结—排水剪试验（Consolidation Drained Test，简称 CD 试验）（直接剪切试验时称为慢剪试验）

三轴剪切试验时，在周围压力作用下持续足够的时间使土样充分排水，孔隙水压力降为零后才施加竖向压力。施加速率仍很缓慢，不使孔隙水压力增量出现，即在应力变化过程中孔隙水压力始终处于零的固结状态。

固结—排水剪试验是模拟地基土体已充分固结后开始缓慢施加载荷的情况。因为实际工程的正常施工速度不易使土中孔隙水压力完全消散，故较少采用固结—排水剪试验。

2.3.2　地基承载力

1. 浅基础的地基破坏模式

在荷载作用下地基因承载力不足引起的破坏，一般是由地基土的剪切破坏引起。试验研究表明，浅基础的地基破坏模式有三种：整体剪切破坏、局部剪切破坏和冲切剪切破坏（图 2-34）。

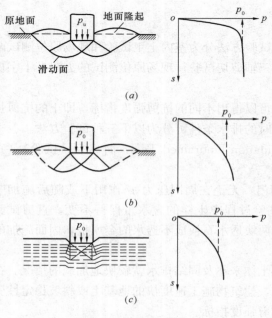

图 2-34　地基破坏模式
(a) 整体剪切破坏；(b) 局部剪切破坏；
(c) 冲切剪切破坏

整体剪切破坏是一种在荷载作用下地基发生连续剪切滑动面的地基破坏模式，如图 2-34 (a) 所示，其破坏特征是：地基在荷载作用下产生近似线弹性（p-s 曲线的首段呈线性）变形。当荷载达到一定数值时，在基础的边缘点下土体首先发生剪切破坏，随着荷载的继续增加，剪切破坏区（也称为塑性变形区）也逐渐扩大，p-s 曲线由线性开始弯曲。当剪切破坏区在地基中形成一片，成为连续的滑动面时，基础就会急剧下沉并向一侧倾斜、倾倒，基础两侧的地面向上隆起，地基发生整体剪切破坏。描述这种破坏模式的典型的荷载—沉降曲线（即 p-s 曲线）具有明显的转折点，破坏前建筑物一般不会发生过大的沉降，它是一种典型的土体强度破坏，破坏有一定的突然性。一般紧密的砂土、硬黏土地基常发生此类破坏。

局部剪切破坏是一种在荷载作用下地基某一范围内发生剪切破坏区的地基破坏形式，如图 2-34 (b) 所示，其破坏特征是：在荷载作用下，地基在基础边缘以下开始发生剪切破坏之后，随着荷载的继续增大，地基变形增大，剪切破坏区继续扩大，基础两侧土体有部分隆起，但剪切破坏区滑动面没有发展到地面，基础没有明显的倾斜和倒塌。基础由于产生过大的沉降而丧失继续承载能力。描述这种破坏模式的 p-s 曲线，一般没有明显的转折点，其直线段范围较小，是一种以变形为主要特征的破坏模式。中等密实的砂土地基常发生此类破坏。

冲切剪切破坏是一种在荷载作用下地基土体发生的垂直剪切破坏，使基础产生较大沉降的一种地基破坏模式，如图 2-34 (c) 所示，其破坏特征是：在荷载作用下基础产生较大沉降，基础周围的部分土体也产生下陷，破坏时基础好像"刺入"地基土层中，不出现明显的破坏区和滑动面，基础没有明显的倾斜，其 p-s 曲线没有转折点，是一种典型的以变形为特征的破坏模式。松砂及软土地基常发生此类破坏。

2. 地基土中应力状态的三个阶段

根据现场载荷试验中各级荷载及其相应的相对稳定沉降值，可得荷载—沉降的关系曲线即 p-s 曲线，可知土中应力状态的三个阶段：压缩阶段、剪切阶段和隆起阶段（图 2-35）。

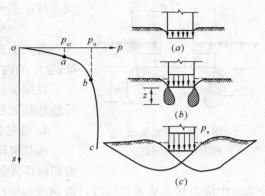

(1) 压缩阶段（也称为直线变形阶段），对应 p-s 曲线的 oa 段。这个阶段的外加荷载较小，地基土以压缩变形为主，压力与变形之间基本呈线性关系，地基中的应力尚处在弹性平衡状态，地基中任一点的剪应力均小于该点的抗剪强度。此时可近似采用弹性理论分析。

图 2-35　地基土中应力状态的三个阶段
(a) 压缩阶段；(b) 剪切阶段；(c) 隆起阶段

(2) 剪切阶段（也称为塑性变形阶段），对应 p-s 曲线的 ab 段。在这一阶段，从基础两侧底边缘开始，局部区域土中剪应力等于该处土的抗剪强度，土体处于塑性极限平衡状态，宏观上 p-s 曲线呈现非线性的变化。随着荷载的增大，基础下土的塑性变形区扩大，p-s 曲线的斜率增大。在这一阶段，虽然地基土的部分区域发生了塑性极限平衡，但塑性变形区并未在地基中连成一片，地基基础仍有一定的稳定性，但地基的安全度则随着塑性变形区的扩大而降低。

(3) 隆起阶段（也称为塑性流动阶段），对应 p-s 曲线的 bc 段。该阶段基础以下两侧的地基塑性变形区贯通并连成一片，基础两侧土体隆起，很小的荷载增量都会引起基础大的沉降，这个变形主要不是由土的压缩引起，而是由地基土的塑性流动引起，是一种随时间不稳定的变形，其结果是基础向比较薄弱的一侧倾倒，地基整体失去稳定性。

相应于地基土中应力状态的三个阶段，有两个界限荷载：前一个是相当于从压缩阶段过渡到剪切阶段的界限荷载，称为比例界限荷载（或称为临塑荷载）p_{cr}，它是 p-s 曲线上 a 点所对应的荷载；后一个是相应于从剪切阶段过渡到隆起阶段的界限荷载，称为极限荷载 p_u，它是 p-s 曲线上 b 点所对应的荷载。

当允许地基产生一定范围塑性变化区所对应的荷载，称为临界荷载。根据工程实践经验，在轴心荷载作用下，控制塑性区最大开展深度 $z_{max} = b/4$，在偏心荷载下控制 $z_{max} = b/3$，对一般建筑物是允许的。$p_{1/4}$、$p_{1/3}$ 分别是允许地基产生 $z_{max} = b/4$ 和 $b/3$ 范围塑性区所对应的两个临界荷载。

3. 地基的临塑荷载与临界荷载

地基的临塑荷载 p_{cr} 的计算公式可根据塑性变形区边界方程得到（图 2-36），p_{cr} 的具体计算公式可参见相关书籍。

同理，由地基的塑性变形区边界方程，分别取 $z_{max} = b/4$，$z_{max} = b/3$ 时，可得临界荷载 $p_{1/4}$、$p_{1/3}$ 的计算公式，其具体计算公式可参见相关书籍。

现行《地基规范》规定，地基的承载力特征值 f_a 按 $p_{1/4}$ 临界荷载进行取值，具体如下：

当偏心距 e 小于或等于 0.033 倍基础底面宽度时，根据土的抗剪强度指标确定地基承

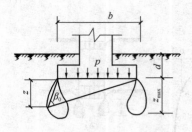

图 2-36　条形基础
底面边缘的塑性区

载力特征值可按下式计算，并应满足变形要求：

$$f_a = M_b \gamma_d + M_d \gamma_m d + M_c c_k \tag{2-48}$$

有关上式中的相关参数的含义，以及地基的承载力特征值 f_a 的内涵，详见本书第 4 章浅基础。

我国房屋建筑物通常采用地基的承载力特征值 f_a 进行地基基础的设计。

4. 地基的极限承载力

地基极限承载力（也称为地基极限荷载），是指地基剪切破坏发展即将失稳时所能承受的极限荷载，它相当于地基土中应力状态从剪切阶段过渡到隆起阶段时的界限荷载。

地基极限承载力的求解方法有如下两大类：

（1）按照极限平衡理论求解，如普朗德尔和赖斯纳极限承载力。

（2）按照假定滑动面求解，如太沙基、汉森和魏锡克极限承载力。

地基的极限承载力除以一个安全系数 K 则得到地基的容许承载力 $[\sigma]$。在我国铁路、公路、港口等工程中，一般采用地基的容许承载力 $[\sigma]$ 进行地基基础的设计。

思考题

1. 土的三个重要特点是什么？
2. 土的三相组成包括哪些？
3. 黏性土的塑性指数、液性指数如何计算？
4. 土的相对密实度如何计算？
5. 土的干密度、压实系数如何计算？
6. 土的渗透性对建筑物地基基础的影响有哪些？
7. 土的竖向自重应力如何计算？
8. 在偏心荷载作用下，基础的基底压力分布的图形有哪些？
9. 建筑物地基中地基土的附加应力是什么？
10. 双层地基的特点是什么？
11. 土的固结度如何计算？
12. 单一土层的单向压缩是如何计算的？
13. 土的抗剪强度的表达式有几种形式？
14. 朗肯主动土压力系数、被动土压力系数是如何计算的？
15. 土的抗剪强度实验中三轴剪切实验包括哪几类？
16. 浅基础的地基破坏模式有哪几类？
17. 地基的临塑荷载是什么？
18. 地基的临界荷载是什么？
19. 地基的极限荷载是什么？

岩土工程勘察

岩土工程勘察是根据建设工程的要求，查明、分析、评价建设场地的地质、环境特征和岩土工程条件，编制勘察文件的活动。各项建设工程在设计、施工之前，必须按基本建设程序进行岩土工程勘察。因此，岩土工程勘察的主要任务是：查明建设场地及其附近的工程地质及水文地质条件，为建设场地选址、建筑平面布置、地基与基础的设计与施工提供必要的资料。

根据工程重要性等级、场地复杂程度等级和地基复杂程度等级，岩土工程勘察等级划分为甲级、乙级和丙级。

岩土工程勘察一般分为三个阶段：可行性研究勘察、初步勘察与详细勘察，由于工程建设各阶段的设计要求不同，故对岩土工程勘察的要求也不同，即各阶段岩土工程勘察的目的、主要工作方法也不相同。

本章主要介绍房屋建筑物和构筑物（以下简称建筑物）的岩土工程勘察。

3.1 建筑物的岩土工程勘察

3.1.1 建筑物的岩土工程勘察工作内容

建筑物的岩土工程勘察，应在搜集建筑物上部荷载、功能特点、结构类型、基础形式、埋置深度和变形限制等方面资料的基础上进行，其主要工作内容如下：

（1）查明场地和地基的稳定性、地层结构、持力层和下卧层的工程特性、土的应力历史和地下水条件以及不良地质作用等；

（2）提供满足设计、施工所需的岩土参数，确定地基承载力，预测地基变形性状；

（3）提出地基基础、基坑支护、工程降水和地基处理设计与施工方案的建议；

（4）提出对建筑物有影响的不良地质作用的防治方案建议；

（5）对于抗震设防烈度等于或大于 6 度的场地，进行场地与地基的地震效应评价。

建筑物的岩土工程勘察宜分三阶段进行，有需要时还应进行施工勘察。当地质条件简单，场地面积不大，建筑物较简单时，其勘察阶段可以适当简化。比如，场地较小且无特殊要求的工程可合并勘察阶段。当建筑物平面布置已经确定，且场地或其附近已有岩土工程资料时，可根据实际情况，直接进行详细勘察。

1. 可行性研究勘察

其勘察的目的是：对拟建场地的稳定性和适宜性做出评价，以满足设计的要求即满足选择场址方案要求。

可行性研究勘察的工作内容及方法如下：

（1）搜集区域地质、地形地貌、地震、矿产，当地的工程地质、岩土工程和建筑经验等资料；

（2）在充分搜集和分析已有资料的基础上，通过勘察了解场地的地层、构造、岩性、不良地质作用和地下水等工程地质条件；

（3）当拟建场地工程地质条件复杂，已有资料不能满足要求时，要根据具体情况进行工程地质测绘和必要的勘探工作；

（4）当有两个或两个以上拟选场地时，应进行比选分析。

2. 初步勘察

其勘察的目的是：对场地内拟建建筑地段的稳定性做出评价，以满足初步设计或扩大初步设计的要求。

初步勘察的工作内容及方法如下：

（1）搜集拟建工程的有关文件、工程地质和岩土工程资料以及工程场地范围的地形图；

（2）初步查明地质构造、地层结构、岩土工程特性、地下水埋藏条件；

（3）查明场地不良地质作用的成因、分布、规模、发展趋势，并对场地的稳定性做出评价；

（4）对抗震设防烈度等于或大于6度的场地，应对场地和地基的地震效应做出初步评价；

（5）季节性冻土地区，应调查场地土的标准冻结深度；

（6）初步判定水和土对建筑材料的腐蚀性；

（7）高层建筑初步勘察时，应对可能采取的地基基础类型、基坑开挖与支护、工程降水方案进行初步分析评价。

3. 详细勘察

其勘察的目的是：按单体建筑物或建筑群提出详细的岩土工程资料和设计、施工所需的岩土参数；对建筑地基做出岩土工程评价，并对地基类型、基础形式、地基处理、基坑支护、工程降水和不良地质作用的防治等提出建议，以满足施工图设计及施工的要求。

详细勘察的工作内容及方法如下：

（1）搜集附有坐标和地形的建筑总平面图，场区的地面整平标高，建筑物的性质、规模、荷载、结构特点，基础形式、埋置深度，地基允许变形等资料；

（2）查明不良地质作用的类型、成因、分布范围、发展趋势和危害程度，提出整治方案的建议；

（3）查明建筑范围内岩土层的类型、深度、分布、工程特性，分析和评价地基的稳定性、均匀性和承载力；

（4）对需进行沉降计算的建筑物，提供地基变形计算参数，预测建筑物的变形特征；

（5）查明埋藏的河道、沟浜、墓穴、防空洞、孤石等对工程不利的埋藏物；

（6）查明地下水的埋藏条件，提供地下水位及其变化幅度；

（7）在季节性冻土地区，提供场地土的标准冻结深度；

（8）判定水和土对建筑材料的腐蚀性。

详细勘察还应论证地下水在施工期间对工程和环境的影响。对情况复杂的重要工程，需论证使用期间水位变化和需提出抗浮设防水位时，应进行专门研究。

4. 施工勘察（不是固定阶段）

其勘察的目的是：施工过程中，如基坑或基槽开挖后，岩土条件与勘察资料不符合或发现必须查明的异常情况时，进行补充勘察以解决施工过程中的具体问题。它随勘察对象的不同而不同。

3.1.2 详细勘察阶段勘探点的布置与勘探深度

详细勘察勘探点的间距可按表 3-1 确定。

详细勘察勘探点的间距（m）   表 3-1

地基复杂程度等级	勘探点间距	地基复杂程度等级	勘探点间距
一级（复杂）	10~15	三级（简单）	30~50
二级（中等复杂）	15~30		

详细勘察的勘探点布置应满足下列要求：

（1）勘探点宜按建筑物周边线和角点布置，对无特殊要求的其他建筑物可按建筑物或建筑群的范围布置；

（2）同一建筑范围内的主要受力层或有影响的下卧层起伏较大时，应加密勘探点，查明其变化；

（3）重大设备基础应单独布置勘探点；重大的动力机器基础和高耸构筑物，勘探点不宜少于3个；

（4）勘探手段宜采用钻探与触探相配合，在复杂地质条件、湿陷性土、膨胀岩土、风化岩和残积土地区，宜布置适量探井。

详细勘察的单栋高层建筑勘探点的布置，应满足对地基均匀性评价的要求，且不应少于4个；对密集的高层建筑群，勘探点可适当减少，但每栋建筑物至少应有1个控制性勘探点。

详细勘察的勘探深度自基础底面算起，应满足下列要求：

（1）勘探孔深度应能控制地基主要受力层，当基础底面宽度不大于5m时，勘探孔的深度对条形基础不应小于基础底面宽度的3倍，对单独柱基不应小于1.5倍，且不应小于5m；

（2）对高层建筑和需作变形验算的地基，控制性勘探孔的深度应超过地基变形计算深度；高层建筑的一般性勘探孔应达到基底下0.5~1.0倍的基础宽度，并深入稳定分布的

地层;

（3）对仅有地下室的建筑或高层建筑的裙房，当不能满足抗浮设计要求，需设置抗浮桩或锚杆时，勘探孔深度应满足抗拔承载力评价的要求;

（4）当有大面积地面堆载或软弱下卧层时，应适当加深控制性勘探孔的深度;

（5）在上述规定深度内遇基岩或厚层碎石土等稳定地层时，勘探孔深度可适当调整。

3.2　岩土工程勘察报告

3.2.1　岩土工程分析评价

岩土工程分析评价应在工程地质测绘、勘探、测试和搜集已有资料的基础上，结合工程特点和要求进行。

岩土工程分析评价应符合下列要求：

（1）充分了解工程结构的类型、特点、荷载情况和变形控制要求;

（2）掌握场地的地质背景，考虑岩土材料的非均质性、各向异性和随时间的变化，评估岩土参数的不确定性，确定其最佳估值;

（3）充分考虑当地经验和类似工程的经验;

（4）对于理论依据不足、实践经验不多的岩土工程问题，可通过现场模型试验或足尺试验取得实测数据进行分析评价;

（5）必要时可建议通过施工监测，调整设计和施工方案。

岩土工程分析评价应在定性分析的基础上进行定量分析。岩土体的变形、强度和稳定应定量分析;场地的适宜性、场地地质条件的稳定性，可仅作定性分析。

岩土工程计算应符合：①按承载能力极限状态进行计算，可用于评价岩土地基承载力、地基稳定性等问题;②按正常使用极限状态进行验算，可用于评价岩土体的变形、透水性等。

岩土工程的分析评价，应根据岩土工程勘察等级区别进行。对丙级岩土工程勘察，可根据邻近工程经验，结合触探和钻探取样试验资料进行;对乙级岩土工程勘察，应在详细勘探、测试的基础上，结合邻近工程经验进行，并提供岩土的强度和变形指标;对甲级岩土工程勘察，除按乙级要求进行外，尚宜提供载荷试验资料，必要时应对其中的复杂问题进行专门研究，并结合监测对评价结论进行检验。

3.2.2　岩土工程勘察报告

勘察工作结束后，将取得的野外工作和室内试验的记录和数据，以及搜集到的各种直接和间接资料进行整理、检查、分析，确认无误后方可使用。

岩土工程勘察报告应资料完整、真实准确、数据无误、图表清晰、结论有据、建议合理、便于使用和适宜长期保存，并应因地制宜，重点突出，有明确的工程针对性。

岩土工程勘察报告应根据任务要求、勘察阶段、工程特点和地质条件等具体情况编写，并应包括下列内容：

（1）勘察目的、任务要求和依据的技术标准;

(2) 拟建工程概况;

(3) 勘察方法和勘察工作布置;

(4) 场地地形、地貌、地层、地质构造、岩土性质及其均匀性;

(5) 各项岩土性质指标,岩土的强度参数、变形参数、地基承载力的建议值;

(6) 地下水埋藏情况、类型、水位及其变化;

(7) 土和水对建筑材料的腐蚀性;

(8) 可能影响工程稳定的不良地质作用的描述和对工程危害程度的评价;

(9) 场地稳定性和适宜性评价。

岩土工程勘察报告应对岩土利用、整治和改造的方案进行分析论证,提出建议;对工程施工和使用期间可能发生的岩土问题进行预测,提出监控和预防措施的建议。

成果报告应附下列图件:

(1) 勘探点平面布置图;

(2) 工程地质柱状图;

(3) 工程地质剖面图;

(4) 原位测试成果图表;

(5) 室内试验成果图表。

(6) 当需要时,尚可附综合工程地质图、综合地质柱状图、地下水等水位线图、素描、照片、综合分析图表以及岩土利用、整治和改造方案的有关图表、岩土工程计算简图及计算成果图表等。

3.2.3　岩土工程勘察报告的阅读

岩土工程勘察报告应侧重阅读如下内容:

(1) 直接看结语和建议中的持力层土质、地基承载力特征值、地基类型以及基础建议设置标高;

(2) 结合钻探点号看懂地质剖面图,并一次确定基础埋置标高;

(3) 重点看结束语或建议中对存在饱和砂土或饱和粉土的地基,是否有液化判别;

(4) 重点看两个水位——历年来地下水的最高水位和抗浮水位;

(5) 特别扫读一下结语或建议中定性的预警语句,并且必要时将其转写进基础的一般说明中;

(6) 特别扫读一下结语或建议中场地类别、场地类型、覆盖层厚度和地面下 20m 范围内平均剪切波速,尤其是建筑场地类别,一般在建筑结构进行三维空间有限元地震电算的时候,是设计人员必须录入的一项数据。

除上述必读部分外,次要阅读的内容是:持力层土质下是否存在不良工程地质中的局部软弱下卧层,如果有,根据自己所做的基础形式简单验算一下软弱下卧层的承载力是否满足要求;地基沉降计算时,可能使用到的土的压缩模量 E_s 等。

【例 3-1】某工程勘察报告中,某拟建建筑物的现场实测钻探点平面布置如图 3-1 所示,钻探点号对应的地质剖面图如图 3-2 所示。

工程勘察报告中提供的建议:基础埋置标高为 47.1m 及以下,持力层土质为粉质黏土②层,持力层土质的承载力特征值为 160kPa,地层土质概述中提及回填土①层为粉质黏土、粉土。

如何判定上述建议的合理性?

第一步应该以报告中建议的最小埋深为起点(用铅笔),画一条水平线从左向右贯穿剖面图。查看此水平线是否绝大部分落在了报告所建议的持力层土质标号层范围之内,这时一般有3种情况:①此水平线完全落在了报告所建议的持力层土质标号层范围之内,则可以直接判定建议标高适合作为基础埋置标高;②此水平线绝大部分落在了报告所建议的持力层土质标号层范围之内,极小的一部分(小于5%)落在了建议持力层土质标号层之上一邻层,即进入了不太有利的土质上,这时本着基础宜浅埋的经济原则,仍然可以判定建议标高适合作为基础埋置标高,但日后与勘察单位一起现场验槽时,必然要共同配合,采取有效的措施处理这局部的不利软土层,目的是使得软土变硬些;③此水平线绝大部分并非落在了报告所建议的持力层土质标号层范围之内,而是大部分进入到了持力层之上一邻层,这说明建议标高不适合作为基础埋置标高,须进一步降低该标高,直到以降后的标高为起点所绘制的水平线绝大部分或完全落在了持力层土质标号层范围之内为止。

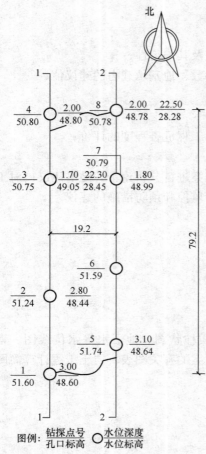

图3-1　现场实测钻探点平面布置图

根据上述方法,在1—1竖向剖面图中用铅笔以47.1m为起点绘制一条水平线段,左右贯穿剖面图(如图3-2中水平虚线所示),可看到此水平线绝大部分落在了粉质黏土②层范围之内,仅仅一小部分进入了持力层之上一邻层,即①层回填土,符合上述的第二种情况,可判定建议标高47.1m做基础埋置标高是合理的。对于局部未进入持力层的小部分回填土,后来

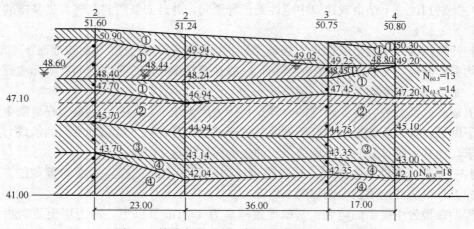

图3-2　钻孔点所对应的各层土质1—1竖向剖面图

在与勘察单位一起现场验槽时，应共同协商，采取局部清除，如用级配砂石或豆石混凝土替换的方法进行处理。

思考题

    1. 岩土工程勘察等级划分为几级？

    2. 房屋建筑物的岩土工程勘察划分为哪几个阶段？

    3. 岩土工程勘察报告的内容有哪些？

4

浅基础——无筋扩展基础和钢筋混凝土扩展基础

4.1 概述

地基与基础设计应根据建筑物的用途和设计等级、建筑布置与结构类型，充分考虑建筑场地和地基岩土地层条件，结合施工条件、工期、造价，以及地区经验等，合理选择地基基础方案。

浅基础的主要类型见本书第 1 章。

天然地基上的浅基础的主要特点是：施工简单、工期短、造价低。

4.1.1 建筑物的安全等级

我国《建筑结构可靠度设计统一标准》规定，建筑结构设计时，应根据结构破坏可能产生的后果（危及人的生命、造成经济损失、产生社会影响等）的严重性，采用不同的安全等级（表 4-1）。

建筑结构的安全等级　　　　表 4-1

安全等级	破坏后果	建筑物类型
一级	很严重	重要的房屋
二级	严重	一般的房屋
三级	不严重	次要的房屋

注：对特殊的建筑物，其安全等级应根据具体情况另行确定。

4.1.2 地基基础的设计等级

根据地基复杂程度、建筑物规模和功能特征，以及由于地基问题可能造成建筑物破坏或影响正常使用的程度，《建筑地基基础设计规范》（以下简称《地基规范》）将地基基础设计分为三个设计等级（表 4-2），设计时应根据具体情况选用。

地基基础设计等级   表 4-2

设计等级	建筑和地基类型
甲 级	重要的工业与民用建筑物 30 层以上的高层建筑 体型复杂，层数相差超过 10 层的高低层连成一体的建筑物 大面积的多层地下建筑物（如地下车库、商场、运动场等） 对地基变形有特殊要求的建筑物 复杂地质条件下的坡上建筑物（包括高边坡） 对原有工程影响较大的新建建筑物 场地和地基条件复杂的一般建筑物 位于复杂地质条件及软土地区的二层及二层以上地下室的基坑工程 开挖深度大于 15m 的基坑工程 周边环境条件复杂、环境保护要求高的基坑工程
乙 级	除甲级、丙级以外的工业与民用建筑物 除甲级、丙级以外的基坑工程
丙 级	场地和地基条件简单、荷载分布均匀的七层及七层以下民用建筑及一般工业建筑，次要的轻型建筑物。 非软土地区且场地地质条件简单、基坑周边环境条件简单、环境保护条件要求不高且开挖深度小于 5.0m 的基坑工程

4.1.3 地基基础设计的基本原则

1. 对地基计算的要求

根据建筑物地基基础设计等级及长期荷载作用下地基变形对上部结构的影响程度，地基基础设计应符合下列要求：

（1）所有建筑物的地基计算均应满足承载力计算的有关规定；

（2）设计等级为甲级、乙级的建筑物，均应作地基变形验算；

（3）表 4-3 所列范围内设计等级为丙级的建筑物可不作变形验算，设计等级为丙级的建筑物如有下列情况之一时，则仍应作变形验算：

可不作地基变形验算的设计等级为丙级的建筑物范围   表 4-3

地基主要 受力层情况	地基承载力特征值 f_{ak}（kPa）			$80 \leqslant f_{ak}$ <100	$100 \leqslant f_{ak}$ <130	$130 \leqslant f_{ak}$ <160	$160 \leqslant f_{ak}$ <200	$200 \leqslant f_{ak}$ <300
	各土层坡度（%）			$\leqslant 5$	$\leqslant 10$	$\leqslant 10$	$\leqslant 10$	$\leqslant 10$
建 筑 类 型	砌体承重结构、框架结构（层数）			$\leqslant 5$	$\leqslant 5$	$\leqslant 6$	$\leqslant 6$	$\leqslant 7$
	单层排架结构 （6m 柱距）	单跨	吊车额定起重量（t）	$10 \sim 15$	$15 \sim 20$	$20 \sim 30$	$30 \sim 50$	$50 \sim 100$
			厂房跨度（m）	$\leqslant 18$	$\leqslant 24$	$\leqslant 30$	$\leqslant 30$	$\leqslant 30$
		多跨	吊车额定起重量（t）	$5 \sim 10$	$10 \sim 15$	$15 \sim 20$	$20 \sim 30$	$30 \sim 75$
			厂房跨度（m）	$\leqslant 18$	$\leqslant 24$	$\leqslant 30$	$\leqslant 30$	$\leqslant 30$
	烟囱		高度（m）	$\leqslant 40$	$\leqslant 50$	$\leqslant 75$		$\leqslant 100$
	水塔		高度（m）	$\leqslant 20$	$\leqslant 30$	$\leqslant 30$		$\leqslant 30$
			容积（m³）	$50 \sim 100$	$100 \sim 200$	$200 \sim 300$	$300 \sim 500$	$500 \sim 1000$

注：1. 地基主要受力层系指条形基础底面下深度为 $3b$（b 为基础底面宽度），独立基础下为 $1.5b$，且厚度均不小于 5m 的范围（二层以下一般的民用建筑除外）；

2. 地基主要受力层中如有承载力特征值小于 130kPa 的土层，表中砌体承重结构的设计，应符合《地基规范》第 7 章的有关要求；

3. 表中砌体承重结构和框架结构均指民用建筑，对于工业建筑可按厂房高度、荷载情况折合成与其相当的民用建筑层数；

4. 表中吊车额定起重量、烟囱高度和水塔容积的数值系指最大值。

1）地基承载力特征值小于 130kPa，且体型复杂的建筑；

2）在基础上及其附近有地面堆载或相邻基础荷载差异较大，可能引起地基产生过大的不均匀沉降时；

3）软弱地基上的建筑物存在偏心荷载时；

4）相邻建筑距离过近，可能发生倾斜时；

5）地基内有厚度较大或厚薄不均的填土，其自重固结未完成时；

（4）对经常受水平荷载作用的高层建筑、高耸结构和挡土墙等，以及建造在斜坡上或边坡附近的建筑物和构筑物，尚应验算其稳定性；

（5）基坑工程应进行稳定性验算；

（6）当地下水埋藏较浅，建筑地下室或地下构筑物存在上浮问题时，尚应进行抗浮验算。

2. 对荷载组合（或作用组合）与相应抗力限值的要求

地基基础设计时，采用的荷载组合与相应的抗力限值应符合下列要求：

（1）按地基承载力确定基础底面积及埋深或按单桩承载力确定桩数时，传至基础或承台底面上的荷载组合应按正常使用极限状态下作用的标准组合；相应的抗力应采用地基承载力特征值或单桩承载力特征值；

（2）计算地基变形时，传至基础底面上的荷载组合应按正常使用极限状态下作用的准永组合，不应计入风荷载和地震作用；相应的限值应为地基变形允许值；

（3）计算挡土墙、地基或滑坡稳定以及基础抗浮稳定时，荷载组合应按承载能力极限状态下作用的基本组合，但其分项系数均为 1.0；

（4）在确定基础或桩基承台高度、计算基础内力、确定配筋和验算材料强度时，上部结构传来的荷载组合和相应的基底反力，应按承载能力极限状态下作用的基本组合，采用相应的分项系数；当需要验算基础裂缝宽度时，应按正常使用极限状态下作用的准永久组合。

（5）基础设计安全等级、结构设计使用年限、结构重要性系数应按有关规范的规定采用，但结构重要性系数 γ_0 不应小于 1.0。

正常使用极限状态下，标准组合的效应设计值 S_k 应按下式确定：

$$S_k = S_{Gk} + S_{Q1k} + \psi_{c2}S_{Q2k} + \cdots\cdots + \psi_{cn}S_{Qnk} \tag{4-1}$$

式中　S_{Gk}——永久作用标准值 G_K 的效应；

　　　S_{Qik}——第 i 个可变作用标准值 Q_{ik} 的效应；

　　　ψ_{ci}——第 i 个可变作用 Q_i 的组合值系数，按现行国家标准《建筑结构荷载规范》GB 50009—2012 的规定取值。

在正常使用极限状态下，准永久组合的效应设计值 S_q 应按下式确定：

$$S_q = S_{Gk} + \psi_{q1}S_{Q1K} + \psi_{q2}S_{Q2K} + \cdots\cdots + \psi_{qn}S_{QnK} \tag{4-2}$$

式中　ψ_{qi}——第 i 个可变作用的准永久值系数，按现行《建筑结构荷载规范》的规定取值。

在承载能力极限状态下，由可变作用控制的基础组合的效应设计值 S_d，应按下式确定：

$$S_d = \gamma_G S_{GK} + \gamma_{Q1}S_{Q1K} + \gamma_{Q2}\psi_{c2}S_{Q2K} + \cdots\cdots + \gamma_{Qi}\psi_{ci}S_{Qik} \tag{4-3}$$

式中　γ_G——永久荷载的分项系数，按现行《建筑结构荷载规范》的规定取值；

　　　γ_{Qi}——第 i 个可变荷载的分项系数，按现行《建筑结构荷载规范》的规定取值。

对由永久作用控制的基本组合，也可采用简化规则，基本组合的效应设计值 S_d 可按下式确定：

$$S_d = 1.35S_k \tag{4-4}$$

式中　S_k——标准组合的作用效应设计值。

3. 对地基基础的设计使用年限的要求

建筑物地基基础的设计使用年限不应小于建筑结构的设计使用年限。

4.1.4　地基基础设计的内容与一般步骤

天然地基上浅基础的设计内容为：①选择基础的材料、基础结构类型及基础平面布置；②确定地基持力层、基础埋置深度；③确定地基承载力；④确定基础的尺寸，必要时进行地基变形与稳定性验算；⑤对基础结构进行设计；⑥绘制基础施工图及施工说明。

一般地，进行地基基础设计时，首先应具备下列设计资料：

（1）建筑场地的地形图；

（2）建筑场地的工程地质勘察资料；

（3）建筑物的平面、立面、剖面图及使用要求，建筑物的荷载，特殊结构物及设备管道的布置和标高；

（4）建筑场地环境，邻近建筑物基础类型与埋深，地下管线分布；

（5）建筑材料的供应情况。

天然地基上浅基础的设计的一般步骤如下：

（1）阅读和分析建筑物场地的工程勘察资料和建筑物的设计资料，进行相应的现场勘察和调查；

（2）选择基础的结构类型和建筑材料；

（3）选择持力层，决定合适的基础埋置深度；

（4）确定地基承载力和作用在基础上的荷载组合，计算基础的初步尺寸；

（5）根据地基等级进行必要的地基计算，包括所有建筑物地基持力层的承载力计算，如果存在软弱下卧层，对软弱下卧层的承载力验算，地基变形计算（对按规定的重要建筑物地基）以及地基稳定验算（对水平荷载为主要荷载的建筑物地基）。当地下水位埋藏较浅，地下室或地下构筑物存在上浮问题时尚应进行基础抗浮稳定性验算。依据验算结果，必要时修改基础尺寸甚至埋置深度；

（6）进行基础结构和构造的设计；

（7）当有深基坑开挖时，应考虑基坑开挖的支护和排水、降水问题；

（8）编制基础施工图，提出施工说明。

4.1.5　基础埋置深度

基础埋置深度（简称基础埋深）是指基础底面至设计地面（一般指室外设计地面）的距离。基础埋深的确定对建筑物的安全、正常使用，以及施工工期、工程造价影响较大。在满足地基稳定和变形要求的前提下，当上层地基的承载力大于下层土时，宜利用上层土作持力层。除岩石地基外，基础埋深不宜小于 0.5m。

在抗震设防区，除岩石地基外，天然地基上的筏形和箱形基础其埋置深度不宜小于建筑物高度的 1/15。

基础埋置深度的确定，应综合考虑下列因素：

1. 建筑物的用途与使用功能，基础的形式和构造

确定基础埋深时，应了解建筑物的用途及使用要求。当有地下室、设备基础和地下设施时，往往要求加大基础的埋深。有时基础的形式和构造也对基础埋深起决定性作用。例如，采用无筋扩展基础，当基础底面积确定后，由于基础本身的构造要求（即满足台阶宽高比允许值要求），就决定了基础最小高度，也决定了基础的埋深。

2. 作用在地基上的荷载大小和性质

基础埋深的选择必须考虑荷载的性质和大小的影响。比如对同一层土而言，荷载小的基础可能是良好的持力层；而对荷载大的基础则可能不适宜作持力层。故荷载大的高层建筑的基础应埋置在较深的良好土层上。承受较大的上拔力的基础（如输电塔等），往往需要有较大的基础埋深，以提供足够的抗拔阻力，保证基础抗拔稳定性。烟囱、水塔等高耸建筑物承担较大的水平荷载，往往需要较大的基础埋深，以保证基础抗倾覆稳定性。

3. 相邻建筑物的基础埋深

在确定基础埋深时，应保证相邻原有建筑物在施工期间的安全和正常使用。一般新建筑物基础埋深不宜大于相邻原有建筑物基础。当必须深于原有建筑物基础时，两相邻基础之间应保持一定净距，其数值应根据原有建筑荷载

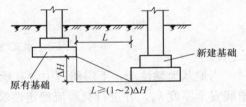

图 4-1　相邻基础的埋深

大小和土质情况确定。一般取两相邻基础底面高差的 1～2 倍，如图 4-1 所示。若不能满足上述要求，应采取分段施工，设临时加固支撑、打板桩、浇筑地下连续墙等施工措施。

4. 工程地质和水文地质条件

从工程地质的角度，合理选择基础的持力层（是指直接支承基础的土层）。此时，应根据工程勘察报告，结合上部建筑结构，分析各地基各土层的深度、层厚、地基承载力大小与压缩性高低，对基础埋置方案进行技术经济分析再确定。

若地基表层土较好，下层土软弱，上部结构的荷载不大，则基础尽量浅埋，利用表层好土作为地基持力层，如图 4-2（a）所示。当上层好土层厚较薄，还应复核下卧层软土的承载力是否满足。

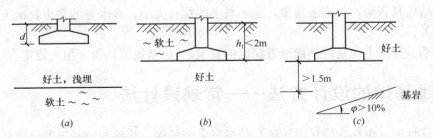

图 4-2　工程地质条件与基础埋深关系

反之，表层土软弱，下层土坚实，则需要区别对待，当软弱表层土较薄，厚度小于2m时，应将软弱土挖除，将基础置于下层坚实土上，如图4-2（b）所示。若表层软弱土较厚，厚度达2~4m时，低层房屋可考虑扩大基底面积，加强上部结构刚度，把基础做在软土上；对于重要建筑物，应将基础置于下层坚实土上；如上层软弱土很厚，厚度超过5m时，挖除软弱土工程量太大，除建筑物特殊用途需做二层地下室时挖除全部软弱土外，对于多层住宅来说，通常采用人工加固处理地基或用桩基础。

当持力层为好土，但存在单向倾斜的下卧基岩（图4-2c），应考虑刚性下卧层的影响，地基变形应考虑增大的影响。

地下水的情况与基础埋深也有密切关系，通常基础尽量做在地下水位以上，便于施工，如图4-3（a）所示；当基础需要做在地下水位以下，施工时必须进行基坑降水、基槽排水。

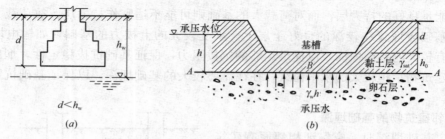

图4-3 水文地质条件与基础埋深关系

当地基为黏性土，下层卵石中含有承压水时（图4-3b），在基槽开挖中应保留黏性土槽底安全厚度 h_0，并进行抗渗流稳定性验算，防止槽底土层发生隆起破坏。

5. 地基土的冻胀和融陷的影响

冻土可分为季节性冻土和多年冻土两类。季节性冻土在冬季冻结而夏季融化，每年冻融交替一次。我国东北、华北和西北地区的季节性冻土层厚度在0.5m以上，最大的可近3m。如果季节性冻土由细粒土（粉砂、粉土、黏性土）组成，冻结前的含水量较高且冻结期间的地下水位低于冻结深度不足1.5~2.0m，则处于冻结深度范围内的土中水将被冻结形成冰晶体，并且未冻结区的自由水和部分结合水也会不断地向冻结区迁移、聚集，使冰晶体逐渐扩大，引起土体发生膨胀和隆起，形成冻胀现象。位于冻胀区的基础所受到的冻胀力如大于基底压力，基础就有被抬起的可能。到了夏季，土体因温度升高而解冻，造成含水量增加，使土体处于饱和及软化状态，承载力降低，建筑物下陷，这种现象称为融陷。地基土的冻胀与融陷一般是不均匀的，容易导致建筑物开裂。

土冻结后是否会产生冻胀现象，主要与土的粒径大小、含水量的多少及地下水位高低等条件有关。

对于季节性冻土地基的基础埋置深度的要求，《地基规范》做了相关规定。

4.2　浅基础的设计方法——常规设计法

常规设计法（也称为简化设计法）是指将上部结构、基础和地基三者分离开来，分别对三者进行设计。

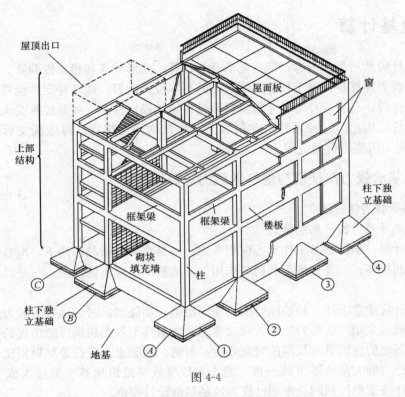

图 4-4

如图 4-4 所示钢筋混凝土框架结构，采用柱下钢筋混凝土独立基础。上部结构进行三维空间有限元分析计算时，将底层柱柱脚视为固定支座（嵌固端），其计算简图如图 4-5（a）所示（仅取①轴分析，实际结构按三维空间结构分析）。

由图 4-5（a）可得到柱脚支座反力（M、N），将该支座反力作为基础的外部荷载反方向作用于柱下独立基础（图 4-5b），假定基底反力为直线分布，从而计算出基底反力值（p_j）；由该计算得到的基底反力值（p_j）进行基础的内力分析及配筋设计。

对于地基的设计，将基底反力（p_j）反方向作用于地基上，如图 4-5（c）所示，进行地基承载力与变形计算，可见，常规设计方法是将上邻结构、基础、地基按静力平衡条件简单分割成独立的三个组成部分。对于建筑结构简单、层数较少，由此设计的基础的内力与变形误差不大，通常偏于安全，手算简便，故其广泛地运用于无筋扩展基础、钢筋混凝土扩展基础（柱下独立基础和墙下条形基础）。

有关上部结构、基础和地基的协同作用下的设计方法，见本书第 5 章。

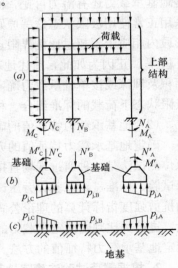

图 4-5 常规设计法

4.3 地基计算

地基设计包括三部分内容，即地基承载力计算、变形验算和稳定性验算。

地基承载力计算是每项工程都必须进行的基本设计内容。地基稳定性验算并不要求所有的工程都进行，只有两种情况才需要验算建筑物的稳定性：一种是经常受水平荷载的高层建筑和高耸结构；另一种是建造在斜坡上的建筑物和构筑物。对地基变形验算，前面4.1节中确定了需要进行的范围。

4.3.1 地基承载力特征值与地基承载力计算

1. 地基承载力特征值

（1）地基承载力特征值的概念

地基设计时，根据地基工作状态应当考虑：一是在长期荷载作用下，地基变形不致造成承重结构的损坏；二是在最不利荷载作用下，地基不出现失稳现象；三是具有足够的耐久性能。

地基设计应注意上述三种功能要求，在满足第一功能要求时，地基承载力选取应以不使地基中出现过大塑性变形为原则，同时考虑在此条件下各类建筑可能出现的变形特征和变形量。地基土的变形具有长期的时间效应，与钢、混凝土、砖石等材料相比，属于大变形材料。从已有的大量地基事故分析，绝大多数事故都是由地基变形过大或不均匀所造成。地基设计按变形控制的总原则已成为地基基础设计原则。

由于土为大变形材料，当荷载增加时，随着地基变形的相应增长，地基承载力也在逐渐加大，很难界定出一个真正的极限值；另一方面，建筑物的使用有一个功能要求，常常是地基承载力还有潜力可挖，而变形已达到或超过按正常使用的限值。因此，地基设计是采用正常使用极限状态这一原则，所选定的地基承载力是在地基土的压力变形曲线线性变形段内相应于不超过比例界限点的地基压力值，其最大值为比例界限值，即地基承载力特征值 f_a。正因为如此，前述地基基础设计的基本要求中规定：按地基承载力确定基础底面积及埋深或按单桩承载力确定桩数时，传至基础或承台底面上的荷载组合应按正常使用极限状态下荷载的标准组合。相应的抗力应采用地基承载力特征值或单桩承载力特征值。

（2）地基承载力特征值的确定

确定地基承载力特征值的方法一般有原位测试法、理论公式法及当地经验法。其中，原位测试法是一种通过现场直接试验确定承载力特征值的方法，它包括载荷试验、静力触探试验、标准贯入试验、旁压试验等，其中，载荷试验法最为可靠。理论公式法是根据土的抗剪强度指标计算的理论公式确定承载力的方法。当地经验法是一种基于地区的使用经验，进行类比判断确定承载力的方法。以下主要介绍根据载荷试验法、土的抗剪强度指标确定地基承载力特征值的方法。

2. 根据载荷试验法确定地基承载力特征值

载荷试验是确定岩土承载力的主要方法，《建筑地基基础设计规范》采用的载荷试验包括浅层平板载荷试验和深层平板载荷试验。前者适用于浅层地基，后者适用于深层地基。

（1）浅层平板载荷试验

浅层平板载荷试验要点如下：

1）地基土浅层平板载荷试验可适用于确定浅层地基土层的承压板下应力主要影响范围内的承载力和变形参数。承压板面积不应小于 0.25m²，对于软土不应小于 0.5m²。

2）试验基坑宽度不应小于承压板宽度或直径的三倍；应保持试验土层的原状结构和天然湿度；宜在拟试压表面用粗砂或中砂层找平，其厚度不超过 20mm。

3）加荷分级不应少于 8 级。最大加载量不应小于设计要求的两倍。

4）每级加载后，按间隔 10、10、10、15、15min，以后为每隔半小时测读一次沉降量，当在连续 2h 内，每小时的沉降量小于 0.1mm 时，则认为已趋稳定，可加下一级荷载。

5）当出现下列情况之一时，即可终止加载：

①承压板周围的土明显地侧向挤出；

②沉降 s 急剧增大，荷载—沉降（p-s）曲线出现陡降段；

③在某一级荷载下，24h 内沉降速率不能达到稳定；

④沉降量与承压板宽度或直径之比不小于 0.06。

当满足前三种情况之一时，其对应的前一级荷载定为极限荷载。

6）承载力特征值的确定应符合下列规定：

①当 p-s 曲线上有比例界限时，取该比例界限所对应的荷载值；

②当极限荷载小于对应比例界限的荷载值的 2 倍时，取极限荷载值的一半；

③当不能按上述两款要求确定时，当压板面积为 0.25～0.50m²，可取 $s/b = 0.01 \sim 0.015$ 所对应的荷载，但其值不应大于最大加载量的一半。

7）同一土层参加统计的试验点不应少于三点，当试验实测值的极差不超过其平均值的 30% 时，取此平均值作为该土层的地基承载力特征值 f_{ak}。

将上述载荷试验规定形象地用图表示出来，如图 4-6 所示。图 4-6（a）所示的 p-s 曲线有比较明显的起始直线段和极限值，即呈急进破坏的"陡降型"，通常出现于密实砂土、硬塑黏土等低压缩性土。考虑到低压缩性土的承载力特征值一般由强度控制，故取图中的比例界限荷载作为承载力特征值。此时，地基的沉降量很小，为一般建筑物所允许，而且从比例极限发展到破坏还有很长的过程。但是对于少数呈脆性破坏的土，比例极限与极限荷载很接近，故取极限荷载的一半作为承载力特征值。

对于有一定强度的中、高压缩性土，如松砂、填土、可塑黏土等，p-s 曲线无明显转折点，但曲线的斜率随荷载的增加而逐渐增大，最后稳定在某个最大值，即呈渐进破坏的"缓变型"，如图 4-6（a）所示，中、高压缩性土的承载力特征值，往往受允许沉降量控制，故应当从沉降的观点来考虑。但是沉降量与基础（或载荷板）底面尺寸、形状有关，而试验采用的荷载板通常总是小于实际基础的底面尺寸。为此，不能直接以基础的允许沉降值在 p-s 曲线上定出承载力特征值。由变形计算原理得知，如果载荷板和基础下的压力相同，且地基土是均匀的，则它们的沉降值 s 与各自宽度 b（b 为载荷板的宽度）的比值大致相等。因此，《地基规范》总结了许多实测资料，当压板面积为 0.25～0.50m² 时，取 $s/b = 0.02$ 的经验值作为黏性土确定承载力特征值的依据，即以 p-s 曲线上荷载板的沉降量等于 0.02b 时的压力 p 作为承载力特征值，如图 4-6（b）所示。对于砂土，可采用 $s =$

$(0.010\sim0.015)b$ 所对应的压力作为承载力特征值。

（2）地基承载力特征值的修正

虽然载荷试验通常在基础底面标高上进行，因试坑的坑底宽度至少为压板宽度的三倍，这就可以忽略试坑四周超载对试验结果的影响。因此，从载荷试验求得的地基承载力特征值并不包括基础底面以上超载的作用，也就是说将试验结果用于实际工程是

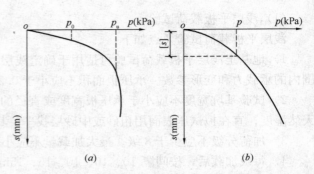

图 4-6 按静载荷试验 $p\text{-}s$ 曲线确定地基承载力
(a) 有明显的比例界限值；(b) 比例界限值不明确

偏小的。另一方面，载荷试验的压板宽度小于实际基础的宽度，影响深度较小，试验只反映这个范围内土层的承载力特征值。如果载荷板影响深度之下存在软弱下卧层，而该层又处于基础的主要受力层内（图 4-7），此时除非采用大尺寸载荷板作试验，否则意义不大。在工程上通常采用经验修正法来考虑实际基础的埋置深度和基础宽度对地基承载力特征值的有利作用。

基础埋置深度 d，根据图4-8定性地可知，基础Ⅱ埋置得比基础Ⅰ深，当土体沿滑裂面被挤出时，基础Ⅱ所需的基底压力显然比基础Ⅰ大，因要增加克服基础Ⅱ基底平面以上所增厚土层的超载作用的阻力，同时，基础Ⅱ在滑裂面上施压产生的摩擦阻力更大，可知：基础埋置越深，地基承载力特征值越高。

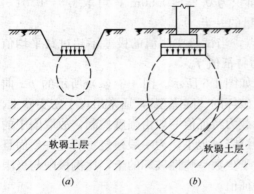

图 4-7 载荷与基础荷载影响深度的比较
(a) 载荷试验；(b) 实际基础

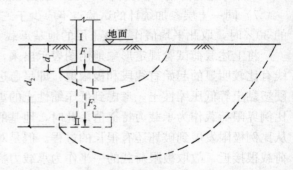

图 4-8 基础埋深 d 对地基承载力影响示意图

基础宽度 b，当土质条件相同且基础埋置深度 d 不变时，基础底面愈宽，地基承载力特征值愈高。这种影响可以从图 4-9 中定性得到解释。这是考虑基础宽度超过 3m 后，地基土在承受荷载发生滑动破坏时，基底下滑动土体从基底挤出所受到的阻力，就要随着基础宽度的增大而加大。但是，以上规律不可能无限制，偏于安全，当基础宽度 b 不大于 6m 时，按基础越宽，地基承载力特征值越高处理。

因此，《建筑地基基础设计规范》规定，当基础宽度大于 3m 或埋置深度大于 0.5m 时，从载荷试验或其他原位测试、经验值等法确定的地基承载力特征值，尚应按下式

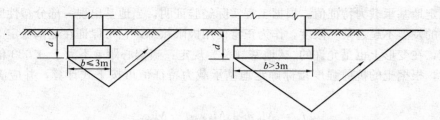

图 4-9　基础宽度 b 对地基承载力影响示意图

修正：

$$f_a = f_{ak} + \eta_b \gamma (b-3) + \eta_d \gamma_m (d-0.5) \tag{4-5}$$

式中　f_a——修正后的地基承载力特征值；

　　　f_{ak}——地基承载力特征值；

η_b、η_d——基础宽度和埋深的地基承载力修正系数，按基底下土的类别查表4-4取值；

　　　γ——基础底面以下土的重度，地下水位以下取浮重度；

　　　b——基础底面宽度（m），当基宽小于 3m 按 3m 取值，大于 6m 按 6m 取值；

　　　γ_m——基础底面以上土的加权平均重度，地下水位以下取有效重度；

　　　d——基础埋置深度（m），一般自室外地面标高算起。在填方整平地区，可自填土地面标高算起，但填土在上部结构施工后完成时，应从天然地面标高算起。对于地下室，如采用箱形基础或筏基时，基础埋置深度自室外地面标高算起；当采用独立基础或条形基础时，应从室内地面标高算起。

承载力修正系数　　　　　　　　　　　　　　　　　表 4-4

土 的 类 别		η_b	η_d
淤泥和淤泥质土		0	1.0
人工填土 e 或 I_L 不小于 0.85 的黏性土		0	1.0
红黏土	含水比 $\alpha_w > 0.8$	0	1.2
	含水比 $\alpha_w \leqslant 0.8$	0.15	1.4
大面积 压实填土	压实系数大于 0.95、黏粒含量 $\rho_c \geqslant 10\%$ 的粉土	0	1.5
	最大密度大于 2.1t/m³ 的级配砂石	0	2.0
粉 土	黏粒含量 $\rho_c \geqslant 10\%$ 的粉土	0.3	1.5
	黏粒含量 $\rho_c < 10\%$ 的粉土	0.5	2.0
e 及 I_L 均小于 0.85 的黏性土		0.3	1.6
粉砂、细砂（不包括很湿与饱和时的稍密状态）		2.0	3.0
中砂、粗砂、砾砂和碎石土		3.0	4.4

注：1. 强风化和全风化的岩石，可参照所风化成的相应土类取值，其他状态下的岩石不修正；

　　2. 地基承载力特征值按《地基规范》附录 D 深层平板载荷试验确定时取 η_d 为 0；

　　3. 含水比是指土的天然含水量与液限的比值。

3. 根据土的抗剪强度指标确定地基承载力特征值

当荷载偏心距不大于 0.033 倍基础底面宽度时，可以根据土的抗剪强度指标采用公式计算来确定地基承载力特征值。根据工程实际经验证明，当地基出现一部分塑性区时，只要塑性区的发展不超过某一限度，作为正常使用极限状态，它可保证在地基稳定上具有足够安全度，在变形上也是允许的。《地基规范》规定：当偏心距 e 不大于 0.033 倍基础底面宽度时，根据土的抗剪强度指标确定地基承载力特征值可按下式计算，并应满足变形要求：

$$f_a = M_b \gamma b + M_d \gamma_m d + M_c c_k \tag{4-6}$$

式中 f_a——由土的抗剪强度指标确定的地基承载力特征值；

M_b、M_d、M_c——承载力系数，按表 4-5 确定；

b——基础底面宽度，大于 6m 时按 6m 取值，对于砂土小于 3m 时按 3m 取值；

c_k——基底下一倍短边宽深度内土的黏聚力标准值。

承载力系数 M_b、M_d、M_c 表 4-5

土的内摩擦角标准值 φ_k (°)	M_b	M_d	M_c
10	0.18	1.73	4.17
12	0.23	1.94	4.42
14	0.29	2.17	4.69
16	0.36	2.43	5.00
18	0.43	2.72	5.31
20	0.51	3.06	5.66
40	5.80	10.84	11.73

注：φ_k——基底下一倍短边宽深度内土的内摩擦角标准值。

4. 地基承载力计算

地基承载力计算的基本要求是使通过基础传给地基的基底压力不大于地基的承载力特征值，其计算内容包括地基持力层承载力计算和软弱下卧层承载力验算。

（1）基础底面的承载力计算

当轴心荷载作用时

$$p_k \leqslant f_a \tag{4-7}$$

式中 p_k——相应于荷载的标准组合时，基础底面处的平均压力值；

f_a——修正后的地基承载力特征值。

当偏心荷载作用时，除符合式（4-7）要求外，尚应符合下式要求：

$$p_{kmax} \leqslant 1.2 f_a \tag{4-8}$$

式中 p_{kmax}——相应于荷载的标准组合时，基础底面边缘的最大压力值。

（2）软弱下卧层的承载力验算

强度低于持力层的下卧层称为软弱下卧层，对于具有软弱下卧层的双层地基，在承载力验算时应注意软弱下卧层对整个地基的承载能力的影响。设计时，在验算了持力层承载力之后，还应进行软弱下卧层强度的验算，即：将基底压力扩散到软弱下卧层的顶面，然后验算在软弱下卧层顶面处的应力是否小于软弱下卧层的承载力。如果不满足这一要求，则必须扩大基础底面积以降低基底压力的数值。这种验算方法的关键是如果计算下卧层顶面的应力以及如何确定下卧层的地基承载力特征值。

当地基受力层范围内有软弱下卧层时，应按下式验算：

$$p_z + p_{cz} \leqslant f_{az} \tag{4-9}$$

式中 p_z——相应于荷载的标准组合时，软弱下卧层顶面处的附加压力值；

p_{cz}——软弱下卧层顶面处土的自重压力值；

f_{az}——软弱下卧层顶面处经深度修正后地基载力特征值。

对条形基础的矩形基础，式（4-9）中的 p_z 值可采用应力扩散角法（图 4-10），按下列公式简化计算：

条形基础

$$p_z = \frac{b(p_k - p_c)}{b + 2z\tan\theta} \tag{4-10}$$

矩形基础

$$p_z = \frac{lb(p_k - p_c)}{(b + 2z\tan\theta)(l + 2z\tan\theta)} \tag{4-11}$$

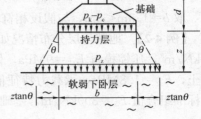

图 4-10

式中 b——矩形基础或条形基础底边的宽度；

l——矩形基础底边的长度；

p_c——基础底面处土的自重压力值；

z——基础底面至软弱下卧层顶面的距离；

θ——地面压力扩散线与垂直线的夹角，可按表 4-6 采用。

地基压力扩散角 θ   表 4-6

E_{s1}/E_{s2}	z/b		E_{s1}/E_{s2}	z/b	
	0.25	0.50		0.25	0.50
3	6°	23°	10	20°	30°
5	10°	25°			

注：1. E_{s1} 为上层土压缩模量；E_{s2} 为下层土压缩模量；

2. $z/b < 0.25$ 时取 $\theta = 0°$，必要时，宜由试验确定；$z/b > 0.50$ 时 θ 值不变。

【例 4-1】 某砖混结构外墙基础剖面图如图 4-11 所示。基础埋深范围内为均质黏土，重度 γ 为 17.5kN/m³，孔隙比 e 为 0.8，液性指数 I_L 为 0.78，地基承载力特征值 $f_{ak} = 190kN/m^2$。基础埋深 $d = 1.5m$，室内外高差为 0.45m，轴心荷载标准组合值 $F_k = 230kN/m$。

试问：确定基础底面尺寸。

【解】 （1）修正后的地基承载力特征值

假定基础宽度 $b < 3m$，因为 $d = 1.5m > 0.5m$，故需对 f_{ak} 进行深度修正。

$e = 0.8$，$I_L = 0.78$，黏土，查表 4-4 可得：$\eta_b = 0.3$，$\eta_d = 1.6$。

$$f_a = f_{ak} + \eta_b\gamma(b - 3) + \eta_d\gamma_m(d - 0.5)$$
$$= 190 + 0 + 1.6 \times 17.5 \times (1.5 - 0.5)$$

$$=218\text{kN/m}^2$$

（2）确定基础宽度

室内外高差为 0.45m，故基础自重计算高度为：$\bar{d}=1.5+\dfrac{0.45}{2}=1.73\text{m}$

取 $\gamma_G=20\text{kN/m}^3$，则：

$$p_k=\frac{F_k+G_k}{b}\leqslant f_a$$

即：

$$b\geqslant\frac{F_k}{f_a-\gamma_G\bar{d}}=\frac{230}{218-20\times1.73}=1.25\text{m}$$

取 $b=1.3\text{m}<3\text{m}$，与假设相符，故 $b=1.3\text{m}$ 即为所求。

【例 4-2】 地基土层分布情况如图 4-12 所示，上层为黏性土，厚度 2.5m，重度 $\gamma_1=18\text{kN/m}^3$，压缩模量 $E_{s1}=9\text{MPa}$，修正后的地基承载力特征值 $f_a=190\text{kPa}$。下层为淤泥质土，$E_{s2}=1.8\text{MPa}$，承载力特征值为 $f_{ak2}=84\text{kPa}$。拟建一条形基础，基础顶面轴心荷载标准组合值 $F_k=300\text{kN/m}$，基础埋深 0.5m，底宽 2m。

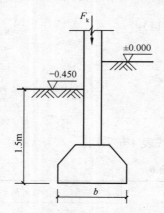
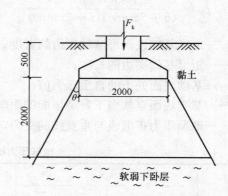

图 4-11 某砖混结构外墙基础剖面图　　图 4-12 地基土层分布情况

试问：（1）验算基底宽度是否满足要求。

（2）若地下水位在基础底面处，黏性土的饱和重度 $\gamma_{sat2}=19\text{kN/m}^3$，验算软弱下卧层。

【解】 （1）无地下水时，持力层验算：

$$p_k=\frac{F_k+G_k}{b}=\frac{F_k}{b}+\gamma_G d=\frac{300}{2}+20\times0.5=160\text{kPa}<f_a=190\text{kPa}，满足。$$

软弱下卧层验算：

$$p_k-p_c=\frac{F_k}{b}+\gamma_G d-\gamma_1 d=\frac{300}{2}+20\times0.5-18\times0.5=151\text{kPa}$$

$E_{s1}/E_{s2}=9/1.8=5$，$z/b=2/2=1.0>0.5$，查表 4-6 可得：$\theta=25°$

$$p_z=\frac{b(p_k-p_c)}{b+2z\tan\theta}=\frac{2\times151}{2+2\times2\times\tan25°}=78.1\text{kPa}$$

$$p_{cz}=\gamma_1(d+z)=18\times(0.5+2)=45\text{kPa}$$

查表 4-4，淤泥质土，取 $\eta_d=1.0$，可得：

$$f_{az} = f_{ak2} + \eta_d \gamma_m (d - 0.5) = 84 + 1.0 \times 18 \times (2.5 - 0.5) = 120 \text{kPa}$$

$$p_z + p_{cz} = 78.1 + 45 = 123.1 \text{kPa} > f_{az} = 120 \text{kPa}, 基本满足。$$

（2）有地下水时，软弱下卧层验算：

由上述计算结果知：$p_z = 78.1 \text{kPa}$

$$p_{cz} = 18 \times 0.5 + (19 - 10) \times 2 = 27 \text{kPa}$$

$$\gamma_m = \frac{18 \times 0.5 + (19 - 10) \times 2}{2.5} = 10.8 \text{kPa}$$

同理，可得：

$$f_{az} = 84 + 1.0 \times 10.8 \times (2.5 - 0.5) = 105.6 \text{kPa}$$

$$p_z + p_{cz} = 78.1 + 27 = 105.1 \text{kPa} < f_{az} = 105.6 \text{kPa}，满足。$$

4.3.2 地基变形计算

1. 地基变形特征与允许值

地基变形的特征包括：沉降差；沉降量；倾斜；局部倾斜。

（1）沉降量：指单独基础中心的沉降值（图 4-13a）。

（2）沉降差：指两相邻单独基础沉降量之差（图 4-13b）。

（3）倾斜：指基础在倾斜方向上两端点的沉降差与其距离之比（图 4-13c）。

（4）局部倾斜：指砌体承重结构沿纵墙 6～10m 内基础两点的沉降差与其距离之比（图 4-13d）。

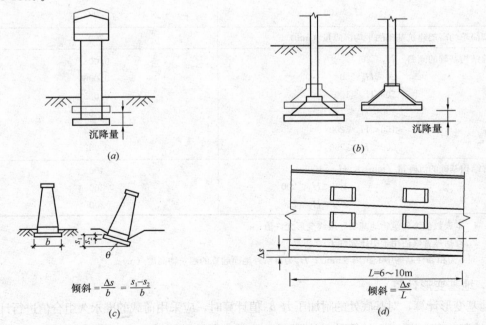

图 4-13 地基变形的特征

（a）、（b）、（c）基础倾斜；（d）墙身局部倾斜

由于建筑地基不均匀、荷载差异很大、体形复杂等因素引起的地基变形，对于砌体承重结构应由局部倾斜值控制；对于框架结构和单层排架结构应由相邻柱基的沉降差控制；

对于多层或高层建筑和高耸结构应由倾斜值控制；必要时尚应控制平均沉降量。

建筑物的地基变形允许值，按表 4-7 规定采用。对表中未包括的建筑物，其地基变形允许值应根据上部结构对地基变形的适应能力和使用上的要求确定。

建筑物的地基变形允许值　　　　　　　　　　　　表 4-7

变 形 特 征		地 基 土 类 别	
		中、低压缩性土	高压缩性土
砌体承重结构基础的局部倾斜		0.002	0.003
工业与民用建筑相邻柱基的沉降差 （1）框架结构 （2）砌体墙填充的边排柱 （3）当基础不均匀沉降时不产生附加应力的结构		$0.002l$ $0.0007l$ $0.005l$	$0.003l$ $0.001l$ $0.005l$
单层排架结构（柱距为 6m）柱基的沉降量（mm）		(120)	200
桥式吊车轨面的倾斜（按不调整轨道考虑） 纵向 横向			0.004 0.003
多层和高层建筑的整体倾斜	$H_g \leqslant 24$ $24 < H_g \leqslant 60$ $60 < H_g \leqslant 100$ $H_g > 100$		0.004 0.003 0.0025 0.002
体型简单的高层建筑基础的平均沉降量（mm）			200
高耸结构基础的倾斜	$H_g \leqslant 20$ $20 < H_g \leqslant 50$ $50 < H_g \leqslant 100$ $100 < H_g \leqslant 150$ $150 < H_g \leqslant 200$ $200 < H_g \leqslant 250$		0.008 0.006 0.005 0.004 0.003 0.002
高耸结构基础的沉降量（mm）	$H_g \leqslant 100$ $100 < H_g \leqslant 200$ $200 < H_g \leqslant 250$		400 300 200

注：1. 本表数值为建筑物地基实际最终变形允许值；

2. 有括号者仅适用于中压缩性土；

3. l 为相邻柱基的中心距离（mm）；H_g 为自室外地面起算的建筑物高度（m）。

2. 地基变形计算

地基变形计算，对基底处的附加压力 p_0 值计算时，应采用荷载的准永久组合值进行计算。

《地基规范》规定，计算地基变形时，地基内的应力分布，可采用各向同性均质线性变形体理论，其最终变形量可按下式计算：

$$s = \psi_s s' = \psi_s \sum_{i=1}^{n} \frac{p_0}{E_{si}} (z_i \bar{\alpha}_i - z_{i-1} - \bar{\alpha}_{i-1}) \qquad (4\text{-}12)$$

式中　　　s——地基最终变形量（mm）；

s'——按分层总和法计算出的地基变形量；

ψ_s——沉降计算经验系数，根据地区沉降观测资料及经验确定，无地区经验时可采用表4-8的数值；

n——地基变形计算深度范围内所划分的土层数（图4-14）；

p_0——对应于荷载效应准永久组合时的基础底面处的附加压力（kPa）；

E_{si}——基础底面下第i层土的压缩模量（MPa），应取土的自重压力至土的自重压力与附加压力之和的压力段计算；

z_i、z_{i-1}——基础底面至第i层土、第$i-1$层土底面的距离（m）；

$\bar{\alpha}_i$、$\bar{\alpha}_{i-1}$——基础底面计算点至第i层土、第$i-1$层土底面范围内平均附加应力系数，按附表1-2采用。

$\overline{E}_s$（MPa） 基底附加压力	2.5	4.0	7.0	15.0	20.0
沉降计算经验系数 ψ_s					表4-8
$p_0 \geqslant f_{ak}$	1.4	1.3	1.0	0.4	0.2
$p_0 \leqslant 0.75 f_{ak}$	1.1	1.0	0.7	0.4	0.2

注：$\overline{E}_s$为变形计算深度范围内压缩模量的当量值，应按下式计算：

$$\overline{E}_s = \frac{\sum A_i}{\sum \dfrac{A_i}{E_{si}}}$$

式中　A_i——第i层土附加应力系数沿土层厚度的积分值。

地基变形计算深度z_n（图4-14），应符合下式要求：

$$\Delta s'_n \leqslant 0.025 \sum \Delta s'_i \qquad (4-13)$$

式中　$\Delta s'_i$——在计算深度范围内，第i层土的计算变形值；

$\Delta s'_n$——在由计算深度向上取厚度为Δz的土层计算变形值，Δz见图4-14并按表4-9确定。

如确定的计算深度下部仍有较软土层时，应继续计算。

当无相邻荷载影响，基础宽度在$1\sim30$m范围内时，基础中点的地基变形计算深度也可按下列简化公式计算：

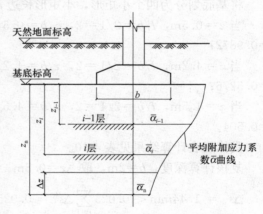

图4-14　基础沉降计算的分层示意

$$z_n = b(2.5 - 0.4\ln b) \qquad (4-14)$$

式中　b——基础宽度（m）。

b（m）	$b \leqslant 2$	$2 < b \leqslant 4$	$4 < b \leqslant 8$	$8 < b$
土层计算变形值 Δz				表4-9
Δz（m）	0.3	0.6	0.8	1.0

在计算深度范围内存在基岩时，z_n可取至基岩表面；当存在较厚的坚硬黏土层，其孔

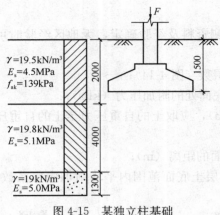

$\gamma = 19.5\text{kN/m}^3$
$E_s = 4.5\text{MPa}$
$f_{ak} = 139\text{kPa}$

$\gamma = 19.8\text{kN/m}^3$
$E_s = 5.1\text{MPa}$

$\gamma = 19\text{kN/m}^3$
$E_s = 5.0\text{MPa}$

图 4-15　某独立柱基础

隙比小于 0.5、压缩模量大于 50MPa，或存在较厚的密实砂卵石层，其压缩模量大于 80MPa 时，z_n 可取至该层土表面。

【例 4-3】 某柱下独立基础底面尺寸为 $b \times l = 2\text{m} \times 4\text{m}$，柱轴心力准永久组合值 $F = 1100\text{kN}$，基础埋深 $d = 1.5\text{m}$，基础自重和覆土的重度为 $\gamma_G = 20\text{kN/m}^3$。地基土层如图 4-15 所示。

试问：按《地基规范》方法计算地基最终沉降量。

【解】（1）确定基础底面处的附加压力 p_0

基底压力：$p = \dfrac{F+G}{A} = \dfrac{1100 + 20 \times 2 \times 4 \times 1.5}{2 \times 4}$
$= 167.5\text{kPa}$

基底处附加压力：$p_0 = p - p_{cz} = 167.5 - 19.5 \times 1.5 = 138.25\text{kPa}$

（2）确定沉降计算深度 z_n

$$z_n = b(2.5 - 0.4\ln b)$$
$$= 2 \times (2.5 - 0.4 \times \ln 2)$$
$$= 4.445 \approx 4.5\text{m}$$

（3）计算地基沉降计算深度范围内土层压缩量

将基底划分为四个小矩形，小矩形长边 $l = 2\text{m}$，短边 $b = 1\text{m}$，则：

当 $z = 0.5\text{m}$，$l/b = 2/1 = 2$，$z/b = 0.5/1 = 0.5$，查本书附表 1-2，$\bar\alpha_1 = 4 \times 0.2468 = 0.9872$；

当 $z = 4.2\text{m}$，$l/b = 2/1 = 2$，$z/b = 4.2/1 = 4.2$，查本书附表 1-2，$\bar\alpha_2 = 4 \times 0.1319 = 0.5276$；

当 $z = 4.5\text{m}$，$l/b = 2/1 = 2$，$z/b = 4.5/1 = 4.5$，查本书附表 1-2，$\bar\alpha_3 = 4 \times 0.1260 = 0.504$。

具体列表计算结果见表 4-10。

复核计算深度，$b = 2\text{m}$，取 $\Delta z = 0.3\text{m}$。

$\Delta s_n' = 1.44\text{mm} < 0.025 \sum\limits_{i=1}^{n} \Delta s_i' = 0.025 \times 63.29 = 1.58\text{mm}$，满足。

所以 z_n 取值合适，即沉降计算深度取 4.5m。

各项值的计算结果　　　　　　　　　　　　　　　表 4-10

z_i (m)	l/b	z/b	$\bar\alpha_i$	$z_i\bar\alpha_i$ (mm)	$z_i\bar\alpha_i - z_{i-1}\bar\alpha_{i-1}$ (mm)	E_{si} (kPa)	$\Delta s_i' = \dfrac{p_0}{E_{si}} \times (z_i\bar\alpha_i - z_{i-1}\bar\alpha_{i-1})$ (mm)	$s' = \Sigma \Delta s_i'$ (mm)
0		0	1.0000	0	493.6	4500	15.16	15.16
0.5	$\dfrac{2}{1}=2$	0.5	0.9872	493.60	1722.32	5100	46.69	61.85
4.2		4.2	0.5276	2215.92				
4.5		4.5	0.5040	2268.00	52.08	5000	1.44	63.29

（4）求沉降计算经验系数 ψ_s

$$\overline{E}_s = \frac{\sum A_i}{\sum \dfrac{A_i}{E_{si}}} = \frac{\sum(z_i \overline{\alpha}_i - z_{i-1}\overline{\alpha}_{i-1})}{\sum[(z_i\overline{\alpha}_i - z_{i-1}\overline{\alpha}_{i-1})/E_{si}]}$$

$$= \frac{493.6 + 1722.32 + 52.08}{\dfrac{493.6}{4.5} + \dfrac{1722.32}{5.1} + \dfrac{52.08}{5.0}} = 4.95\text{MPa} \approx 5\text{MPa}$$

$p_0 = 138.25\text{kPa} > f_{ak} = 130\text{kPa}$，表 4-8，取 ψ_s 为：$\psi_s = 1.3 - \dfrac{5-4}{7-4} \times (1.3 - 1.0) = 1.2$

地基最终沉降量为：$s = \psi_s \cdot s' = 1.2 \times 63.29 = 75.948\text{mm}$

3. 沉降观测

下列建筑物应在施工期间及使用期间进行沉降观测：

（1）地基基础设计等级为甲级的建筑物；

（2）复合地基或软弱地基上的设计等级为乙级的建筑物；

（3）加层、扩建建筑物；

（4）受邻近深基坑开挖施工影响或受场地地下水等环境因素变化影响的建筑物；

（5）需要积累建筑经验或进行设计反分析的工程。

沉降观测的具体技术要求见《建筑变形测量规范》。

4.3.3 地基稳定性验算

地基失稳的形式有两种：一种是沿基底产生表层滑动；另一种是地基深层整体滑动破坏。

（1）基础连同地基一起滑动的稳定性

基础在经常性水平荷载作用下，连同地基一起滑动失稳的地基稳定性（图 4-16），滑动破坏面接近圆弧滑动面，并通过挡土墙墙踵点（线）。分析时，最危险的绕圆弧中心点 O 的抗滑力矩与滑动力矩之比应符合下式要求：

$$\frac{M_R}{M_S} \geqslant 1.2 \tag{4-15}$$

式中 M_S——滑动力矩；

M_R——抗滑力矩。

（2）土坡坡顶上的建筑物地基的稳定性

位于稳定土坡坡顶上的建筑物，当垂直于坡顶边缘线的基础底面边长不大于 3m 时，其基础底面外边缘线至坡顶的水平距离（图 4-17）应符合下式要求，但不得小于 2.5m：

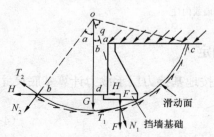

图 4-16 挡墙连同地基一起滑动

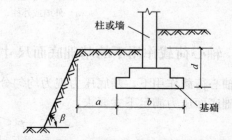

图 4-17 基础底面外边缘线至坡顶的水平距离示意

条形基础

$$a \geqslant 3.5b - \frac{d}{\tan\beta} \tag{4-16}$$

矩形基础

$$a \geqslant 2.5b - \frac{d}{\tan\beta} \tag{4-17}$$

式中　a——基础底面外边缘线至坡顶的水平距离；

　　　b——垂直于坡顶边缘线的基础底面边长；

　　　d——基础埋置深度；

　　　β——边坡坡角。

当基础底面外边缘线至坡顶的水平距离不满足式（4-16）、式（4-17）的要求时，可根据式（4-15）确定基础距坡顶边缘的距离和基础埋深。当边坡坡角大于 45°、坡高大于 8m 时，尚应按式（4-15）验算坡体稳定性。

4.4　基础底面尺寸设计

4.4.1　作用在基础顶面上的荷载与荷载组合

在计算作用在基础顶面上的荷载时，应包括：屋面恒载和活荷载，各层结构构件（梁、板、墙、柱及装饰材料）自重和楼面活荷载，水平风荷载，抗震设防地区还应考虑水平地震作用，并采用荷载的标准组合进行计算，就是上部结构传至基础顶面处的竖向力值 F_k、力矩值 M_k、剪力值 V_k，基础自重和基础上的土的自重 G_k。外墙和外柱（边柱），由于存在室内外高差，d 应取室内设计地面与室外设计地面的平均高度（图 4-18）。

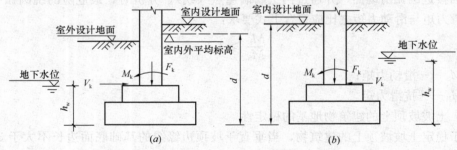

图 4-18　基础上的荷载计算

（a）外墙或外柱；（b）内墙或内柱

4.4.2　轴心荷载作用下的基础底面尺寸的确定

在轴心荷载作用下，基底压力视为均匀分布，按地基持力层承载力计算基底尺寸时，要求基础底面压力满足下式要求：

$$p_k \leqslant f_a \tag{4-18}$$

$$p_k = (F_k + G_k) / A \tag{4-19}$$

式中　f_a——修正后的地基持力层承载力特征值；

p_k——相应于荷载的标准组合时，基础底面处的平均压力值；

A——基础底面面积；

F_k——相应于荷载的标准组合时，上部结构传至基础顶面的竖向力值；

G_k——基础自重和基础上的土重，对一般的基础，可近似地取 $G_k = \gamma_G A d$（γ_G 为基础及回填土的平均重度，可取 $\gamma_G = 20\text{kN/m}^3$，$d$ 为基础平均埋深），但在地下水位以下部分应扣去水浮力，即 $G_k = \gamma_G A d - \gamma_w A h_w$（$h_w$ 为地下水位至基础底面的距离）。

将式（4-19）代入式（4-18），得基础底面积计算公式如下：

$$A \geqslant F_k / (f_a - \gamma_G d + \gamma_w h_w)$$

在轴心荷载作用下，柱下独立基础一般采用方形（$b \times b$），其边长 b 为：

$$b \geqslant \sqrt{\frac{F_k}{f_a - \gamma_G d + \gamma_w h_w}}$$

对于墙下条形基础，可沿基础长方向取单位长度 1m 进行计算，荷载也为相应的线荷载 F_k（kN/m），则条形基础宽度 b 为：

$$b \geqslant F_k / (f_a - \gamma_G d + \gamma_w h_w)$$

4.4.3 偏心荷载作用下的基础底面尺寸的确定

为了保证基础不致倾斜，通常要求偏心距 e 满足下式要求：

$$e = \frac{M_k}{F_k + G_k} < l/6 \qquad (4\text{-}20)$$

式中，l 为偏心方向的基础长度（图 4-19）。

在偏心荷载作用下，基底压力应同时满足下列两式：

$$p_k \leqslant f_a \qquad (4\text{-}21)$$
$$p_{kmax} \leqslant 1.2 f_a \qquad (4\text{-}22)$$

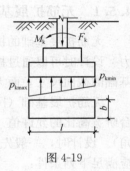

图 4-19

由于假定 $e < l/6$，故地基反力呈梯形分布，则可得到：

$$p_{kmax} = \frac{F_k + G_k}{A} + \frac{M_k}{W}$$

$$= \frac{F_k + G_k}{A} + \frac{M_k}{\frac{1}{6}bl^2}$$

$$= \frac{F_k}{bl} + \gamma_G d + \frac{6M_k}{bl^2}$$

有地下水时，$p_{kmax} = \dfrac{F_k}{bl} + \gamma_G d - \gamma_w h_w + \dfrac{6M_k}{bl^2}$

式中 b——垂直于偏心方向的基础边长；

M_k——相应于荷载的标准组合时，所有荷载对基底形心的合力矩。

确定矩形基础底面尺寸时，为了同时满足式（4-20）、式（4-21）和式（4-22）的条件，一般可按下述步骤进行：

（1）进行深度修正，初步确定修正后的地基承载力特征值 f_a。

（2）根据荷载偏心情况，将按轴心荷载作用计算得到的基底面积增大 10%～

40%，即：

$$A = (1.1 \sim 1.4) \frac{F_k}{f_a - \gamma_G d + \gamma_w h_w}$$

（3）选取基底长边 l 与短边 b 的比值 n（一般取 $n \leqslant 2$），则：

$$b = \sqrt{A/n}$$
$$l = nb$$

（4）考虑是否应对地基承载力进行宽度修正。如需要，在承载力修正后，重复上述（2）、（3）两个步骤，使所取宽度前后一致。

（5）计算偏心距 e 和基底最大压力 p_{kmax}，并验算是否满足式（4-20）和式（4-22）的要求。

（6）若 b、l 取值不适当（太大或太小），可调整尺寸再行验算，如此反复一两次，便可定出合适的尺寸。

4.5　无筋扩展基础

4.5.1　无筋扩展基础（刚性基础）设计

无筋扩展基础的抗拉强度和抗剪强度较低，因此，必须控制基础内的拉应力和剪应力。设计时可以通过控制材料强度等级和台阶宽高比（台阶的宽度与其高度之比）来确定基础的截面尺寸，而无需进行内力分析和截面强度计算。

无筋扩展基础（图 4-20）的每个台阶的宽高比（$b_2 : H_0$）都不得超过表 4-11 所列的台阶宽高比的允许值（可用图中角度 α 的正切 $\tan\alpha$ 表示，相应的角度 α 称为基础的刚性角）。设计时，一般先选择适当的基础埋深和基础底面尺寸，设基底宽度为 b，基础高度应满足下列条件：

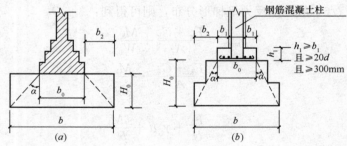

图 4-20　无筋扩展基础构造示意
d—柱中纵向钢筋直径

$$H_0 \geqslant \frac{b - b_0}{2\tan\alpha} \tag{4-23}$$

式中　b——基底宽度；

　　　b_0——基础顶面的墙体宽度或柱脚宽度；

　　　H_0——基础高度；

$\tan\alpha$——基础台阶宽高比（$b_2 : H_0$），其中，α 为刚性角；

b_2——基础台阶宽。

由于受基础台阶宽高比的限制，无筋扩展基础的高度一般都较大，但不应大于基础埋深，否则，应加大基础埋深或选择刚性角（即 α）较大的基础类型（如混凝土基础），如仍不满足，可采用钢筋混凝土基础。为节约材料和施工方便，基础常做成阶梯形。

为满足刚性角要求，各台阶的内缘应落在与墙边（或柱边）铅垂线或 α 角的斜线上，如图 4-20（a）、（b）所示。假若台阶内缘进入斜线以内，如图 4-21（a）所示，由于压应力无法向下有效传递，则断面设计不安全；反之，假若台阶在斜线以外，如图 4-21（b）所示，则断面设计太浪费、不经济。

无筋扩展基础分阶时，每一台阶除应满足台阶宽高比的限制要求外，还需符合有关的构造要求。

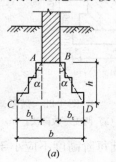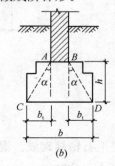

图 4-21　无筋扩展基础的断面设计

（a）不安全；（b）不经济

无筋扩展基础台阶宽高比的允许值　　　　　　　表 4-11

基础材料	质 量 要 求	台阶宽高比的允许值		
		$p_k \leqslant 100$	$100 < p_k \leqslant 200$	$200 < p_k \leqslant 300$
混凝土基础	C15 混凝土	1 : 1.00	1 : 1.00	1 : 1.25
毛石混凝土基础	C15 混凝土	1 : 1.00	1 : 1.25	1 : 1.50
砖基础	砖不低于 MU10，砂浆不低于 M5	1 : 1.50	1 : 1.50	1 : 1.50
毛石基础	砂浆不低于 M5	1 : 1.25	1 : 1.50	—
灰土基础	体积比为 3 : 7 或 2 : 8 的灰土，其最小干密度： 粉土 1550kg/m³ 粉质黏土 1500kg/m³ 黏土 1450kg/m³	1 : 1.25	1 : 1.50	
三合土基础	体积比 1 : 2 : 4～1 : 3 : 6（石灰：砂：骨料），每层约虚铺 220mm 夯至 150mm	1 : 1.50	1 : 2.00	—

注：1. p_k 为荷载的标准组合时基础底面处的平均压力值（kPa）；

2. 阶梯形毛石基础的每阶伸出宽度，不宜大于 200mm；

3. 当基础由不同材料叠合组成时，应对接触部分作抗压验算；

4. 基础底面处的平均压力值超过 300kPa 的混凝土基础，尚应进行抗剪验算对基底反力集中于立柱附近的岩石地基，应进行局部受压承载力验算。

4.5.2　构造要求

砖基础俗称大放脚，其各部分的尺寸应符合砖的模数。砌筑方式有两皮一收和二一间隔收两种（图 4-22）。两皮一收是指每砌两皮砖即 120mm，收进 1/4 砖长即 60mm；二一间隔收是指从底层开始，先砌两皮砖，收进 1/4 砖长，再砌一皮砖，收进 1/4 砖长，如此反复。

毛石基础的每阶伸出宽度不宜大于 200mm，每阶高度通常取 400～600mm，并由两

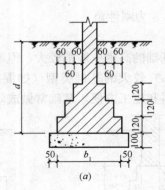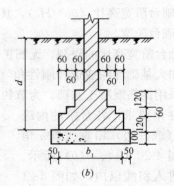

图 4-22　砖基础剖面图

(a) 两皮一收砌法；(b) 二一间隔收砌法

层毛石错缝砌成。混凝土基础每阶高度不应小于 200mm，毛石混凝土基础每阶高度不应小于 300mm。

灰土基础施工时每层虚铺灰土 220～250mm，夯实至 150mm，称为"一步灰土"。根据需要可设计成二步灰土或三步灰土，即厚度为 300mm 或 450mm。三合土基础厚度不应小于 300mm。

采用无筋扩展基础的钢筋混凝土柱，其柱脚高度 h_1 不得小于 b_1，如图4-20 (b) 所示，并不应小于 300mm 且不小于 20d (d 为柱中的纵向受力钢筋的最大直径)。当柱纵向钢筋在柱脚内的竖向锚固长度不满足锚固要求时，可沿水平方向弯折，弯折后的水平锚固长度不应小于 10d 也不应大于 20d。

【例 4-4】某五层住宅楼，地基为粉土，土质良好，修正后的地基承载力特征值 $f_a =$ 250kPa。上部结构传至基础顶面上按正常使用极限状态下的荷载标准组合值 $F_k = 220$kN/m。室内地坪±0.000 高于室外地面 0.45m，基底标高为 −1.60m，墙厚为 360mm。

试问：确定基础底宽和砖放脚的台阶数，并绘出基础剖面图。

【解】(1) 基础埋深 d，由室外地面标高起算，
$d = 1.60 − 0.45 = 1.15$m

(2) 条形基础底宽

$$b \geqslant \frac{F_k}{f_a - \gamma_G \bar{d}} = \frac{220}{250 - 20 \times (1.15 + 1.6)/2} = 0.99\text{m}$$

取 $b = 1.0$m，$p_k = \dfrac{F_k + G_k}{b}$

$$= \frac{220 + 20 \times 1 \times (1.15 + 1.6)/2}{1.0} = 247.5\text{kPa}$$

(3) 基础做法

基底用 C10 素混凝土作垫层，高度为 $H_0 =$ 100mm；其上用 MU10 砖，高度为 360mm，二一

图 4-23　某住宅楼基础做法

间隔收砌法，每级台阶宽度 60mm，如图 4-23 所示。

（4）验算宽高比

1）砖基础验算。由表 4-11 查得基础台阶宽高比允许值为 1:1.5。

上部砖墙宽度为 $b_0' = 360mm$，4 级台阶高度分别为 60mm、120mm、60mm、120mm，均能满足宽高比的要求。砖基础底部宽度 b_0 取为：

$$b_0 = b_0' + 2 \times 4 \times 60 = 360 + 480 = 840mm$$

2）混凝土垫层验算。由表 4-11 查得垫层宽高比允许值为 1:1.25，设计 $b_0 = 840mm$，$b = 1000mm$，$H_0 = 100mm$。

垫层台阶宽度 $b' = \dfrac{b - b_0}{2} = \dfrac{1000 - 840}{2} = 80mm$

$$\frac{b'}{H_0} = \frac{80}{100} = 0.8 \leqslant \frac{1}{1.25} = 0.8，满足。$$

4.6　钢筋混凝土扩展基础

钢筋混凝土扩展基础包括：墙下钢筋混凝土条形基础和柱下钢筋混凝土独立基础。

4.6.1　墙下钢筋混凝土条形基础

墙下钢筋混凝土条形基础一般做成无筋的钢筋混凝土板（图 4-24a）；当地基不均匀时需要考虑基础的纵向弯曲，则做成带肋梁的形式（图 4-24b）。墙体可以是砌体墙，也可以是钢筋混凝土墙。

1. 构造要求

（1）梯形截面基础的边缘高度，一般不小于 200mm；基础高度不大于 250mm 时，可做成等厚度板。

（2）基础下的垫层厚度一般为 100mm，每边伸出基础 50～100mm，垫层混凝土强度等级为 C10。

（3）底板受力钢筋的最小直径不宜小于 10mm，间距不宜大于 200mm，也不应小于 100mm。当有垫层时，混

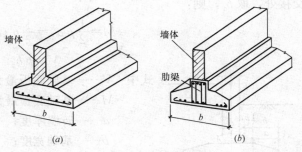

图 4-24　墙下钢筋混凝土条形基础
（a）无肋梁；（b）有肋梁

凝土的保护层厚度不应小于 40mm，无垫层时不应小于 70mm。纵向分布筋直径不小于 8mm，间距不大于 300mm，每延米分布钢筋截面面积应不小于受力钢筋截面面积的 15%。

（4）混凝土强度等级不应低于 C20。

（5）当基础宽度大小于 2.5m 时，底板受力钢筋的长度可取基础宽度的 0.9 倍，并宜交错布置，如图 4-25（a）所示。

（6）基础底板在 T 形及十字形交接处，底板横向受力钢筋仅沿一个主要受力方向通长布置，另一方向的横受力钢筋可布置到主要受力方向底板宽度 1/4 处，如图 4-25（b）

所以。在转角处底板横向受力钢筋应沿两个方向布置，如图 4-25（c）所示。

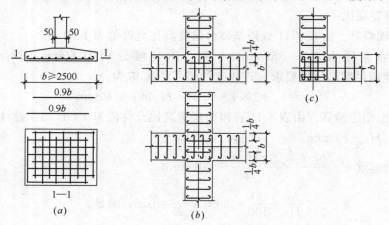

图 4-25　墙下条形基础底板受力钢筋布置示意

2. 轴心荷载作用下基础设计

墙下钢筋混凝土条形基础的截面设计包括：确定基础高度；基础底板配筋。计算时，沿墙长度方向取 1m 作为计算单元。

（1）基础内力设计值

当墙体为砖墙并且大放脚不大于 1/4 砖长时（$b_2 \leqslant 1/4$ 砖比），基础最大弯矩设计值在 I—I 截面，取 $a_1 = b_1 + \frac{1}{4}$ 砖长 $= b_1 + b_2$（图 4-26），最大剪力设计值在墙与基础底板交接处，取 b_1，则：

$$M = \frac{1}{2} p_j a_1^2 = \frac{1}{2} p_j (b_1 + b_2)^2 \tag{4-24}$$

$$V = p_j b_1 \tag{4-25}$$

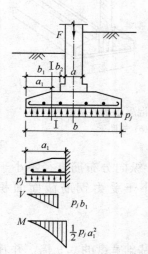

图 4-26　砌体墙下条形基础的内力分析

式中　V——基础底板最大剪力设计值（kN/m）；

M——基础底板最大弯矩设计值（kN·m/m）；

a——砖墙厚度；

b——基础宽度；

p_j——相应于荷载的基本组合时的地基净反力值（kN/mm²），按下式计算：

$$p_j = F/b \tag{4-26}$$

F——相应于荷载的基本组合时，上部结构传至基础顶面的竖向力设计值（kN/m）。

当墙体为钢筋混凝土墙时，基础最大弯矩、剪力设计均在墙与基础底板交接处，取 $a_1 = b_1$，即：$M = \frac{1}{2} p_j b_1^2$，$V = p_j b_1$。

（2）基础高度

基础内不配箍筋和弯起筋，故基础高度由混凝土的受剪承载力确定：

$$V \leqslant 0.7\beta_{hs} f_t h_0 B \qquad (4\text{-}27)$$

即有：

$$h_0 \geqslant \frac{V}{0.7\beta_{hs} f_t B} \qquad (4\text{-}28)$$

式中　B——对于条形基础常沿基础长度方向取 1m 作为计算单元；

　　　h_0——基础有效高度；

　　　f_t——混凝土轴心抗拉强度设计值；

　　　β_{hs}——受剪切承载力截面高度影响系数，应按下式计算：

$$\beta_{hs} = (800/h_0)^{1/4} \qquad (4\text{-}29)$$

当 h_0 小于 800mm 时，h_0 取 800mm；h_0 大于 2000mm 时，h_0 取 2000mm。

（3）基础底板配筋

基础每米长的受力钢筋截面面积按下式计算：

$$A_s = \frac{M}{0.9 f_y h_0} \qquad (4\text{-}30)$$

式中　A_s——基础每延米长基础底板受力钢筋截面面积（mm^2/m）；

　　　f_y——钢筋抗拉强度设计值（N/mm^2）；

　　　h_0——基础有效高度，$0.9h_0$ 为截面内力臂的近似值。

3. 偏心荷载作用下基础设计

在偏心荷载作用下，当地基净反力偏心距 $e = M/F < b/6$ 时，基底净反力呈梯形分布，如图 4-27 所示。

基础边缘处的最大净反力设计值为：

$$p_{jmax} = \frac{F}{b} + \frac{6M}{b^2} \qquad (4\text{-}31)$$

$$p_{jmin} = \frac{F}{b} - \frac{6M}{b^2} \qquad (4\text{-}32)$$

式中　M——相应于荷载基本组合时作用于基础底面的力矩值。

悬臂支座处 I—I 截面的地基净反力 p_{j1}（图 9-21），按下式计算：

$$p_{j1} = p_{jmin} + \frac{b - a_1}{b}(p_{jmax} - p_{jmin}) \qquad (4\text{-}33)$$

基础的高度和配筋仍按式（4-28）和（4-30）计算，但式中的最大剪力设计值和最大弯矩设计值应取悬臂支座处 I—I 截面（图 4-27）的剪力和弯矩，按下列公式计算：

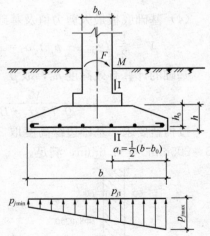

图 4-27　偏心荷载作用下条形基础

$$V = \frac{1}{2}(p_{jmax} + p_{j1})a_1 \qquad (4\text{-}34)$$

$$M = \frac{1}{6}(2p_{jmax} + p_{j1})a_1^2 \qquad (4\text{-}35)$$

【例 4-5】 某厂房墙厚 240mm，墙下采用钢筋混凝土条形基础。作用在基础顶面的轴心荷载在荷载的基本组合值 $F=265\text{kN/m}$，$M=10.6\text{kN·m}$。基础底面宽度 $b=2.2\text{m}$。

试问：设计此基础的高度并配筋。

【解】（1）选用材料及垫层

墙下条形基础的混凝土强度等级为 C20，$f_t=1.1\text{N/mm}^2$，钢筋采用 HRB400，$f_y=360\text{N/mm}^2$；垫层混凝土强度等级为 C10，厚度为 100mm。

（2）确定基础边缘的地基净反力

$$e=M/F=10.6/265=0.04\text{m}<b/6=2.2/6=0.36\text{m}。$$

故基底净反力呈梯形分布，可得：

$$p_{j\max}=\frac{F}{b}+\frac{6M}{b^2}=\frac{265}{2.2}+\frac{6\times10.6}{2.2^2}=133.6\text{kPa}$$

$$p_{j\min}=\frac{F}{b}-\frac{6M}{b^2}=\frac{265}{2.2}-\frac{6\times10.6}{2.2^2}=107.4\text{kPa}$$

（3）验算截面处距基础边缘的距离及其地基净反力值

$$a_1=\frac{1}{2}\times(2.2-0.24)=0.98\text{m}$$

$$p_{j1}=p_{j\min}+\frac{b-a_1}{b}(p_{j\max}-p_{j\min})$$

$$=107.4+\frac{2.2-0.98}{2.2}\times(133.6-107.4)$$

$$=121.9\text{kPa}$$

（4）基础底板最大剪力值及基础高度 h：

$$V=\frac{1}{2}(p_{j\max}+p_{j1})a_1=\frac{1}{2}\times(133.6+121.9)\times0.98=125.2\text{kN/m}$$

基础的计算有效高度 h_0，取 $\beta_{hs}=1.0$、$\beta=1.0\text{m}$，则：

$$h_0\geq\frac{V}{0.7\beta_{hs}f_t\cdot B}=\frac{125.2\times10^3}{0.7\times1\times1.1\times1000}=162.6\text{mm}$$

按构造要求，基础边缘高度取 200mm，基础高度 h 取 250mm，有效高度 $h_0=250-45=205\text{mm}>162.6\text{mm}$，满足。

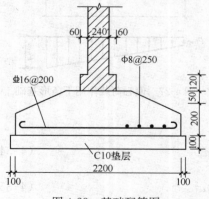

图 4-28　基础配筋图

（5）基础底板最大弯矩值及其配筋

$$M_{\max}=\frac{(2p_{j\max}+p_{j1})}{6}a_1^2$$

$$=\frac{2\times133.6+121.9}{6}\times0.98^2$$

$$=62.3\text{kN·m/m}$$

$$A_s=\frac{M_{\max}}{0.9f_yh_0}=\frac{62.3\times10^6}{0.9\times360\times205}=938\text{mm}^2$$

受力钢筋实际选用Φ16@200（$A_s=1005\text{mm}^2$），满足；分布钢筋选用Φ8@250。基础配筋图如图 4-28 所示。

4.6.2 柱下钢筋混凝土独立基础

1. 构造要求

柱下钢筋混凝土独立基础的构造要求，除应满足前述墙下钢筋混凝土条形基础的构造要求外，还应满足如下要求（图4-29）：

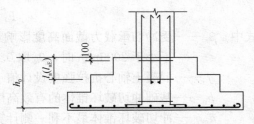

图 4-29　柱下钢筋混凝土独立基础的构造

阶梯形基础每阶高度一般为 300～500mm，当基础高度不小于 600mm 而小于 900mm 时，阶梯形基础分二级；当基础高度不小于 900mm 时，则分三级。当采用锥形基础时，其边缘高度不宜小于 200mm，顶部每边应沿柱边放出 50mm。

柱下钢筋混凝土独立基础的受力钢筋应双向配置。现浇柱的纵向钢筋可通过插筋锚入基础中，插筋的数量、直径以及钢筋种类应与柱内纵向钢筋相同。插筋与柱的纵向受力钢筋的连接方法，应按现行《混凝土结构设计规范》规定执行。插入基础的钢筋，上下至少应有两道箍筋固定。插筋的下端宜做成直钩放在基础底板钢筋网上。当符合下列条件之一时，可仅将四角的插筋伸至底板钢筋网上，其余插筋伸入基础的长度按锚固长度确定：

(1) 柱为轴心受压或小偏心受压，基础高度不小于 1200mm；

(2) 柱为大偏心受压，基础高度不小于 1400mm。

有关杯口基础的构造按《地基规范》规定。

2. 基础设计

基础的设计应符合下列要求：

(1) 对柱下独立基础，当冲切破坏锥体落在基础底面以内时，应验算柱与基础交接处以及基础变阶处的受冲切承载力；

(2) 对基础底面短边尺寸小于或等于柱宽加两倍基础有效高度的柱下独立基础，以及墙下条形基础，应验算柱（墙）与基础交接处的基础受剪切承载力；

(3) 基础底板的配筋，应按抗弯计算确定；

(4) 当基础的混凝土强度等级小于柱的混凝土强度等级时，尚应验算柱下基础顶面的局部受压承载力。

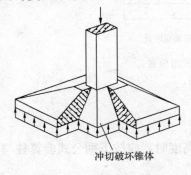

图 4-30　基础冲切破坏

1）基础高度与基础受冲切承载力计算

基础高度由混凝土受冲切承载力确定。在柱荷载作用下，如果基础高度（或阶梯高度）不足，则将沿柱周边（或阶梯高度变化处）产生冲切破坏，形成 45°斜裂面的角锥体（图4-30）。因此，由冲切破坏锥体以外的地基净反力所产生的冲切力应小于冲切面处混凝土的抗冲切能力。矩形基础一般沿柱短边一侧先产生冲切破坏，所以只需根据短边一侧的抗冲切破坏条件确定基础高度。对矩形截面柱的矩形基础，柱与基础交接处、基础变阶处的抗受冲切破坏条件应满足下列公式：

$$F_l \leqslant 0.7\beta_{hp} f_t a_m h_0 \qquad (4\text{-}36)$$

$$a_m = (a_t + a_b)/2 \qquad (4\text{-}37)$$

$$F_l = p_j A_l \qquad (4\text{-}38)$$

式中　β_{hp}——受冲切承载力截面高度影响系数，当 h 不大于 800mm 时，β_{hp} 取 1.0；当 h 不小于 2000mm 时，β_{hp} 取 0.9，其间按线性内插法取用；

$\quad\quad f_t$——混凝土轴心抗拉强度设计值（kPa）；

$\quad\quad h_0$——基础冲切破坏锥体的有效高度（m）；

$\quad\quad a_m$——冲切破坏锥体最不利一侧计算长度（m）；

$\quad\quad a_t$——冲切破坏锥体最不利一侧斜截面的上边长(m)，当计算柱与基础交接处的受冲切承载力时，取柱宽；当计算基础变阶处的受冲切承载力时，取上阶宽；

$\quad\quad a_b$——冲切破坏锥体最不利一侧斜截面在基础底面积范围内的下边长（m），当冲切破坏锥体的底面落在基础底面以内（图 4-31a、b），计算柱与基础交接处的受冲切承载力时，取柱宽加两倍基础有效高度；当计算基础变阶处的受冲切承载力时，取上阶宽加两倍该处的基础有效高度；

$\quad\quad p_j$——扣除基础自重及其上土重后相应于作用的基本组合时的地基土单位面积净反力（kPa），对偏心受压基础可取基础边缘处最大地基土单位面积净反力；

$\quad\quad A_l$——冲切验算时取用的部分基底面积（m²）（图 4-31a、b 中的阴影面积 $ABCDEF$）；

$\quad\quad F_l$——相应于荷载的基本组合时作用在 A_l 上的地基土净反力设计值（kPa）。

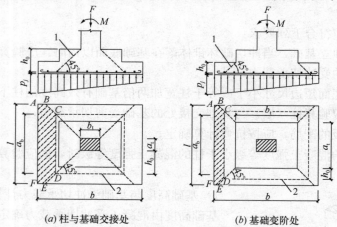

(a) 柱与基础交接处　　　　(b) 基础变阶处

图 4-31　计算阶形基础的受冲切承载力截面位置
1—冲切破坏锥体最不利一侧的斜截面；
2—冲切破坏锥体的底面线

2）受剪切承载力计算

当基础底面短边尺寸小于或等于柱宽加两倍基础有效高度时，应按下列公式验算柱与基础交接处截面受剪承载力：

$$V_s \leqslant 0.7\beta_{hs} f_t A_0 \qquad (4\text{-}39)$$

$$\beta_{hs} = (800/h_0)^{1/4} \qquad (4\text{-}40)$$

式中 V_s——相应于荷载的基本组合时，柱与基础交接处的剪力设计值（kN），图 4-32 中的阴影面积乘以基底平均净反力；

β_{hs}——受剪切承载力截面高度影响系数，当 h_0＜800mm 时，取 h_0＝800mm；当 h_0＞2000mm 时，取 h_0＝2000mm；

A_0——验算截面处基础的有效截面面积（m²）。当验算截面为阶形或锥形时，可将其截面折算成矩形截面，截面的折算宽度和截面的有效高度按《建筑地基基础设计规范》附录 U 计算。

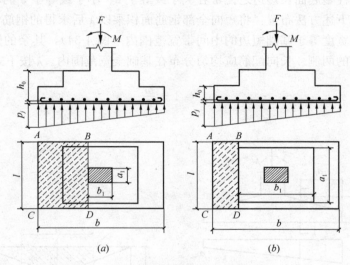

图 4-32　验算阶形基础受剪切承载力示意
（a）柱与基础交接处；（b）基础变阶处

3）基础底板的配筋计算

在轴心荷载或单向偏心荷载作用下，当台阶的宽高比小于或等于 2.5 且偏心距小于或等于 1/6 基础宽度时，柱下矩形独立基础任意截面的底板弯矩可按下列简化方法进行计算（图 4-33）：

$$M_{\mathrm{I}} = \frac{1}{12}a_1^2\Big[(2l+a')\Big(p_{\max}+p-\frac{2G}{A}\Big)+(p_{\max}-p)l\Big] \tag{4-41}$$

$$M_{\mathrm{II}} = \frac{1}{48}(l-a')^2(2b+b')\Big(p_{\max}+p_{\min}-\frac{2G}{A}\Big) \tag{4-42}$$

式中 M_{I}、M_{II}——相应于荷载的基本组合时，任意截面 Ⅰ—Ⅰ、Ⅱ—Ⅱ处的弯矩设计值（kN·m）；

a_1——任意截面 Ⅰ—Ⅰ 至基底边缘最大反力处的距离（m）；

l、b——基础底面的边长（m）；

$p_{\max}$、$p_{\min}$——相应于荷载的基本组合时的基础底面边缘最大和最小地基反力设计值（kPa）；

p——相应于荷载的基本组合时在任意截面 Ⅰ—Ⅰ 处基础底面地基反力设计值（kPa）；

G——考虑荷载分项系数的基础自重及其上的土自重（kN）；当组合值由永久作用控制时，作用分项系数可取 1.35。

基础底板配筋除满足计算和最小配筋率要求外，尚应符合钢筋混凝土扩展基础的构造要求。基础底板钢筋可按下式（4-43）计算：

$$A_s = \frac{M}{0.9f_y h_0} \tag{4-43}$$

当柱下独立柱基底面长短边之比 ω 在大于或等于 2、小于或等于 3 的范围时，基础底板短向钢筋应按下述方法布置：将短向全部钢筋面积乘以 λ 后求得的钢筋，均匀分布在与柱中心线重合的宽度等于基础短边的中间带宽范围内（图 4-34），其余的短向钢筋则均匀分布在中间带宽的两侧。长向配筋应均匀分布在基础全宽范围内。λ 按下式计算：

$$\lambda = 1 - \frac{\omega}{6} \tag{4-44}$$

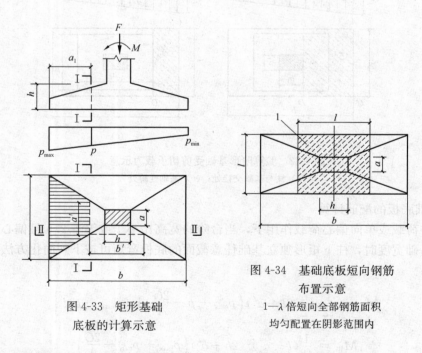

图 4-33　矩形基础
底板的计算示意

图 4-34　基础底板短向钢筋
布置示意

1—λ 倍短向全部钢筋面积
均匀配置在阴影范围内

【例 4-6】如图 4-35 所示为某钢筋混凝土框架结构的柱下独立基础，采用阶梯形基础，钢筋混凝土保护层厚度为 40mm。基础底面尺寸为 $b=2.4$m，$l=1.6$m，上阶 $b_1=1.2$m，$l_1=0.8$m。柱子的截面尺寸 $a_c=400$mm，$b_c=300$mm。材料选用 C20 的混凝土，$f_t=1.1$N/mm^2，作用于基础底面的相应于荷载的标准组合值 $M_k=87.48$kN·m，$F_k=700$kN。由永久荷载控制基本组合。

试问：验算基础高度是否满足。

【解】（1）计算基底净反力

$$G = 1.35G_k = 1.35 \times 20 \times 2.4 \times 1.6 \times \frac{1.3+1.0}{2} = 119.232\text{kN}$$

$$e = \frac{M}{F+G} = \frac{1.35M_k}{1.35F+1.35G_k}$$

$$= \frac{1.35 \times 87.48}{1.35 \times 700 + 119.232}$$

$$= 0.111\text{m}$$

$b/6 = 2.4/6 = 0.4\text{m} > e = 0.111\text{m}$，地基反力呈梯形分布。

$$p_{j\max} = \frac{F}{A} + \frac{6M}{lb^2}$$

$$= \frac{1.35 \times 700}{2.4 \times 1.6} + \frac{6 \times 87.48}{1.6 \times 2.4^2}$$

$$= 323\text{kPa}$$

$$p_{j\min} = \frac{F}{A} - \frac{6M}{lb^2}$$

$$= \frac{1.35 \times 700}{2.4 \times 1.6} - \frac{6 \times 87.48}{1.6 \times 2.4^2}$$

$$= 169\text{kPa}$$

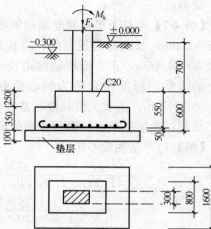

图 4-35　某框架柱下独立基础

（2）柱与基础交接处的抗冲切验算

$$a_b = a_t + 2h_0 = 300 + 2 \times (600 - 50) = 1400\text{mm} < l = 1600\text{mm}$$

阴影面积 $ABCPEF$ 为：

$$A_l = \left(\frac{b}{2} - \frac{b_t}{2} - h_0\right)l - \left(\frac{l}{2} - \frac{a_t}{2} - h_0\right)^2$$

$$= \left(\frac{2.4}{2} - \frac{0.4}{2} - 0.55\right) \times 1.6 - \left(\frac{1.6}{2} - \frac{0.3}{2} - 0.55\right)^2 = 0.71\text{m}^2$$

冲切力设计值为：

$$F_j = p_{j\max}A_l = 323 \times 0.71 = 229\text{kN}$$

抗冲切承载力，取 $\beta_{hp} = 1.0$，$h_0 = 0.55\text{m}$，则：

$$a_m = (a_t + a_b)/2 = \frac{0.3 + 1.4}{2} = 0.85\text{m}$$

$0.7\beta_{hp}f_t a_m h_0 = 0.7 \times 1 \times 1.1 \times 0.85 \times 0.55 \times 10^6 = 360 \times 10^3\text{N} = 360\text{kN} > 229\text{kN}$，满足。

（3）基础变阶处的抗冲切验算

此时，$h_0 = 350 - 50 = 300\text{mm}$

$$a_b = a_t + 2h_0 = 800 + 2 \times 300 = 1400\text{mm} < l = 1600\text{mm}$$

$$A_l = \left(\frac{b}{2} - \frac{b_t}{2} - h_0\right)l - \left(\frac{l}{2} - \frac{a_t}{2} - h_0\right)^2$$

$$= \left(\frac{2.4}{2} - \frac{1.2}{2} - 0.30\right) \times 1.6 - \left(\frac{1.6}{2} - \frac{0.8}{2} - 0.30\right)^2 = 0.47\text{m}^2$$

冲切力设计值：$F_j = p_{j\max}A_l = 323 \times 0.47 = 152\text{kN}$

抗冲切承载力值：$a_m = \frac{a_t + a_b}{2} = \frac{0.8 + 1.4}{2} = 1.1\text{m}$

$0.7\beta_{hp}f_t a_m h_0 = 0.7 \times 1.0 \times 1.1 \times 1.1 \times 0.3 \times 10^6 = 254 \times 10^3\text{N} = 254\text{kN} > 152\text{kN}$

故满足。

【例 4-7】 某柱下锥形独立基础如图 4-36 所示，基础埋深 $d=2.0$m，基底面为正方形，边长 $B=2.5$m，基础有效高度 $h_0=0.46$m，正方形柱截面边长 $b=0.4$m。作用在基础上的荷载的标准组合值为轴心荷载 $F_k=556$kN，弯矩 $M_k=80$kN·m。由永久荷载控制基本组合。

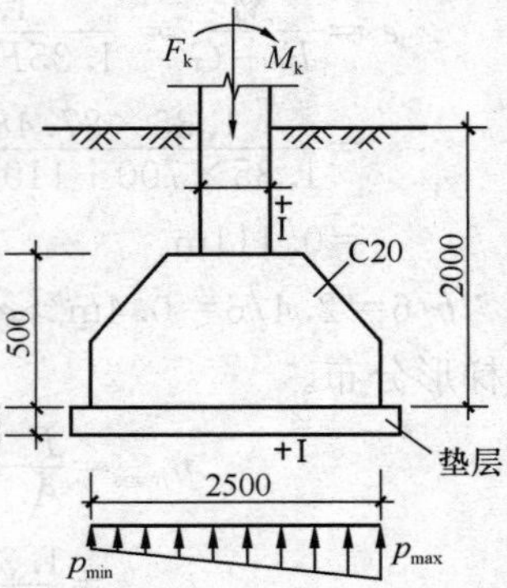

试问：确定基础纵、横两方面的最大弯矩设计值。

【解】（1）基底偏心距 e：

$$e=\frac{M}{F+G}=\frac{1.35M_k}{1.35(F_k+G_k)}$$

$$=\frac{1.35\times80}{1.35\times(556+20\times2.5\times2.5\times2)}$$

$$=0.0996\text{m}<B/6=2.5/6=0.42\text{m}$$

故地基反力呈梯形分布。

（2）确定基础边缘及柱边处地基反力

$$l=B=2.5\text{m}, \quad a'=b'=b=0.4\text{m}$$

$$p_{max}=\frac{1.35(F_k+G_k)}{A}+\frac{1.35M_k}{W}$$

$$=\frac{1.35\times(556+2.5\times2.5\times2\times20)}{2.5\times2.5}+\frac{1.35\times80}{2.5\times2.5^2/6}=215.6\text{kPa}$$

$$p_{min}=\frac{1.35(F_K+G_K)}{A}-\frac{1.35M_k}{W}$$

$$=\frac{1.35\times(556+2.5\times2.5\times2\times20)}{2.5\times2.5}-\frac{1.35\times80}{2.5\times2.5^2/6}=132.6\text{kPa}$$

$$p_1=\frac{B-a_1}{B}(p_{max}-p_{min})+p_{min}$$

$$=\frac{2.5-1.05}{2.5}\times(215.6-132.6)+132.6=180.7\text{kPa}$$

（3）柱边处两方向弯矩

$$M_I=\frac{1}{12}\times1.05^2\times\left[(2\times2.5+0.4)\times\left(215.6+180.7\right.\right.$$

$$\left.-\frac{2\times1.35\times20\times2.5\times2.5}{2.52}\right)+(215.6-180.7)\times2.5\Bigg]$$

$$=177.8\text{kN}\cdot\text{m}$$

$$M_{II}=\frac{1}{48}\times(2.5-0.4)^2\times(2\times2.5+0.4)$$

$$\times\left(215.6+132.6-\frac{2\times1.35\times2.5\times2.5\times2\times20}{2.5^2}\right)$$

$$=119.2\text{kN}\cdot\text{m}$$

图 4-36　某柱下锥形独立基础

4.7 基础施工图与基坑验槽

4.7.1 基础施工图

基础施工图包括基础平面图和基础详图以及必要的设计说明。基础剖面详图是表示基础构造的；基础施工图是施工放线、开挖基槽（坑）、基础施工、计算基础工程量的依据。

1. 基础平面图

基础平面图的剖视位置应在室内设计地面（±0.000）处，一般不准许因对称而只画一半。被剖切的柱子或墙身用粗实线表示，基础底宽用细实线表示。基础平面图的主要内容如下：

（1）图名、比例。

（2）与建筑平面一致的纵横定位轴线及其编号。外部尺寸一般只标注定位轴线的间隔尺寸和总尺寸。

（3）基础的平面布置和内部尺寸，即基础梁、基础墙厚、柱、基础底面的形状、尺寸及其与轴线的关系。

（4）暖气、电缆等沟道的路线位置以虚线表示。穿墙管、洞应分别表明其尺寸、位置及洞底标高。

（5）基础剖面图的剖切线及其编号，对基础梁、柱等注写基础代号，以便查找详图。

2. 基础详图

不同基础类型，其基础详图的表示方法有所不同。条形基础的详图一般只有垂直断面图，独立基础的详图一般包括平面图、剖面图。基础详图的主要内容如下：

（1）图名、比例。

（2）基础剖面图的中轴线及其编号，如果是通用剖面图，则轴线圆圈内不予编号。

（3）基础剖面的形状和详细尺寸。

（4）注明室内地面及基础底面的标高，外墙基础还需注明室外地坪之相对标高，如有沟槽尚应标明其构造关系。

（5）钢筋混凝土基础应标注钢筋直径与间距。现浇基础尚应标注预留插筋、搭接长度与位置、箍筋加密等。

（6）对桩基础应表示承台、配筋及桩尖埋深等。

（7）基础防潮层的位置及做法、垫层材料等（或用文字说明）。

3. 采用平面整体表示方法（简称平法）绘制基础施工图

独立基础、条形基础以及桩基承台的平法设计施工图应按国家标准设计图集11G101-3的制图规则进行绘制。

本书附录四给出了普通独立基础的平法制图规则及示例。

4.7.2 基坑验槽

基槽或基坑挖至基底设计标高并清理后，施工单位必须会同勘察、设计、建设（或监理）等单位共同进行验槽，合格后方能进行基础工程施工。

验槽是为了普遍探明基槽的土质和特殊情况，据此判断异常地基的局部处理；原钻探是否需补充，原基础设计是否需修正；对工程勘察资料和工程的外部环境进行确认。

1. 验槽时必须具备的资料和条件

(1) 基础施工图和结构总说明；

(2) 详勘阶段的岩土工程勘察报告；

(3) 开挖完毕，槽底无浮土、松土（若分段开挖，则每段条件相同），条件良好的基槽；

(4) 勘察、设计、建设（或监理）、施工等单位有关负责及技术人员到场。

2. 验槽的程序

(1) 在施工单位自检合格的基础上进行，施工单位确认自检合格后提出验收申请；

(2) 由总监理工程师或建设单位项目负责人组织建设、监理、勘察、设计及施工单位项目负责人、技术质量负责人，共同按设计要求和有关规定进行。

3. 验槽的主要内容

(1) 根据设计图纸检查基槽的开挖平面位置、尺寸、槽底深度，检查是否与设计图纸相符，开挖深度是否符合设计要求；

(2) 仔细观察槽壁、槽底土质类型、均匀程度和有关异常土质是否存在，核对基坑土质及地下水情况是否与勘察报告相符；

(3) 检查基槽之中是否有旧建筑物基础、古井、古墓、洞穴、地下掩埋物及地下人防工程等；

(4) 检查基槽边坡外缘与附近建筑物的距离，基坑开挖对建筑物稳定是否有影响；

(5) 检查核实分析钎探资料，对存在的异常点位进行复核检查。

思考题

1. 建筑物地基基础的设计等级划分为几类？

2. 建筑物地基主要受力层是指什么？

3. 当按地基承载力确定基础底面积时，其荷载组合应取什么？

4. 当由永久作用控制基本组合时，荷载的基本组合与标准组合的关系是什么？

5. 影响基础埋置深度的因素包括哪些？

6. 浅基础的常规设计法的思路是什么？

7. 浅基础的地基设计的内容包括哪些？

8. 建筑物地基基础中，承载力特征值、经修正后的承载力特征值的概念是什么？

9. 软弱下卧层的计算方法是什么？

10. 建筑物地基变形的特征包括哪些？

11. 建筑物地基变形计算时，采用的荷载组合是什么？

12. 在建筑物施工或使用期间，需要进行沉降观测的建筑物是哪些？

13. 地基失稳的形式包括哪几类？

14. 无筋扩展基础的特点是什么？

15. 无筋扩展基础的台阶宽度与高度之比应满足什么要求？

16. 墙下钢筋混凝土条形基础的基础高度受什么控制？其基础底板配筋受什么控制？

17. 柱下钢筋混凝土独立基础的基础高度受什么控制？

18. 当验算柱下钢筋混凝土独立基础受冲切承载力时，其荷载的组合是什么？

19. 当柱下钢筋混凝土独立基础底面短边长度小于柱宽加 2 倍基础有效高度时，应验算哪项内容？

20. 建筑物基础施工图包括哪些内容？

21. 基坑验槽的程序和内容分别是什么？

柱下条形基础、柱下交叉条形基础、筏形基础，以及箱形基础一般统称为连续基础，也称为整体基础。

连续基础一般可视为地基上的受弯构件——梁式板，故工程设计中常将连续基础称为地基梁板。特别地，当地基作为弹性地基（即地基反力不是直线分布的情况）时，连续基础的设计方法称为弹性地基梁板方法。

连续基础的特点是：

（1）较大的基础底面积，能承担较大的建筑物上部荷载，易于满足地基承载力的要求；

（2）基础的连续性增加了基础的整体性、刚度和抗震能力，也增强了建筑物的整体刚度，并减小不均匀沉降；

（3）对于设置了地下室的筏形基础及箱形基础，可以有效地提高地基承载力，并能以挖去的土重补偿建筑物的部分（或全部）重量；

（4）有利于上部结构、基础和地基的协同作用。

5.1　柱下条形基础

柱下条形基础是常用于软弱地基上钢筋混凝土框架结构或排架结构的一种基础类型。它具有刚度大、调整不均匀沉降能力强的优点，但工程造价较高。因此，在一般情况下，柱下应优先考虑设置扩展基础。但是，当地基较软弱而荷载较大，或地基压缩性不均匀（如地基中有局部软弱夹层、土洞等），或荷载分布不均匀，有可能导致较大的不均匀沉降，或上部结构对基础沉降比较敏感，有可能产生较大的次应力或影响使用功能时，可以考虑采用柱下条形基础。

5.1.1　构造要求

柱下条形基础一般采用倒 T 形截面，由基础梁（也称为肋梁）和翼板组成（图 5-1）。一般基础梁高度为柱距的 1/8～1/4，并应满足受剪承载力计算的要求。当柱荷载较大时，可在柱两侧局部增高（加腋）。一般基础梁沿纵向取等截面，梁每侧比柱至少宽出 50mm。当柱垂直于基础梁的轴线方向的截面边长大于 400mm 时，可仅在柱位处将肋部加宽，如图 5-1（e）所示。翼板厚度不应小于 200mm。当翼板厚度为 200～250mm 时，宜采用等厚度翼板；当翼板厚度大于 250mm 时，宜采用变厚度翼板，其坡度不大于 1：3。

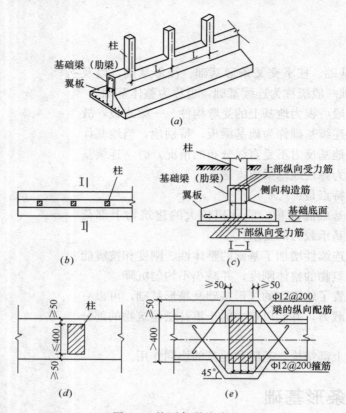

图 5-1　柱下条形基础

（a）立体图；（b）平面图；（c）横剖面图；（d）肋宽不变化；（e）肋宽变化

为了调整基底形心位置，使基底压力分布较为均匀，并使各柱下弯矩与跨中弯矩趋于均衡以利配筋，条形基础端部应沿纵向从两端边柱外伸，外伸长度宜为边跨跨距的 0.25 倍。当荷载不对称时，两端伸出长度可不相等，以使基底形心与荷载合力作用点重合。但不宜外伸太多，以免基础梁在柱位处正弯矩太大。

基础梁的纵向受力钢筋、箍筋和弯起筋应按弯矩图和剪力图配置。柱位处的纵向受力钢筋布置在基础梁底面，而跨中则布置在顶面。底面纵向受力钢筋的搭接位置宜在跨中，顶面纵向受力钢筋则宜在柱位处，其搭接长度 l_d 应满足规范要求。当纵向受力钢筋直径 d > 22mm 时，不宜采用非焊接的搭接接头。考虑到条形基础可能出现整体弯曲，故顶面的纵向受力钢筋宜全部通长配置，底面通长钢筋的面积不应少于底面受力钢筋总面积的 1/3。

当基础梁的腹板高度不小于 450mm 时，在基础梁的两侧面应沿高度配置纵向构造钢筋，每侧构造钢筋面积不应小于腹板截面面积的 0.1%，且其间距不宜大于 200mm。基础梁两侧的纵向构造钢筋，宜用拉筋连接，拉筋直径与箍筋相同，间距 500～700mm，一般为两倍的箍筋间距。箍筋应采用封闭式，其直径一般为6～12mm，对梁高大于 800mm 的基础梁，其箍筋直径不宜小于 8mm，箍筋间距按有关规定确定。当基础梁宽不大于

350mm 时，采用双肢箍筋；基础梁宽在 350～800mm 时，采用四肢箍筋；基础梁宽大于 800mm 时，采用六肢箍筋。

翼板的横向受力钢筋由计算确定，但直径不应小于 10mm，间距 100～200mm。非肋部分的翼板的纵向分布钢筋直径 8～10mm，间距不大于 300mm。其余构造要求可按钢筋混凝土扩展基础的有关规定。

柱下条形基础的混凝土强度等级不应低于 C20。

此外，柱下条形基础的构造要求还应满足前述第 4 章钢筋混凝土扩展基础的规定。

5.1.2 柱下条形基础设计

见本章第 3 节。

5.2 筏形基础

5.2.1 概述

筏形基础分为平板式和梁板式两种类型。

平板式筏基由大厚板基础组成，常用的基础形式有：等厚度筏板基础、局部加厚的筏板基础、变厚度的筏板基础（图 5-2）。平板式筏基具有基础刚度大、受力均匀，板钢筋布置简单，降水及支护费用相对较低，施工方便等优点，其缺点是：超厚度板的混凝土施工温度控制要求高、混凝土用量大等。它适用于复杂柱网结构。目前高层及超高层建筑框架—核心筒结构、筒中筒结构广泛常用平板式筏基。

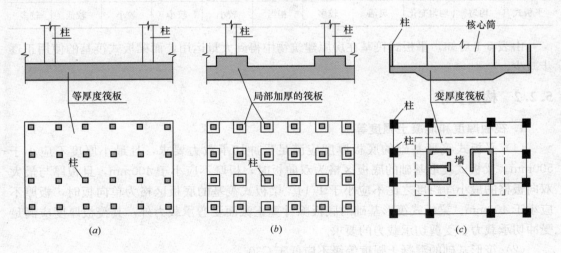

图 5-2 平板式筏基

（a）等厚度筏板基础；（b）局部加厚的筏板基础；（c）变厚度的筏板基础

梁板式筏基是由地基梁与基础筏板组成，其地基梁的布置与上部结构的柱网布置有关，一般沿柱网布置，常用的地基梁布置形式，如图 5-3 所示。

梁板式筏基的基础刚度大，混凝土用量少，其缺点是：基础刚度变化不均匀，易导致

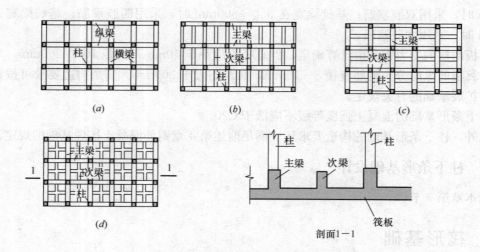

图 5-3 梁板式筏形基础的地基梁布置

（a）双向主梁；（b）纵向主梁、横向次梁；（c）横向主梁、纵向次梁；（d）双向主次梁

地基反力应力集中、梁板钢筋布置复杂，以及降水与支护费用高，施工难度较大等。

梁板式筏基与平板式筏基的主要性能及工程造价的比较，见表 5-1。

梁板式筏基与平板式筏基的主要性能和工程造价比较   表 5-1

筏基类型	基础刚度	地基反力	柱网布置	混凝土量	钢筋用量	土方量	降水费用	施工难度	工程造价	应用情况
梁板式	有突变	有突变	严格	较少	相当	较大	较大	较大	较高	较少
平板式	均匀	均匀变化	灵活	较多	相当	较小	较小	较小	较低	较多

由表 5-1 可知，平板式筏基在房屋建筑物中得到大量运用，而梁板式筏基的使用正逐步减少。

5.2.2 构造要求

1. 筏板厚度和混凝土强度等级

（1）平板式筏形基础的底板厚度应满足受冲切承载力要求，且最小厚度不应小于 500mm。梁板式筏形基础的底板区格为双向板时，板厚不应小于 400mm，且板厚与最大双向板格的最小净跨度之比不应小于 1/14。梁板式筏基的底板区格为单向板时，板厚不应小于 400mm。梁板式筏形基础的底板除计算正截面受弯承载力外，其筏板厚度应满足受冲切承载力、受剪切承载力的要求。

（2）筏形基础的混凝土强度等级不应低于 C30。

2. 筏形基础与柱、墙的连接

地下室底层柱、剪力墙与梁板式筏基的基础梁的连接构造应符合下列要求：

（1）当交叉基础梁的宽度小于柱截面的边长时，交叉基础梁连接处应设置八字角，柱角和八字角之间的净距不宜小于 50mm，如图 5-4（a）所示；

（2）当单向基础梁与柱连接时，柱截面的边长大于 400mm，可按图 5-4（b）采用；柱截面的边长不大于 400mm，可按图 5-4(*c*) 采用；

（3）当基础梁与剪力墙连接时，基础梁边至剪力墙边的距离不宜小于 50mm，如图 5-4(*d*) 所示。

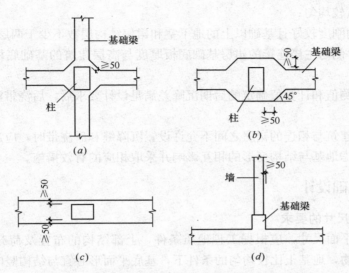

图 5-4　基础梁与地下室底层柱或剪力墙连接的构造

3. 地下室的墙体及配筋

采用筏形基础的地下室，钢筋混凝土外墙厚度不应小于 250mm，内墙厚度不宜小于 200mm。墙的截面设计除满足承载力要求外，尚应考虑变形、抗裂及外墙防渗等要求。墙体内应设置双面钢筋，钢筋不宜采用光面圆钢筋，水平钢筋的直径不应小于 12mm，竖向钢筋的直径不应小于 10mm，间距不应大于 200mm。

4. 有裙房的高层建筑筏形基础

（1）当高层建筑与相连的裙房之间设置沉降缝时，高层建筑的基础埋深应大于裙房基础的埋深至少 2m。地面以下沉降缝的缝隙应用粗砂填实（图 5-5a）。

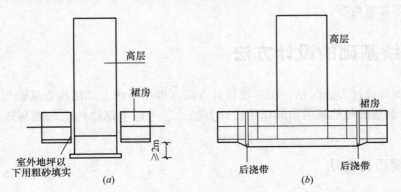

图 5-5　高层建筑与裙房间的沉降缝、后浇带处理示意图

（2）当高层建筑与相连的裙房之间不设置沉降缝时，宜在裙房一侧设置用于控制沉降差的后浇带。当高层建筑基础面积满足地基承载力和变形要求时，后浇带宜设在与高层建

筑相邻裙房的第一跨内。当需要满足高层建筑地基承载力、降低高层建筑沉降量，减小高层建筑与裙房间的沉降差而增大高层建筑基础面积时，后浇带可设在距主楼边柱的第二跨内，此时应满足下列三个条件：

1）地基土质较均匀；

2）裙房结构刚度较好且基础以上的地下室和裙房结构层数不少于两层；

3）后浇带一侧与主楼连接的裙房基础底板厚度与高层建筑的基础底板厚度相同（图5-5b）。

根据沉降实测值和计算值确定的后期沉降差满足设计要求后，后浇带混凝土方可进行浇筑。

（3）当高层建筑与相连的裙房之间不允许设置沉降缝和后浇带时，应进行地基变形计算，验算时需考虑地基与结构变形的相互影响并采取相应的有效措施。

5.2.3　筏形基础设计

1. 基础底面尺寸的要求

筏形基础的平面尺寸，应根据工程地质条件，上部结构的布置及荷载分布等因素确定。对单幢建筑物，地基土比较均匀的条件下，基底平面形心宜与结构竖向永久荷载重心重合。当不能重合时，在荷载的准永久组合下，偏心距 e 宜符合下式要求：

$$e \leqslant 0.1W/A \tag{5-1}$$

式中　W——与偏心距方向一致的基础底面边缘抵抗矩；

　　　A——基础底面积。

如果偏心较大，或者不满足地基承载力要求，为调整筏板底面的形心，减小偏心距和扩大基底面积，可将筏板外伸悬挑一定的长度。

2. 筏形基础的内力计算

见本章第 3 节内容。

3. 筏形基础的配筋

见本章第 3 节内容。

5.3　连续基础的设计方法

连续基础的设计方法包括：①常规设计方法（即不考虑上部结构、基础与地基的协同作用）；②考虑基础与地基的协同作用设计方法；③考虑上部结构、基础与地基的协同作用设计方法。

5.3.1　常规设计方法

1. 柱下条形基础

如图 5-6(a) 所示高层钢筋混凝土框架结构，层数 8 层，高度 32m，采用柱下条形基础。

首先求出柱脚支座反力，如图 5-6(b) 所示；然后将该柱脚反力反方向作用于基础上，并按基底反力为直线分布的假定，求出基底反力值（p_j），如图 5-6(c) 所示；再根据该基底反力值计算基础的内力值，如图 5-6(d) 所示，具体计算时，可采用倒梁法、静定分析法；最后，直接将基底反力反方向作用于地基，进行地基的计算，如图 5-6(e) 所示。

如图 5-6(d) 所示倒梁法，它是假定柱脚（A、B、C、D）为不动支座，在地基反力作用下，柱下条形基础只产生局部弯曲，不发生整体弯曲，柱下条形基础按连续梁计算，此时，相当于上部结构整体刚度很大的情况。

静定分析法是把柱下条形基础当作静定结构，柱子对基础不起约束作用，仅传递荷载，此时，基础可以产生整体弯曲，相当于上部结构为柔性结构的情况（如排架结构）。

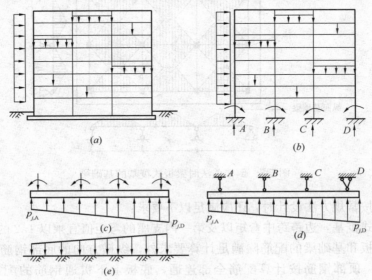

图 5-6　常规设计方法

（a）框架结构计算简图；（b）上部结构；（c）基础；（d）倒梁法简图；（e）地基

柱下条形基础采用常规设计方法的前提条件是：在比较均匀的地基上，上部结构刚度较好，荷载分布较均匀，且条形基础梁的高度不小于 1/6 柱距。同时，运用该设计方法还应满足：边跨跨中弯矩及第一内支座的弯矩值宜乘以 1.2 的放大系数。

2. 筏形基础

对图 5-6 所示高层钢筋混凝土框架结构，假定采用筏形基础，当地基土比较均匀、地基压缩层范围内无软弱土层或可液化土层、上部结构刚度较好，柱网和荷载较均匀、相邻柱荷载及柱间距的变化不超过 20%，且梁板式筏基梁的高跨比或平板式筏基板的厚跨比不小于 1/6 时，筏形基础可仅考虑局部弯曲作用，可采用常规设计方法，即按倒楼楼盖法进行设计计算。

对于平板式筏基，按倒楼盖法计算时，可按柱下板带和跨中板带（图 5-7）分别进行内力分析。

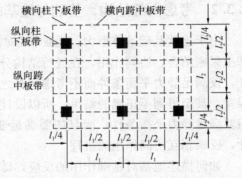

图 5-7　倒楼盖法时平板式筏基板带的划分

对于梁板式筏基，按倒楼盖法计算时，当纵、横向柱间距的长度之比（l_x/l_y）小于 2 时，其地基反力按图 5-8 所示传给基础梁（当 $l_x/l_y>2$ 时，按单向板传递地基反力）。当基础梁上的地基反力值确定后再按倒梁法计算基础梁的内力值。对于筏板可根据其周边支承的条件对每一板格进行内力值的计算。

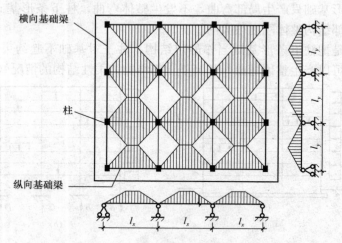

图 5-8　倒楼盖法时梁板式筏基的基础梁

筏形基础按常规方法设计时，还应满足以下要求：

（1）梁板式筏基，边跨跨中弯矩以及第一内支座的弯矩值宜乘以 1.2 的放大系数。梁板式筏基的底板和基础梁的配筋除满足计算要求外，纵横方向的底部钢筋尚应有不少于 1/3 贯通全跨，顶部钢筋按计算配筋全部连通，底板上下贯通钢筋的配筋率不应小于 0.15%。

（2）平板式筏基，柱下板带中，柱宽及其两侧各 0.5 倍板厚且不大于 1/4 板跨的有效宽度范围内，其钢筋配置量不应小于柱下板带钢筋数量的一半，且应能承受部分不平衡弯矩 $\alpha_m M_{unb}$。M_{unb} 为作用在冲切临界截面重心上的不平衡弯矩，α_m 应按《建筑地基基础设计规范》（以下简称《地基规范》）进行计算。平板式筏基柱下板带和跨中板带的底部支座钢筋应有不少于 1/3 贯通全跨，顶部钢筋应按计算配筋全部连通，上下贯通钢筋的配筋率不应小于 0.15%。

5.3.2　考虑上部结构、基础与地基的协同作用设计方法

由于连续基础的体形大、埋置较深、承受很大荷载，上与上部结构形成整体，下与地基土紧密结合，协同作用，在进行结构分析计算中，若仍将上部结构、基础和地基简单分开，仅满足静力平衡条件而不考虑三者之间的变形协调条件的影响，则常常会引起较大的误差，甚至得到不正确的结果。所以设计这类基础时，上部结构、基础与地基三者之间不但要满足静力平衡条件，而且还要满足变形协调条件，以符合接触点应力与变形的连续性，反映相互协同作用的机理。

如何描述地基对基础作用的反应，即确定基底反力与地基变形之间的关系，这就需要建立能较好反映地基特性又能便于分析不同条件下基础与地基协同作用的地基模型。地基

模型的目的是为了表达地基的刚度 k。目前这类地基计算模型很多，依其对地基土变形特性的描述可分为 3 大类：线性弹性地基模型，非线性弹性地基模型和弹塑性地基模型。简单常用的线性弹性地基模型包括：文克尔地基模型、广义文克尔地基模型、弹性半无限空间地基模型、有限压缩层地基模型。现简单介绍文克尔地基模型，其他弹性地基模型可参阅相关书籍。

文克尔地基模型是由文克尔（E. Winkler）于 1867 年提出的。该模型假定地基土表面上任一点处的变形 s_i 与该点所承受的压力强度 p_i 成正比，而与其他点上的压力无关，即：

$$p_i = ks_i$$

式中　k——地基抗力系数，也称基床系数，kN/m^3。

文克尔地基模型是把地基视为在刚性基座上由一系列侧面无摩擦的土柱组成，并可以用一系列独立的弹簧来模拟，如图 5-9(a) 所示。其特征是地基仅在荷载作用区域下发生与压力成正比例的变形，在区域外的变形为零。基底反力分布图形与地基表面的竖向位移图形相似。显然当基础的刚度很大，受力后不发生挠曲，则按照文克尔地基的假定，基底反力成直线分布，如图 5-9(c) 所示。受轴心荷载时，则为均匀分布。

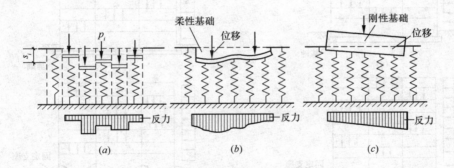

图 5-9　文克尔地基模型示意

(a) 侧面无摩阻力的土柱弹簧体系；(b) 柔性基础下的弹簧地基模型；
(c) 刚性基础下的弹簧地基模型

考虑上部结构、基础与地基的协同作用设计方法可采用两种计算方法：

一是将上部结构、基础、地基建立整体三维空间结构进行空间有限元分析计算，直接得到基础的内力、地基的反力（图 5-10）。此时，基础内力值应注意施工阶段的影响，考虑施工模拟，按包络设计原则。二是将上部结构的刚度通过空间子结构法，将其凝聚到基础结构上（图 5-11）。目前，国内建筑基础设计软件均可以实现上述两类方法。

5.3.3　考虑基础与地基的协同作用设计法

此时，不考虑上部结构参与分析计算，如图 5-12 所示，将上部结构的荷载、基底反力一起施加在基础上求出基础的内力；将基底反力反方向作用于地基，进行地基计算。工程设计实践中，广泛采用该设计法进行弹性地基梁板的分析与设计。

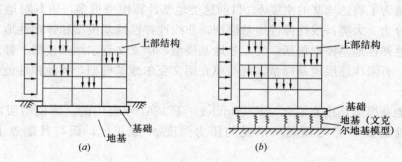

图 5-10　整体的上部结构、基础与地基的协同作用设计法

(a) 框架结构示意图；(b) 协同作用计算简图

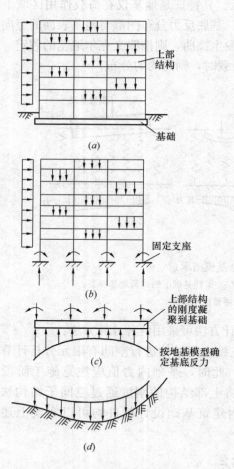

图 5-11　上部结构的刚度凝聚的
协同作用设计法

(a) 框架结构示意图；(b) 上部结构；
(c) 基础；(d) 地基

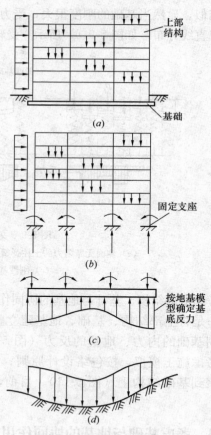

图 5-12　基础与地基的
协同作用设计法

(a) 框架结构示意图；(b) 上部结构；
(c) 基础；(d) 地基

5.4 基础稳定性

5.4.1 基础抗滑移与抗倾覆稳定性

高层建筑在水平荷载（如：风荷载、水平地震作用）作用下，其基础可能发生滑移失稳破坏（图 5-13），或倾覆失稳破坏（图 5-14）。

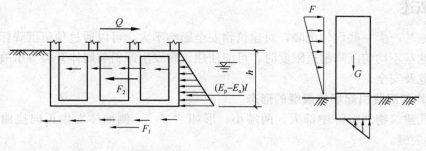

图 5-13 滑移失稳破坏 　　　　　　　图 5-14 倾覆失稳破坏

基础的抗滑移稳定性验算、抗倾覆稳定性验算，可按相关规范的规定进行验算。

5.4.2 基础抗浮稳定性

建筑物基础存在浮力作用时应进行抗浮稳定性验算，对于简单的浮力作用情况，应符合下式要求：

$$\frac{G_k}{N_{w,k}} \geqslant K_w \tag{5-2}$$

式中　G_k——建筑物自重及压重之和（kN）；

$N_{w,k}$——浮力作用值（kN）；

K_w——抗浮稳定安全系数，一般情况下可取 1.05。

抗浮稳定性不满足设计要求时，可采用增加压重或设置抗浮构件等措施。在整体满足抗浮稳定性要求而局部不满足时，也可采用增加结构刚度的措施。

【例 5-1】如图 5-15 所示，某钢筋混凝土地下构筑物，结构物、基础底板及上覆土体的自重传至基底的压力值为 70kN/m²，现拟通过向下加厚结构物基础底板厚度的方法增加其抗浮稳定性及减小底板内力。忽略结构物四周土体约束对抗浮的有利作用，按照《地基规范》，筏板厚度增加量最接近下列哪个选项的数值？（混凝土的重度取 25kN/m³）

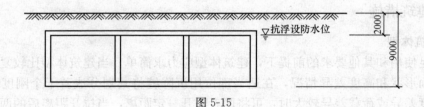

图 5-15

【解】假定底板向下增加厚度为 Δh，则：

$$\frac{70+25 \cdot \Delta h}{10 \times 7+10 \cdot \Delta h} \geqslant 1.05，则：$$

$$\Delta h = 0.241 \text{m}$$

5.5 减轻不均匀沉降危害的措施

5.5.1 概述

通常地基产生一些均匀沉降，对建筑物安全影响不大，可以通过预留沉降标高加以解决。但当地基不均匀沉降超过限度时，可能使建筑物发生倾斜与墙体开裂等事故，影响正常使用，危及安全。

1. 不均匀沉降引起墙体裂缝的形态

（1）凡建筑物的沉降中部大、两端小、形如 "⌣"，侧墙体发生正向挠曲，产生正 "八" 字形裂缝。

（2）反之，若建筑物的沉降两端大、中间小，呈 "⌢" 形，则墙体发生反向挠曲，产生倒 "八" 字形裂缝（图 5-16）。

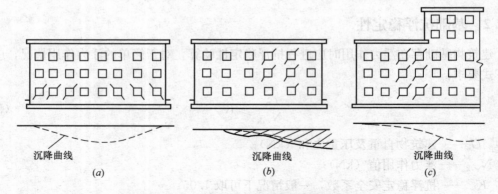

图 5-16 地基不均匀沉降引起的墙体裂缝

通常各类裂缝均由墙体薄弱处开展，常见于纵墙两端窗户边角处往外斜向延伸。

2. 消除或减轻不均匀沉降危险的措施

（1）采用桩基础或深基础；

（2）人工加固地基；

（3）采取建筑、结构与施工措施。

5.5.2 建筑措施

1. 建筑体型

在满足使用和其他要求的前提下，建筑体型应力求简单。当建筑体型比较复杂时，宜根据其平面形状和高度差异情况，在适当部位用沉降缝将其划分成若干个刚度较好的单元；当高度差异或荷载差异较大时，可将两者隔开一定距离，当拉开距离后的两单元必须连接时，应采用能自由沉降的连接构造。

2. 沉降缝

（1）建筑物的下列部位，宜设置沉降缝

1）建筑平面的转折部位；

2）高度差异或荷载差异处；

3）长高比过大的砌体承重结构或钢筋混凝土框架结构的适当部位；

4）地基土的压缩性有显著差异处；

5）建筑结构或基础类型不同处；

6）分期建造房屋的交界处。

（2）沉降缝应有足够的宽度，沉降缝宽度可按表 5-2 选用。

房屋沉降缝的宽度

表 5-2

房 屋 层 数	沉降缝宽度（mm）
二～三	50～80
四～五	80～120
五层以上	不小于 120

沉降缝应从基础开始到上部结构顶部断开，其构造示意图如图 5-17 所示。

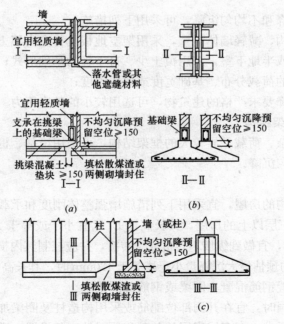

图 5-17　沉降缝构造示意图

（a）、（b）适用于砌体结构；（c）适用于框架结构

3. 相邻建筑物基础间的净距离

相邻建筑物基础间的净距，可按表 5-3 选用。

相邻建筑物基础间的净距（m） 表 5-3

影响建筑的预估平均沉降量 s（mm）＼被影响建筑的长高比	$2.0 \leqslant \dfrac{L}{H_{\mathrm{f}}} < 3.0$	$3.0 \leqslant \dfrac{L}{H_{\mathrm{f}}} < 5.0$
70～150	2～3	3～6
160～250	3～6	6～9
260～400	6～9	9～12
＞400	9～12	不小于 12

注：1. 表中 L 为建筑物长度或沉降缝分隔的单元长度（m）；H_{f} 为自基础底面标高算起的建筑物高度（m）；

　　2. 当被影响建筑的长高比为 $1.5 < L/H_{\mathrm{f}} < 2.0$ 时，其间净距可适当缩小。

4. 调整标高

建筑物各组成部分的标高，应根据可能产生的不均匀沉降采取下列相应措施：

（1）室内地坪和地下设施的标高，应根据预估沉降量予以提高。建筑物各部分（或设备之间）有联系时，可将沉降较大者标高提高。

（2）建筑物与设备之间，应留有净空。当建筑物有管道穿过时，应预留孔洞，或采用柔性的管道接头等。

5.5.3　结构措施

1. 一般原则

为减少建筑物沉降和不均匀沉降，可采用下列措施：

（1）选用轻型结构，减轻墙体自重，采用架空地板代替室内填土；

（2）设置地下室或半地下室，采用覆土少、自重轻的基础形式；

（3）调整各部分的荷载分布、基础宽度或埋置深度；

（4）对不均匀沉降要求严格的建筑物，可选用较小的基底压力。

2. 特殊情况的框架结构

对于建筑体型复杂、荷载差异较大的框架结构，可采用筏基、桩基、箱基等加强基础整体刚度，减少不均匀沉降。

3. 砌体结构

对于砌体承重结构的房屋，宜采用下列措施增强整体刚度和承载力：

（1）对于三层和三层以上的房屋，其长高比 L/H_{f} 宜小于或等于 2.5；当房屋的长高比为 $2.5 < L/H_{\mathrm{f}} \leqslant 3.0$ 时，宜做到纵墙不转折或少转折，并应控制其内横墙间距或增强基础刚度和承载力。当房屋的预估最大沉降量小于或等于 120mm 时，其长高比可不受限制。

（2）墙体内宜设置钢筋混凝土圈梁或钢筋砖圈梁。

（3）在墙体上开洞时，宜在开洞部位配筋或采用构造柱及圈梁加强。

此外，圈梁设置要求：在多层房屋的基础和顶层处应各设置一道，其他各层可隔层设置，必要时也可逐层设置。单层工业厂房、仓库，可结合基础梁、连系梁、过梁等酌情设置。圈梁应设置在外墙、内纵墙和主要内横墙上，并宜在平面内连成封闭系统。当圈梁被门窗洞口截断时，应在洞口上部增设相同截面的附加圈梁。附加圈梁与圈梁的搭接长度不应小于其中到中垂直间距的 2 倍，且不得小于 1m（图 5-18）。

5.5.4   施工措施

在软弱地基上开挖基槽和砌筑基础时，如果建筑物各部分荷载差异较大，应合理地安排施工顺序。即先施工重、高建筑物，后施工轻、低建筑物；或先施工主体部分，再施工附属部分，可调整一部分沉降差；或采用预留沉降后浇带，待预留两侧的结构已建成且沉降基本稳定后再封闭后浇带，如前图 5-5(*b*) 所示。

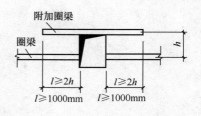

图 5-18   圈梁的搭接

淤泥及淤泥质土，其强度低渗透性差，压缩性高。因而施工时应注意不要扰动其原状土。在开挖基槽时，可以暂不挖至基底标高，通常在基底保留 200mm 厚的土层，待基础施工时再挖除。如发现槽底土已被扰动，应将扰动的土挖掉，并用砂、石回填分层夯实至要求的标高。一般先铺一层中粗砂，然后用碎砖、碎石等进行处理。

此外，应尽量避免在新建基础及新建筑物侧边堆放大量土方、建筑材料等地面堆载，应根据使用要求、堆载特点、结构类型、地质条件确定允许堆载量和范围，堆载量不应超过地基承载力特征值。如有大面积填土，宜在基础施工前 3 个月完成，以减少地基的不均匀变形。

思考题

1. 柱下条形基础、筏板基础的特点是什么？
2. 柱下条形基础的适用范围是什么？
3. 柱下条形基础的端部外伸长度宜取边跨跨距的几倍？
4. 柱下条形基础的基础梁高度如何取值？
5. 柱下条形基础的翼板厚度不得小于多少？
6. 柱下条形基础的顶部、底部的纵向受力钢筋有哪些要求？
7. 柱下条形基础采用常规设计法的前提条件是什么？
8. 柱下条形基础的设计方法有哪些？
9. 平板式筏形基础的筏板厚度不得小于多少？
10. 梁板式筏形基础，当筏板为单向板时，其筏板厚度不得小于多少？
11. 筏形基础的混凝土强度不得低于多少？
12. 比较平板式筏形基础、梁板式筏形基础的主要性能及其工程造价有哪些？
13. 高层建筑采用筏形基础，高层建筑与裙房之间设置沉降缝，高层建筑基础的埋置深度应大于裙房基础的埋设多少？
14. 采用筏形基础的地下室，其钢筋混凝土外墙、内墙厚度分别不得小于多少？
15. 地基模型主要包括哪些？
16. 基础稳定性验算包括哪几种类型？
17. 减轻建筑物不均匀沉降危害的措施包括哪些方面？
18. 建筑物设置沉降缝的部位有哪些？
19. 建筑物沉降缝与温度伸缩缝的区别有哪些？
20. 减轻建筑物不均匀沉降危害的结构措施主要有哪些？
21. 高层建筑与裙房连接为整体时，其设置沉降后浇带，其施工有哪些要求？

6.1 概述

深基础主要有桩基础、地下连续墙、沉井基础和沉箱基础等类型。深基础属于基础的范畴，不属于地基，故深基础的承载力特征值不进行深度、宽度的修正。

深基础是埋深较大，以下部坚实土层或岩层作为持力层的基础，其作用是把所承受的荷载相对集中地传递到地基的深层。

在第 1 章中，已介绍了桩基础可分为低承台桩基础和高承台桩基础。桩基础还可分为单桩基础和群桩基础（图 6-1）。其中，单桩基础由柱与单根桩直接（或通过承台）连接构成，柱荷载直接传给桩，再由桩传到岩土层中；群桩基础由多根桩与桩顶承台共同组成，柱或墙的荷载首先传给承台，通过承台的分配和调整，再传到其下的各根单桩，最后传给地基。群桩基础中的单桩称为基桩。当单桩及其对应面积的承台下地基土共同承担荷载时，则将单桩称为复合基桩。此时，桩基础称为复合桩基础。

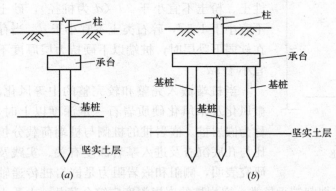

图 6-1 桩基础示意图
（a）单桩基础；（b）群桩基础

6.1.1 桩基础的适用性

当建筑场地的浅层地基土比较软弱，不能满足建筑物对地基承载力和变形的要求，并且不宜采用地基处理措施时，

桩基础及其他深基础

可考虑选择桩基础。在房屋建筑物中，下列情况可考虑采用桩基础方案：

（1）天然地基承载力和变形不能满足要求的高重建筑物，如高层建筑物、工业厂房中的仓库、料仓等；

（2）某些特殊性土（如季节性冻土、膨胀土、湿陷性黄土）上的各类永久性建筑物；

（3）作用有较大水平力和力矩的高耸结构物（如烟囱、水塔等）的基础，或需以桩承受水平力或上拔力的其他情况；

（4）以桩基础作为地震区建筑物的抗震措施，或需要减弱其振动影响的动力机器基础；

（5）天然地基承载力基本满足要求，但沉降量过大，需利用桩基础减少沉降的建筑物，如软土地基上的多层住宅建筑，或在使用上、生产上对沉降限制严格的建筑物。

此外，在桥梁工程、港口工程中，由于受水体的影响，也需要采用桩基础。

6.1.2　桩的类型

1. 按桩的竖向受力情况——端承型桩和摩擦型桩

（1）端承型桩

端承型桩是指桩顶竖向荷载是由桩侧阻力和桩端阻力共同承受，但桩端阻力分担荷载较多的桩，如图 6-2(a) 所示。它又细分为：端承桩、摩擦端承桩。其中，端承桩是指在承载能力极限状态下，桩顶竖向荷载由桩端阻力承受，桩侧阻力小到可忽略不计。摩擦端承桩是指桩顶竖向荷载主要由桩端阻力承受。

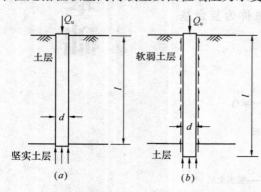

图 6-2　按桩的承载性状分类

(a) 端承型桩；(b) 摩擦型桩

端承型桩应选择较硬土层作为桩端持力层。桩端全断面进行持力层的深度，对于黏性土、粉土不宜小于 $2d$（d 为桩径），砂土不宜小于 $1.5d$，碎石类土不宜小于 d。当存在软弱下卧层时，桩端以下硬持力层厚度不宜小于 $3d$。

当桩端嵌入完整和较完整的中等风化、微风化及未风化硬质岩石一定深度以上时，称为嵌岩桩。嵌岩桩的桩侧与桩端荷载分担比与孔底沉渣及进入基岩深度有关。实践及研究表明，侧阻和嵌岩阻力是嵌岩桩传递轴向荷载的主要途径，故嵌岩桩不宜划归端承桩类。嵌岩桩的嵌岩深度应综合荷载、上覆土层、基岩、桩径、桩长诸因素确定。对于嵌入倾斜的完整和较完整岩的全断面深度不宜小于 $0.4d$ 且不小于 $0.5m$，倾斜度大于 30% 的中风化岩，宜根据倾斜度及岩石完整性适当加大嵌岩深度；对于嵌入平整、完整的坚硬岩和较硬岩的深度不宜小于 $0.2d$，且不应小于 $0.2m$。

（2）摩擦型桩

摩擦型桩是指桩顶竖向荷载由桩侧阻力和桩端阻力共同承受，但桩侧阻力分担荷载较多的桩，如图 6-2(b) 所示。它包括摩擦桩和端承摩擦桩。其中，摩擦桩是指在承载能力极限状态下，桩顶竖向荷载由桩侧阻力承受，桩端阻力小到可忽略不计；端承摩擦桩是指在承载能力极限状态下，桩顶竖向荷载主要由桩侧阻力承受。

2. 按桩身材料划分——混凝土桩、钢桩和组合型桩

混凝土桩，按制作方法不同又可分为灌注桩和预制桩。在现场采用机械或人工挖掘成孔，就地浇灌混凝土成桩，称为灌注桩。这种桩可在桩内设置钢筋笼以增强桩的强度，也可不配筋。预制桩是在工厂或现场预制成型的混凝土桩，有实心（或空心）方桩、管桩之分。为提高预制桩的抗裂性能和节约钢材可做成预应力桩，为减小沉桩挤土效应可做成敞口式预应力管桩。

钢桩，主要有钢管桩和 H 形钢桩等。钢桩和抗弯抗压强度均较高，施工方便，但工程造价高，易腐蚀。

组合型桩，是指用两种材料组合而成的桩，如钢管内填充混凝土，或上部为钢管桩而下部为混凝土等形式的桩。

3. 按施工方式划分——预制桩和灌注桩

（1）预制桩

预制桩可分为混凝土预制桩、钢桩、木桩（现已经很少用）。

混凝土预制桩的横截面有方、圆等各种形状。混凝土预制桩的截面边长不应小于 200mm，混凝土强度等级不宜低于 C30。混凝土预制桩可以在工厂生产，也可以现场预制。现场预制桩的长度一般在 25～30m 以内，工厂预制桩的分节长度一般不超过 12m，沉桩时在现场连接到所需长度。分节预制桩的连接方法有焊接接桩、法兰接桩和硫磺胶泥锚接桩三种。前两种接桩方法可用于各种土层；硫磺胶泥锚接桩适用于软土层。每根桩的接头数量不宜超过 3 个。

为减少混凝土预制桩的钢筋用量、提高桩的承载力和抗裂性，采用预应力混凝土桩。预应力混凝土预制实心桩的截面边长不宜小于 350mm，混凝土强度等级不应低于 C40。预应力混凝土管桩（图 6-3）采用先张法预应力工艺和离心成型法制作。预应力混凝土空心桩按截面形式可分为管桩、空心方桩；按混凝土强度等级可分为预应力高强混凝土管桩（PHC）和空心方桩（PHS）、预应力混凝土管桩（PC）和空心方桩（PS）。预应力混凝土桩的连接可采用端板焊接连接、法兰连接、机械啮合连接、螺纹连接。

混凝土预制桩桩身配筋的要求见本章第 7 节。

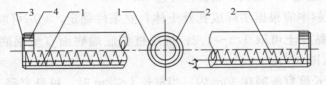

图 6-3 预应力混凝土管桩
1—预应力钢筋；2—螺旋箍筋；3—端头板；4—钢套箍；t—壁厚

预制桩的沉桩方式主要有：锤击法、振动法和静压法等。

（2）灌注桩

　　灌注桩的横截面呈圆形,可以做成大直径桩或扩底桩。灌注桩一般可分为沉管灌注桩、钻(冲)孔灌注桩、挖孔灌注桩和爆扩孔灌注桩。

　　1) 沉管灌注桩

　　沉管灌注桩是指采用锤击沉管打桩机或振动沉管打桩机,将套上预制钢筋混凝土桩尖或带有活瓣桩尖(沉管时桩尖闭合,拔管时活瓣张开以便浇灌混凝土)的钢管沉入土层中成孔,然后边灌注混凝土、边锤击或边振动边拔出钢管并安放钢筋笼而形成的灌注桩。沉管灌注桩施工程序如图 6-4 所示。

　　2) 钻(冲)孔灌注桩

　　各种钻(冲)孔桩在施工时都要把桩孔位置处的土排出地面,然后清除孔底残渣,安放钢筋笼,最后浇灌混凝土。钻孔灌注桩施工程序如图 6-5 所示。

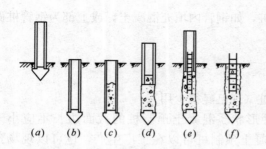

图 6-4　沉管灌注桩施工工艺

(a) 就位;(b) 沉入套管;(c) 开始浇筑混凝土;
(d) 边锤击边拔管,并继续浇筑混凝土;(e) 下钢
筋笼,并继续浇筑混凝土;(f) 成型

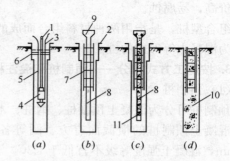

图 6-5　钻孔灌注桩施工工艺

(a) 水下成孔;(b) 下钢筋笼、导管;(c) 浇筑水
下混凝土;(d) 成桩

1—钻杆(或吊挂绳);2—护筒;3—电缆;4—潜
水电钻;5—输水胶管;6—泥浆;7—钢筋骨架;
8—导管;9—料斗;10—混凝土;11—隔水栓

　　3) 挖孔桩

　　挖孔桩可采用人工或机械挖掘成孔,每挖深 $0.9 \sim 1.0$m,就现浇或喷射一圈混凝土护壁(上下圈之间用插筋连接)然后安放钢筋笼,灌注混凝土而成(图 6-6)。人工挖孔桩的桩身直径一般为 $800 \sim 2000$mm,最大可达 3500mm。当持力层承载力低于桩身混凝土受压承载力时,桩端可扩底,视扩底端部侧面和桩端持力层土性情况,扩底端直径与桩身直径之比 D/d 不应超过 3,最大扩底直径可达 4500mm。

　　扩底端侧面的斜率应根据实际成孔及土体自立条件确定,a/h_c 可取 $1/4 \sim 1/2$,砂土可取 1/4,粉土、黏性土可取 $1/3 \sim 1/2$;抗压桩扩底端底面宜呈锅底形,矢高 h_b 可取 $(0.15 \sim 0.20)D$(图 6-7)。

　　挖孔桩的桩身长度宜限制在 30m 内。当桩长 $L \leqslant 8$m 时,桩身直径(不含护壁)不宜小于 0.8m;当 $8m < L \leqslant 15m$ 时,桩身直径不宜小于 1.0m;当 $15m < L \leqslant 20m$ 时,桩身直径不宜小于 1.2m;当桩长 $L > 20$m 时,桩身直径应适当加大。挖孔桩的缺点是桩孔内空间狭小、劳动条件差,可能遇到流土、塌孔、有害气体、缺氧、触电和上面掉下重物等危险而造成伤亡事故。

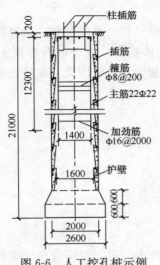

图 6-6　人工挖孔桩示例

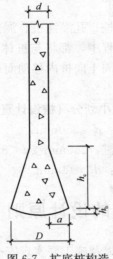

图 6-7　扩底桩构造

4）爆扩灌注桩

爆扩灌注桩是指就地成孔后，在孔底放入炸药包并灌注适量混凝土后，用炸药爆炸扩大孔底，再安放钢筋笼，灌注桩身混凝土而成的桩。爆扩桩的桩身直径一般为 200～350mm，扩大头直径一般取桩身直径的 2～3 倍，桩长一般为 4～6m，最深不超过 10m。这种桩除软土的新填土外，适应其他各种地层，最适宜在黏土中成型并支承在坚硬密实土层上的情况。

灌注桩桩身配筋的要求，见本章第 7 节。

4. 桩的成桩方法划分

桩的成桩方式不同，桩周土受到的挤土作用也很不相同。挤土作用会引起桩周土的天然结构、应力状态和性质产生变化，从而影响桩的承载力，这种变化与土的类别、性质，特别是土的灵敏度、密实度和饱和度有密切关系。对摩擦型桩，成桩后的承载力还随时间呈一定程度的增长，一般初期增长速度较快，随后逐级变缓，一段时间后则趋于某一极限值。根据成桩方法对桩周土层的影响，桩可分为挤土桩、部分挤土桩和非挤土桩三类。

（1）挤土桩

沉管灌注桩、沉管夯（挤）扩灌注桩、打入（静压）预制桩、闭口预应力混凝土空心桩和闭口钢管桩，在锤击、振动贯入或压入过程中，都将桩位处的土大量排挤开，因而使桩周土层受到严重扰动，土的原状结构遭到破坏，土的工程性质有很大变化。黏性土由于重塑作用而降低了抗剪强度（过一段时间可恢复部分强度）；而非密实的无黏性土则由于振动挤密而使抗剪强度提高。

（2）部分挤土桩

冲孔灌注桩、钻孔挤扩灌注桩、预钻孔打入（静压）预制桩、打入（静压）式敞口钢管桩、敞口预应力混凝土空心桩和 H 形钢桩，在成桩过程中，都对周围土体稍有挤土作用，但土的原状结构和工程性质变化不大。因此，由原状土测得的物理力学性质指标一般可用于估算部分挤土桩的承载力和沉降。

（3）非挤土桩

干作业法钻（挖）孔灌注桩、泥浆护壁法钻（挖）孔灌注桩、套管护壁法钻（挖）孔灌注桩，在成桩过程中，都将与桩体相同的土体挖出，故设桩时桩周土不但没有受到排挤，相反可能因桩周土向桩内移动而产生应力松弛现象。因此，非挤土桩的桩侧摩阻力常有所减小。

5. 桩的桩径大小划分（桩设计直径 d）：

（1）小直径桩：$d \leqslant 250$mm；

（2）中等直径桩：$250 < d < 800$mm；

（3）大直径桩：$d \geqslant 800$mm。

6.2　桩基础的设计原则

桩基础的设计以及施工要实现安全适用、技术先进、经济合理、确保质量、保护环境的目标，应综合考虑下列因素：

（1）地质条件。建设场地的工程地质和水文地质条件，包括地层分布特征和土性、地下水赋存状态与水质等，是选择桩型、成桩工艺、桩端持力层及抗浮设计等的关键因素。因此，场地勘察做到完整可靠，设计者和施工者对于勘察资料做出正确解析和应用均至关重要。

（2）上部结构类型、使用功能与荷载特征。不同的上部结构类型对于抵抗或适应桩基础差异沉降的性能不同，如剪力墙结构抵抗差异沉降的能力优于框架结构、框架—剪力墙结构、框架—核心筒结构；排架结构适应差异沉降的性能优于框架结构、框架—剪力墙结构、框架—核心筒结构。建筑物使用功能的特殊性和重要性是决定桩基设计等级的依据之一；荷载大小与分布是确定桩型、桩的几何参数与布桩所应考虑的主要因素。地震作用在一定条件下制约桩的设计。

（3）施工技术条件与环境。桩型与成桩工艺的优选，在综合考虑地质条件、单桩承载力要求前提下，尚应考虑成桩设备与技术的既有条件，力求既先进且实际可行、质量可靠；成桩过程产生的噪声、振动、泥浆、挤土效应等对于环境的影响应作为选择成桩工艺的重要因素。

（4）注重概念设计。桩基础概念设计的内涵是指综合上述诸因素制定该工程桩基设计的总体构思。包括桩型、成桩工艺、桩端持力层、桩径、桩长、单桩承载力、布桩、承台形式、是否设置后浇带等，它是施工图设计的基础。概念设计应在桩基础设计规范规定内，考虑桩、土、承台、上部结构的协同作用对于承载力和变形的影响，既满足荷载与抗力的整体平衡，又兼顾荷载与抗力的局部平衡，以优化桩型选择和布桩为重点，力求减小差异变形，降低承台内力和上部结构次内力，实现节约资源、增强可靠性和耐久性。可以说，概念设计是桩基础设计的核心。

6.2.1　桩基础的设计等级

根据建筑规模、功能特征、对差异变形的适应性、场地地基和建筑物体形的复杂性以及由于桩基础问题可能造成建筑破坏或影响正常使用的程度，应将建筑桩基础设计分为表

6-1 所列的三个设计等级。

建筑桩基础设计等级

表 6-1

设计等级	建 筑 类 型
甲 级	(1) 重要的建筑； (2) 30 层以上或高度超过 100m 的高层建筑； (3) 体型复杂且层数相差超过 10 层的高低层（含纯地下室）连体建筑； (4) 20 层以上框架—核心筒结构及其他对差异沉降有特殊要求的建筑； (5) 场地和地基条件复杂的 7 层以上的一般建筑及坡地、岸边建筑； (6) 对相邻既有工程影响较大的建筑
乙 级	除甲级、丙级以外的建筑
丙 级	场地和地基条件简单、荷载分布均匀的 7 层及 7 层以下的一般建筑

6.2.2 桩基础的设计原则与设计内容

1. 桩基础的设计原则

（1）桩基础（以下简称桩基）应根据具体条件分别进行下列承载能力计算和稳定性验算：

1）应根据桩基的使用功能和受力特征分别进行桩基的竖向承载力计算和水平承载力计算；

2）应对桩身和承台结构承载力进行计算；对于桩侧土不排水抗剪强度小于 10kPa 且长径比大于 50 的桩，应进行桩身压屈验算；对于混凝土预制桩，应按吊装、运输和锤击作用进行桩身承载力验算；对于钢管桩，应进行局部压屈验算；

3）当桩端平面以下存在软弱下卧层时，应进行软弱下卧层承载力验算；

4）对位于坡地、岸边的桩基，应进行整体稳定性验算；

5）对于抗浮、抗拔桩基，应进行基桩和群桩的抗拔承载力计算；

6）对于抗震设防区的桩基，应进行抗震承载力验算。

（2）下列建筑桩基应进行沉降计算：

1）设计等级为甲级的非嵌岩桩和非深厚坚硬持力层的建筑桩基；

2）设计等级为乙级的体形复杂、荷载分布显著不均匀或桩端平面以下存在软弱土层的建筑桩基；

3）软土地基多层建筑减沉复合疏桩基础。

（3）对受水平荷载较大，或对水平位移有严格限制的建筑桩基，应计算其水平位移。

（4）应根据桩基所处的环境类别和相应的裂缝控制等级，验算桩和承台正截面的抗裂和裂缝宽度。

上述计算内容中，承载能力计算和稳定性验算属于承载能力极限状态设计的内容；其他的，则属于正常使用极限状态设计的内容。

2. 荷载组合及相应的抗力

桩基设计时，所采用的荷载组合与相应的抗力应符合下列规定：

（1）确定桩数和布桩时，应采用传至承台底面的荷载的标准组合；相应的抗力应采用基桩（或复合基桩）承载力特征值。

（2）计算荷载作用下的桩基沉降和水平位移时，应采用荷载的准永久组合；计算水平地震作用、风载作用下的桩基水平位移时，应采用水平地震作用、风载效应标准组合。

（3）验算坡地、岸边建筑桩基的整体稳定性时，应采用荷载的标准组合；抗震设防区，应采用地震作用和荷载的标准组合。

（4）在计算桩基结构承载力、确定尺寸和配筋时，应采用传至承台顶面的荷载的基本组合。当进行承台和钢筋混凝土桩桩身裂缝控制验算时，应采用荷载的准永久组合。

3. 桩基础的变刚度调平设计的概念

天然地基和均匀布桩的初始竖向支承刚度是均匀分布的，设置于其上的刚度有限的基础（承台）受均布荷载作用时，由于土与土、桩与桩、土与桩的相互作用导致地基或桩群的竖向支承刚度分布发生内弱外强变化，沉降变形出现内大外小的碟形分布，基底反力出现内小外大的马鞍形分布。

当上部结构为荷载与刚度内大外小的框架—核心筒结构时，碟形沉降会更趋明显（图6-8a），工程实践证实了这一点（图6-9均匀布桩时，沉降分布呈明显碟形）。为避免上述负面效应，突破传统设计理念，通过调整地基或基桩的竖向支承刚度分布，促使差异沉降减到最小，基础或承台内力和上部结构次应力显著降低。这就是变刚度调平概念设计的内涵。

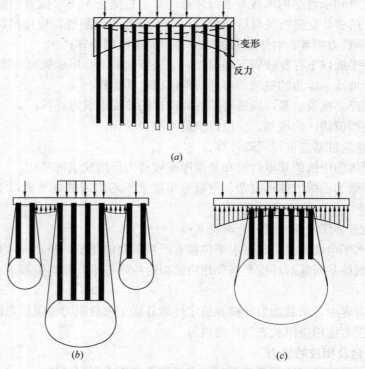

图 6-8   框架-核心筒结构均匀布桩与变刚度布桩
(a) 均匀布桩；(b) 桩基—复合桩基；(c) 局部刚性桩复合地基或桩基

（1）局部增强变刚度

在天然地基满足承载力要求的情况下，可对荷载集度高的区域如核心筒等实施局部增强处理，包括采用局部桩基与局部刚性桩复合地基（图6-8c）。

（2）桩基变刚度

对于框架—核心筒和框架—剪力墙结构，应按荷载分布考虑相互作用，将桩相对集中布置于核心筒和柱下，对于外围框架区应适当弱化，按复合桩基设计，桩长宜减小（当有合适桩端持力层时），如图6-8（b）所示。

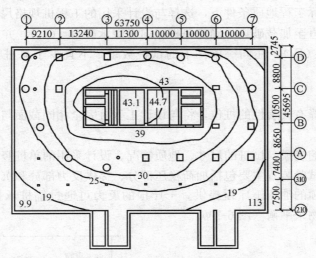

图6-9 北京南银大厦均匀布桩桩筏基础沉降等值线

（建成1年，s 单位：mm）

4. 桩基础的设计内容

桩基础的设计包括下列基本内容：

（1）桩的类型和几何尺寸的选择；

（2）确定单桩竖向承载力和水平向承载力；

（3）确定桩的数量、间距和平面布置；

（4）桩基础承载力和沉降验算；

（5）桩身结构设计；

（6）承台设计；

（7）绘制桩基础施工图。

6.3　桩的竖向承载力

在外部荷载作用下，桩基础破坏大致可分为两类：①桩的自身材料强度不足，发生桩身被压碎而丧失承载力的破坏；②地基土对桩支承能力不足而引起的破坏。通常桩竖向承载力（是指竖向受压承载力）由地基土对桩的支承能力控制，桩身材料的强度得不到充分发挥，但对于端承桩，超长桩或桩身有缺陷的桩，桩身材料的强度就起着控制作用。另外，对沉降有特殊要求的结构，桩的承载力受沉降量的控制。

单桩竖向承载力的确定应按下列规定：

（1）设计等级为甲级的建筑桩基，应通过单桩静载试验确定；

（2）设计等级为乙级的建筑桩基，当地质条件简单时，可参照地质条件相同的试桩资料，结合静力触探等原位测试和经验参数综合确定；其余均应通过单桩静载试验确定；

（3）设计等级为丙级的建筑桩基，可根据原位测试和经验参数确定。

6.3.1　单桩竖向静载荷试验方法

在工程现场实际工程地质条件下，选择与设计采用的工程桩规格尺寸完全相同的试桩进行静载荷试验，直至加载破坏，确定单桩竖向极限承载力（Q_{uk}），并进一步计算出单桩竖向承载力特征值（R_a）。在同一条件下的试桩数量，不宜少于总桩数的 1％且不少于 3 根。

1. 试验准备

（1）在工地选择有代表性的桩位，将与设计工程桩完全相同截面与长度的试桩，沉至设计标高。

（2）根据工程的规模、试桩的尺寸、地质情况、设计采用的单桩竖向承载力及经费情况确定试验装置。试验装置主要包括加荷稳压部分、提供反力部分和沉降观测部分。静荷载一般由安装在桩顶的油压千斤顶提供。千斤顶的反力可通过锚桩承担（图 6-10a），或借压重平台上的重物来平衡（图 6-10b）。

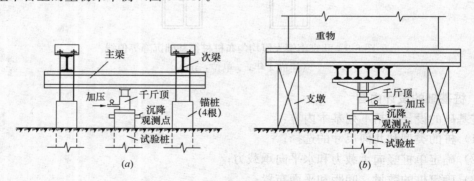

图 6-10　单桩静载荷试验的加荷装置
（a）锚桩横梁反力装置；（b）压重平台反力装置

2. 试验要求

试验应严格按《建筑地基基础设计规范》中的"单桩竖向静载荷试验要点"进行，具体见本书附录二。

根据试验整理得到的 Q-s 曲线可进行单桩竖向极限承载力 Q_{uk} 的确定，如图 6-11 所示。

参加统计的试桩，当满足其极差不超过平均值的 30％时，可取其平均值为单桩竖向极限承载力。极差超过平均值的 30％时，宜增加试桩数量并分析离差过大的原因，结合工程具体情况确定单桩竖向极限承载力（Q_{uk}）。

对桩数为 3 根及 3 根以下的柱下桩台，取最小值作为单桩竖向极限承载力（Q_{uk}）。

将单桩竖向极限承载力（Q_{uk}）除以安全系数 2，为单桩竖向承载力特征值 R_a（$R_a=$

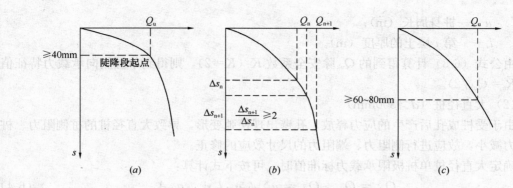

图 6-11　由 Q-s 曲线确定极限承载力 Q_u

(a) 明显转折点法；(b) 沉降荷载增量比法；(c) 按沉降量取值法

$Q_{uk}/2$）。

6.3.2　原位测试方法

原位测试方法有静力触探法（又细分为：单桥探头静力触探法和双桥探头静力触探法）、标贯试验法等。

6.3.3　经验参数法（公式估算法）

1. 根据桩端与桩侧阻力特征值进行估算

我国《建筑地基基础设计规范》规定，初步设计时，单桩竖向承载力特征值可按下式估算：

$$R_a = q_{pa}A_p + u_p \sum q_{sia}l_i \tag{6-1}$$

式中　R_a——单桩竖向承载力特征值（kN）；

q_{pa}, q_{sia}——桩端阻力、桩侧阻力特征值（kPa），由当地静载荷试验结果统计分析算得；

A_p——桩底端横截面面积（m²）；

u_p——桩身周边长度（m）；

l_i——第 i 层岩土的厚度（m）。

当桩端嵌入完整及较完整的硬质岩中，同时桩长较短且入岩较浅时，可按下式估算单桩竖向承载力特征值：

$$R_a = q_{pa}A_p \tag{6-2}$$

式中　q_{pa}——桩端岩石承载力特征值（kPa）。

2. 根据桩端与桩侧阻力标准值进行估算

（1）中小直径桩

我国《建筑桩基技术规范》规定，当根据土的物理指标与承载力参数之间的经验关系确定单桩竖向极限承载力标准值时，宜按下式估算：

$$Q_{uk} = Q_{sk} + Q_{pk} = u \sum q_{sik}l_i + q_{pk}A_p \tag{6-3}$$

式中　q_{sik}——桩侧第 i 层土的极限侧阻力标准值（kPa）；

q_{pk}——极限端阻力标准值（kPa）；

u——桩身周长（m）；

l_i——第 i 层土的厚度（m）。

由公式（6-3）计算得到的 Q_{uk} 除安全系数 K（$K=2$），则得到单桩竖向承载力特征值 R_a（$R_a=Q_{uk}/2$）。

（2）大直径桩（$d>800$mm）

由于受桩成孔后产生的应力释放，孔壁出现松弛变形，导致大直径桩的桩侧阻力、桩端阻力减小，故应进行侧阻力、端阻力的尺寸效应的修正。

确定大直径桩单桩极限承载力标准值时，可按下式计算：

$$Q_{uk} = Q_{sk} + Q_{pk} = u \sum \psi_{si} q_{sik} l_i + \psi_p q_{pk} A_p \tag{6-4}$$

式中　ψ_{si}、ψ_p——大直径桩侧阻力、端阻力尺寸效应系数，按表 6-2 取值；

u——桩身周长，当人工挖孔桩桩周护壁为振捣密实的混凝土时，桩身周长可按护壁外直径计算。

其他符号同前。

大直径灌注桩侧阻力尺寸效应系数 ψ_{si}、

端阻力尺寸效应系数 ψ_p　　　　　　　　　　　　　　　表 6-2

土类型	黏性土、粉土	砂土、碎石类土
ψ_{si}	$(0.8/d)^{1/5}$	$(0.8/d)^{1/3}$
ψ_p	$(0.8/D)^{1/4}$	$(0.8/D)^{1/3}$

注：当为等直径桩时，表中 $D=d$。

（3）后注浆灌注桩

后注浆灌注桩可提高桩侧、桩端阻力标准值，同时，也可减少桩基的沉降量。浆液在不同桩端和桩侧土层中的扩散与加固机理不尽相同，因此侧阻和端阻增强系数 β_{si} 和 β_p 不同，而且变幅很大。总的变化规律是：端阻的增幅高于侧阻，粗粒土的增幅高于细粒土。桩端、桩侧复式注浆高于桩端、桩侧单一注浆。这是由于端阻受沉渣影响敏感，经后注浆后沉渣得到加固且桩端有扩底效应，桩端沉渣和土的加固效应强于桩侧泥皮的加固效应；粗粒土是渗透注浆，细粒土是劈裂注浆，前者的加固效应强于后者。此外，桩侧注浆增强段对于泥浆护壁和干作业桩，由于浆液扩散特性不同，承载力计算时应有区别。

后注浆单桩极限承载力标准值可按下式估算：

$$\begin{aligned} Q_{uk} &= Q_{sk} + Q_{gsk} + Q_{gpk} \\ &= u \sum q_{sjk} l_j + u \sum \beta_{si} q_{sik} l_{gi} + \beta_p q_{pk} A_p \end{aligned} \tag{6-5}$$

式中　　Q_{sk}——后注浆非竖向增强段的总极限侧阻力标准值（kPa）；

Q_{gsk}——后注浆竖向增强段的总极限侧阻力标准值（kPa）；

Q_{gpk}——后注浆总极限端阻力标准值（kPa）；

u——桩身周长（m）；

l_j——后注浆非竖向增强段第 j 层土厚度（m）；

l_{gi}——后注浆竖向增强段内第 i 层土厚度（m）；对于泥浆护壁成孔灌注桩，当为单一桩端后注浆时，竖向增强段为桩端以上 12m；当为桩端、桩侧复式注浆时，竖向增强段为桩端以上 12m 及各桩侧注浆断面以上

12m，重叠部分应扣除；对于干作业灌注桩，竖向增强段为桩端以上、桩侧注浆断面上下各6m；

q_{sik}、q_{sjk}、q_{pk}——分别为后注浆竖向增强段第 i 土层初始极限侧阻力标准值（kPa）、非竖向增强段第 j 土层初始极限侧阻力标准值（kPa）、初始极限端阻力标准值（kPa）；

β_{si}、β_p——分别为后注浆侧阻力、端阻力增强系数。对于桩径大于800mm的桩，应进行侧阻和端阻尺寸效应修正。

后注浆装置示意图如图6-12所示。后注浆施工工艺流程如图6-13所示。

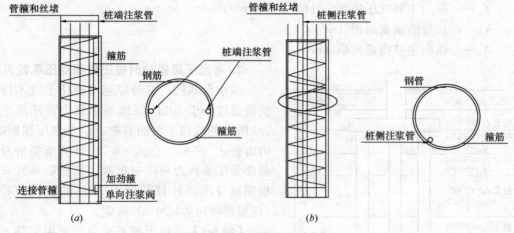

图 6-12　后注浆装置示意图

（a）桩端注浆示意图；（b）桩侧注浆示意图

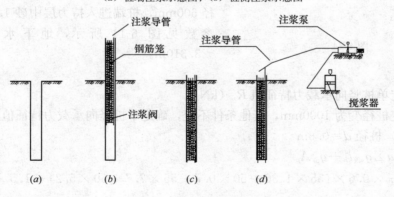

图 6-13　后注浆施工工艺流程

（a）成孔；（b）下放钢筋笼与注浆阀、注浆导管；（c）灌注桩身混凝土；（d）实施后注浆

（4）其他类型桩

混凝土空心桩、嵌岩桩等可按《建筑桩基技术规范》进行计算。

6.3.4　桩身承载力计算

1. 钢筋混凝土轴心受压桩正截面受压承载力

（1）当桩顶以下5d范围的桩身螺旋式箍筋间距不大于100mm，且符合构造要求时：

$$N \leqslant \psi_c f_c A_{ps} + 0.9 f'_y A'_s \qquad (6-6)$$

（2）当桩身配筋不符合上述 1 款规定时：

$$N \leqslant \psi_c f_c A_{ps} \qquad (6-7)$$

式中　N——荷载的基本组合下的桩顶轴向压力设计值（N）；

ψ_c——基桩成桩工艺系数，混凝土预制桩、预应力混凝土空心桩：$\psi_c = 0.85$；干作业非挤土灌注桩：$\psi_c = 0.90$；泥浆护壁和套管护壁非挤土灌注桩、部分挤土灌注桩、挤土灌注桩：$\psi_c = 0.7 \sim 0.8$；软土地区挤土灌注桩：$\psi_c = 0.6$；

f_c——混凝土的轴心抗压强度设计值（N/mm²）；

f'_y——纵向主筋抗压强度设计值（N/mm²）；

A_{ps}——桩身的横截面积（m²）；

A'_s——纵向主筋横截面积（m²）。

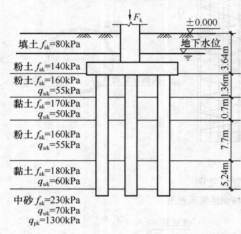

图 6-14

2. 考虑压屈影响时桩正截面受压承载力

高承台基桩、桩身穿越可液化土或不排水抗剪强度小于 10kPa（地基承载力特征值小于 25kPa）的软弱土层的基桩，应考虑压屈影响，可由公式（6-6）、公式（6-7）计算所得桩身正截面受压承载力乘以 φ 折减。其稳定系数 φ 可根据桩身压屈计算长度 l_c 和桩的设计直径 d（或矩形桩短边尺寸 b）确定。

【例 6-1】某柱下桩基承台，采用混凝土预制桩，桩顶标高为 -3.640m，桩长 16.5m，桩径 600mm，桩端进入持力层中砂 1.50m。土层参数见图 6-14 所示，地下水位标高为 -3.310m。

试问：

（1）确定单桩竖向承载力特征值 R_a（kN）。

（2）假定桩径变为 1000mm，其他条件不变，确定单桩竖向承载力特征值 R_a（kN）。

【解】（1）桩径 $d = 0.6$m

$$
\begin{aligned}
Q_{uk} &= u \sum q_{sik} l_i + q_{pk} A_p \\
&= \pi \times 0.6 \times (55 \times 1.36 + 50 \times 0.7 + 55 \times 7.7 + 60 \times 5.24 + 1.5 \times 70) \\
&\quad + 1300 \times \frac{\pi}{4} \times 0.6^2 \\
&= 2162.27 \text{kN}
\end{aligned}
$$

$$R_a = \frac{1}{K} Q_{uk} = \frac{1}{2} \times 2162.27 = 1081.1 \text{kN}$$

（2）桩径 $D = 1.0$m > 0.8m，属于大直径桩。

粉土、黏性土：$\psi_{si} = \left(\dfrac{0.8}{d}\right)^{1/5} = \left(\dfrac{0.8}{1.0}\right)^{1/5} = 0.956$

$$中砂: \psi_{si} = \left(\frac{0.8}{d}\right)^{1/3} = \left(\frac{0.8}{1.0}\right)^{1/3} = 0.928$$

$$中砂: \psi_p = \left(\frac{0.8}{D}\right)^{1/3} = \left(\frac{0.8}{1.0}\right)^{1/3} = 0.928$$

$$Q_{uk} = u \sum \psi_{si} q_{sik} l_i + \psi_p q_{pk} A_p$$

$$= \pi \times 1.0 \times (0.956 \times 55 \times 1.36 + 0.956 \times 50 \times 0.7 + 0.956 \times 55 \times 7.7 + 0.956$$

$$\times 60 \times 5.24 + 0.928 \times 1.5 \times 70) + 0.928 \times 1300 \times \frac{\pi}{4} \times 1^2$$

$$= 3797.65 kN$$

$$R_a = \frac{1}{K} Q_{uk} = \frac{1}{2} \times 3797.65 = 1898.83 kN$$

6.3.5 桩的负摩阻力

如图 6-15 所示,在固结稳定的土层中,桩受荷产生向下的位移,因此桩周土产生向上的摩阻力,称为正摩阻力(简称摩阻力)。与此相反,当桩周土层的沉降超过桩的沉降时,则桩周土产生向下的摩阻力,称为负摩阻力。

产生负摩阻力的条件是:桩周围的土体产生的沉降超过基桩的沉降。比如:①桩穿越较厚的松散填土、自重湿陷性黄土、欠固结土层,进入相对较硬土层时;②桩周存在软弱土层,邻近桩的地面承受局部较大的长期荷载,或地面大面积堆载、堆土时,使桩周土层发生沉降;③由于降低地下水位,使桩周土中的有效应力增大,并产生显著的大面积土层压缩沉降。

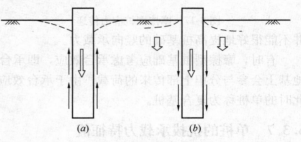

图 6-15 桩侧摩阻力示意图
(a) 正摩擦;(b) 负摩擦

桩截面沉降量与桩周土层沉降量相等之点,桩与桩周土相对位移为零,称为中性点,即负摩阻力与正摩阻力交界点无任何摩阻力(图 6-16b)。中性点的位置:当桩周为产生固

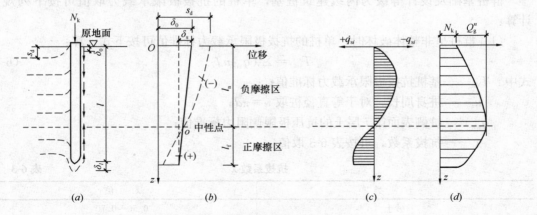

图 6-16 负摩擦力的分布与中性点
(a) 正负摩擦力分布;(b) 中性点位置的确定;(c) 桩侧摩阻力分布;(d) 桩身轴向力分布

结的土层时，大多在桩长的 $70\% \sim 75\%$（靠下方）处。中性点处，桩所受的下位荷载最大（图 6-16d）。

负摩阻力的数值与作用在桩侧的有效应力成正比，其值不得大于正摩阻力值。

6.3.6　群桩竖向承载力

如图 6-17 所示为摩擦型桩。单桩受力情况（图 6-17a），桩顶轴向荷载 N 由桩端阻力与桩周摩擦力共同承受。群桩受力情况（图 6-17b），同样每根桩的桩顶轴向荷载由桩端阻力和桩周摩擦力共同承受，但因桩距小，桩间摩擦力不能充分发挥作用，同时在桩端产生应力叠加，因此群桩的承载力小于单桩承载力与桩数的乘积，产生了群桩效应。

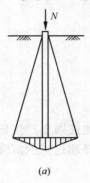
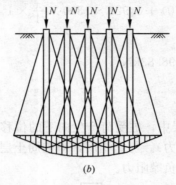

(a)　　　　　　　　(b)

图 6-17　摩擦型桩应力传递

可见，对于摩擦型桩基础，如果承台面积保持不变，单纯增加桩数，并不能很好地提高桩基础的竖向承载力。

有时，摩擦型桩基础应考虑承台效应，即承台底面地基土与承台不脱开时，承台底面地基土会参与分担上部传来的荷载。由于承台效应，故提高了群桩中单桩的竖向承载力。此时的单桩称为复合基桩。

6.3.7　单桩的抗拔承载力特征值

高层建筑物基础抗浮稳定性不满足时，常采用抗拔桩等措施，这就涉及单桩的抗拔承载力问题。

对于设计等级为甲级和乙级建筑桩基，单桩的抗拔极限承载力应通过现场单桩上拔静载荷试验确定。

群桩基础及设计等级为丙级建筑桩基，单桩的抗拔极限承载力取值可按下列规定计算：

（1）群桩呈非整体破坏时，单桩的抗拔极限承载力标准值可按下式计算：

$$T_{uk} = \sum \lambda_i q_{sik} u_i l_i \tag{6-8}$$

式中　T_{uk}——基桩抗拔极限承载力标准值；

　　　u_i——桩身周长，对于等直径桩取 $u = \pi d$；

　　　q_{sik}——桩侧表面第 i 层土的抗压极限侧阻力标准值；

　　　λ_i——抗拔系数，可按表 6-3 取值。

抗拔系数 λ　　　　　　　　　　　　　　　　　　　表 6-3

土　类	λ　值
砂土	0.50～0.70
黏性土、粉土	0.70～0.80

注：桩长 l 与桩径 d 之比小于 20 时，λ 取小值。

（2）群桩呈整体破坏时，单桩的抗拔极限承载力标准值可按下式计算：

$$T_{gk} = \frac{1}{n} u_l \sum \lambda_i q_{sik} l_i \qquad (6-9)$$

式中　u_l——桩群外围周长。

（3）单桩的抗拔承载力特征值计算：

呈非整体破坏：$T_a = T_{uk}/2$

呈整体破坏：$T_a = T_{gk}/2$

6.4　桩的水平承载力

作用于桩顶的水平荷载性质包括：长期作用的水平荷载（如上部结构传递的或由土、水压力施加的以及拱的推力等水平荷载），反复作用的水平荷载（如风力、波浪力、船舶撞击力以及机械制动力等水平荷载）和地震作用所产生的水平力。一般的房屋建筑因受施工条件的限制，常采用竖直桩，但是，在桥梁工程中，桩基础可考虑采用斜桩。

6.4.1　单桩水平承载力的影响因素

桩在水平荷载的作用下发生变位，会促使桩周土发生变形而产生抗力。当水平荷载较低时，这一抗力主要是由靠近地面部分的桩周土提供的，桩周土的变形也主要是弹性压缩变形，随着荷载加大，桩的变形也加大，表层土将逐步发生塑性屈服，从而使水平荷载向更深土层传递。当变形增大到桩所不能允许的程度，或者桩周土失去稳定，或者桩体发生破坏，就达到了桩的水平极限承载能力。

单桩水平承载力应满足如下三个要求：

（1）桩周土不会丧失稳定。

（2）桩身不会发生断裂破坏。

（3）建筑物不会因桩顶水平位移过大而影响其正常使用。

显然能否满足要求直接决定于桩周的土质条件、桩的入土深度、桩的截面刚度、桩的材料强度、桩顶约束条件、建筑物的性质等因素。

土质愈好，桩入土愈深，土的抗力愈大，桩的水平承载力也就愈高。抗弯性能差的桩，如低配筋率的灌注桩，常因桩身断裂而破坏，而抗弯性能好的桩如钢筋混凝土桩和钢桩，承载力往往受周围土体的性质所控制。

当有刚性承台约束时，桩顶不能转动，只能平移，在同样的水平荷载下，它使承台的水平位移减小，而使桩顶的弯矩加大（图6-18）。

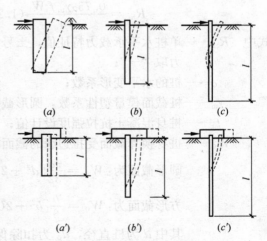

图 6-18　水平受力桩的破坏形式

(a)、(a′) 刚性桩；(b)、(b′) 半刚性桩（弹性中长桩）；(c)、(c′) 柔性桩（弹性长桩）；(a)、(b)、(c) 桩顶自由；(a′)、(b′)、(c′) 桩顶嵌固

为保证建筑物能正常使用，按工程经验，应控制桩顶水平位移不大于 10mm，而对水平位移敏感的建筑物，则不应大于 6mm。

6.4.2 单桩水平承载力特征值的确定

对于受水平荷载较大的设计等级为甲级、乙级的建筑桩基，单桩水平承载力特征值应通过单桩水平静载试验确定。

对于钢筋混凝土预制桩、钢桩、桩身配筋率不小于 0.65％的灌注桩，可根据静载试验结果取地面处水平位移为 10mm（对于水平位移敏感的建筑物取水平位移 6mm）所对应的荷载的 75％为单桩水平承载力特征值。

对于桩身配筋率小于 0.65％的灌注桩，可取单桩水平静载试验的临界荷载的 75％为单桩水平承载力特征值。

丙级的建筑桩基的单桩水平承载力特征值宜采用单桩水平静载试验确定，也可以采用理论公式估算。

1. 单桩水平静载荷试验

桩的水平静载荷试验是在现场条件下进行的，影响桩的承载力的各种因素都将在试验过程中真实反映出来，由此得到的承载力值和地基土水平抗力系数最符合实际情况。如果预先在桩身中埋设量测元件，则试验资料还能反映出加荷过程中桩身截面的应力和位移，并可由此求出桩身弯矩，据以检验理论分析结果。

单桩水平静载荷试验的具体要求见《建筑地基基础设计规范》。

当由单桩水平极限荷载 H_{uk} 确定单桩水平承载力特征值 R_{ha} 时，应将 H_{uk} 除以安全系数 K（$K=2$），即：$R_{ha}=H_{uk}/2$。

2. 公式估算法

（1）按下列公式估算桩身配筋率小于 0.65％的灌注桩的单桩水平承载力特征值：

$$R_{ha}=\frac{0.75\alpha\gamma_m f_t W_0}{\nu_M}(1.25+22\rho_g)\left(1\pm\frac{\xi_N N_k}{\gamma_m f_t A_n}\right) \tag{6-10}$$

式中　R_{ha}——单桩水平承载力特征值，±号根据桩顶竖向力性质确定，压力取"＋"，拉力取"－"；

α——桩的水平变形系数；

γ_m——桩截面模量塑性系数，圆形截面 $\gamma_m=2$，矩形截面 $\gamma_m=1.75$；

f_t——桩身混凝土抗拉强度设计值；

W_0——桩身换算截面受拉边缘的截面模量

圆形截面为：$W_0=\frac{\pi d}{32}[d^2+2(\alpha_E-1)\rho_g d_0^2]$

方形截面为：$W_0=\frac{b}{6}[b^2+2(\alpha_E-1)\rho_g b_0^2]$，

其中 d 为桩直径，d_0 为扣除保护层厚度的桩直径；b 为方形截面边长，b_0 为扣除保护层厚度的桩截面宽度；α_E 为钢筋弹性模量与混凝土弹性模量的比值；

ν_M——桩身最大弯矩系数，按表 6-4 取值，当单桩基础和单排桩基纵向轴线与水平力方向相垂直时，按桩顶铰接考虑；

ρ_g——桩身配筋率；

A_n——桩身换算截面积，圆形截面为：$A_n = \dfrac{\pi d^2}{4}[1+(\alpha_E-1)\rho_g]$；方形截面为：$A_n = b^2[1+(\alpha_E-1)\rho_g]$；

ξ_N——桩顶竖向力影响系数，竖向压力取 0.5；竖向拉力取 1.0；

N_k——在荷载的标准组合下桩顶的竖向力（kN）。

桩顶（身）最大弯矩系数 ν_M 和桩顶水平位移系数 ν_x 表 6-4

桩顶约束情况	桩的换算埋深（αh）	ν_M	ν_x
铰接、自由	4.0	0.768	2.441
	3.5	0.750	2.502
	3.0	0.703	2.727
	2.8	0.675	2.905
	2.6	0.639	3.163
	2.4	0.601	3.526
固 接	4.0	0.926	0.940
	3.5	0.934	0.970
	3.0	0.967	1.028
	2.8	0.990	1.055
	2.6	1.018	1.079
	2.4	1.045	1.095

注：1. 铰接（自由）的 ν_M 系桩身的最大弯矩系数，固接的 ν_M 系桩顶的最大弯矩系数；

2. 当 $\alpha h>4$ 时，取 $\alpha h=4.0$。

（2）当桩的水平承载力由水平位移控制，且缺少单桩水平静载试验资料时，可按下式估算预制桩、钢桩、桩身配筋率不小于 0.65% 的灌注桩单桩水平承载力特征值：

$$R_{ha} = 0.75\frac{\alpha^3 EI}{\nu_x}\chi_{0a} \tag{6-11}$$

式中 EI——桩身抗弯刚度，对于钢筋混凝土桩，$EI=0.85E_c I_0$；其中 E_c 为混凝土弹性模量，I_0 为桩身换算截面惯性矩：圆形截面为 $I_0=W_0 d_0/2$；矩形截面为 $I_0=W_0 b_0/2$；

χ_{0a}——桩顶允许水平位移；

ν_x——桩顶水平位移系数，按表 6-4 取值，取值方法同 ν_M。

6.4.3　群桩基础的基桩水平承载力特征值（R_h）

群桩基础时，基桩水平承载力特征值（R_h），要考虑群桩效应。群桩效应应考虑的因素包括：桩的相互影响效应；桩顶约束效应；承台侧向土抗力效应；承台底摩阻效应等。

6.5　桩基础的沉降计算

群桩基础的沉降主要是由桩间土的压缩变形（包括桩身压缩、桩端贯入变形）和桩端平面以下土层受群桩荷载共同作用产生的整体压缩变形两部分组成。由于群桩基础的沉降性状涉及群桩几何尺寸（如桩间距、桩长、桩数、桩基础宽度与桩长的比值等）、成桩工艺、桩基施工与流程、土的类别与性质、土层剖面的变化、荷载大小与持续时间以及承台设置方式等众多复杂因素，因此，目前尚未有较为完善的桩基础沉降计算方法。工程中实用的是半理论半经验方法，即以弹性理论为基础，根据对实测沉降数据进行统计分析，总结出经验系数，对理论计算结果进行修正。

桩基础沉降计算时，荷载组合应采用荷载的准永久组合。

桩基础沉降的计算方法仍采用分层总和法，即：基于土的单向压缩、均匀各向同性和弹性假设。

在工程设计中，桩基础沉降计算的分层总和法主要有两大类：一类是假想的实体深基础法；另一类是明德林应力法（该方法计算附加应力较为复杂，可参见相关规范）。

6.5.1　实体深基础法

所谓假想实体深基础，就是将在桩端以上的一定范围的承台、桩及桩周土当成一实体深基础，即不计从地面到桩端平面间的压缩变形。

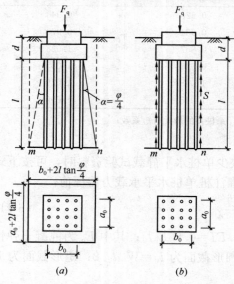

图6-19　实体深基础的底面积

实体深基础法适用于桩中心距 s 小于或等于6倍桩径的情况。

该方法的本质是将桩端平面（图6-19中的 mn 平面）作为弹性体的表面，根据桩端平面处的附加压力 p_0 计算桩端以下土层各点的附加应力，再按与浅基础沉降计算一样的单向压缩分层总和法计算沉降。

将上部附加荷载施加到桩端平面有两种假设：一是荷载沿桩群外侧扩散（图6-19a）；二是扣除桩群四周的摩阻力（图6-19b）。前者的作用面积大一些；后者的附加压力可能小一些。

1. 荷载扩散法

这种计算的示意图如图6-19（a）所示。扩散角取为桩所穿过各土层内摩擦角的加权平均值的 $\frac{1}{4}$。在桩端平面处的附加压力 p_0 可用下式计算：

$$p_0 = \frac{F_q + G_1}{\left(b_0 + 2l \times \tan\frac{\varphi}{4}\right)\left(a_0 + 2l \times \tan\frac{\varphi}{4}\right)} - p_c \qquad (6\text{-}12)$$

式中　F_q——对应于荷载的准永久组合时作用在桩基承台顶面的竖向力（kN）；

G_1——在扩散后面积上，从桩端平面到设计地面间（$l+d$）的承台、桩和土的总重量，可按 20kN/m³ 计算，水下扣除浮力（kN）；

a_0，b_0——群桩的外缘矩形面积的长、短边的长度（m）；

φ——桩所穿过土层的内摩擦角加权平均值（°）；

l——桩的入土深度（m）；

p_c——桩端平面上地基土的自重压力 [$(l+d)$ 深度]，地下水位以下应扣除浮力 (kN)。

在计算出桩端平面处的附加压力 p_0 以后，则可按扩散以后的面积进行分层总和法沉降计算（图 6-20）:

$$s = \psi_{ps}s' = \psi_{ps}\sum_{i=1}^{n}\frac{p_0}{E_{si}}(z_i\bar{\alpha}_i - z_{i-1}\bar{\alpha}_{i-1}) \tag{6-13}$$

式中 ψ_{ps}——实体深基础桩基沉降计算的经验系数。

其他符号同第 4 章浅基础的地基沉降计算。

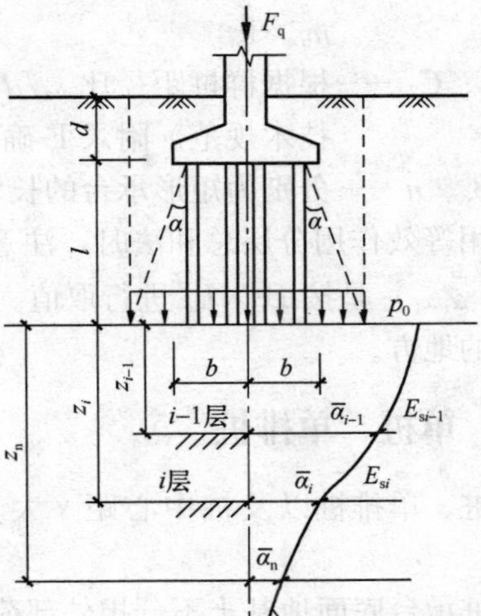

2. 扣除桩群侧壁摩阻力法

扣除桩群的侧壁摩阻力，如图 6-19（b）所示，这时桩端平面的附加压力 p_0 通过下式计算:

$$p_0 = \frac{F_q + G_2 - 2(a_0 + b_0)\sum q_{sia}h_i}{a_0 b_0} \tag{6-14}$$

式中 G_2——从桩端平面到设计地面间 $(l+d)$ 的承台、桩和土的总重量，可按 20kN/m^3 计算，水下扣除浮力（kN）;

h_i——桩身所穿越第 i 层土的土层厚度（m）;

q_{sia}——桩身穿越的第 i 层土侧阻力特征值（kPa）。

上式（6-14）是一个近似的计算式，在计算承台底的附加压力时，没有扣除承台以上土自重，这里可认为这一差别被 l 段混合体的重量与原地基土重量之差所抵消。

在计算桩基最终沉降仍可采用平均附加应力系数法，即按式（6-13）。

图 6-20

6.5.2 实体深基础法的改进法——等效作用分层总和法

等效作用面位于桩端平面，等效作用面积为桩承台投影面积，等效作用附加压力近似取承台底平均附加压力（p_0）。等效作用面以下的应力分布采用各向同性均质直线变形体理论。计算模式如图 6-21 所示，桩基任一点最终沉降量按下式计算:

$$s = \psi \cdot \psi_e \cdot s' = \psi \cdot \psi_e \cdot \sum_{i=1}^{n}\frac{p_0(z_i\bar{\alpha}_i - z_{i-1}\bar{\alpha}_{i-1})}{E_{si}} \tag{6-15}$$

式中 s——桩基最终沉降量（mm）;

ψ——桩基沉降计算经验系数;

ψ_e——桩基等效沉降系数可按下列公式简化计算:

$$\psi_e = C_0 = \frac{n_b - 1}{C_1(n_b - 1) + C_2} \tag{6-16}$$

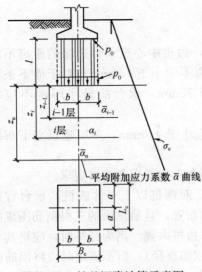

图 6-21　桩基沉降计算示意图

$$n_b = \sqrt{n \cdot B_c / L_c} \qquad (6\text{-}17)$$

式中　　n_b——矩形布桩时的短边布桩数，当布桩不规则时可按式（6-17）近似计算，$n_b > 1$。

C_0、C_1、C_2——根据群桩距径比 s_a/d、长径比 l/d 及基础长度比 L_c/B_c，按《建筑桩基技术规范》附录 E 确定；

L_c、B_c、n——分别为矩形承台的长、宽及总桩数。

运用等效作用分层总和法时，注意的是：①p_0 值取承台底面处；②平均附加应力系数（$\bar{\alpha}_i$、$\bar{\alpha}_{i-1}$）是按 $B_c \times L_c$ 进行取值。这是与实体深基础法的不同处，也是对实体深基础法改进的地方。

6.5.3　单桩、单排桩

单桩、单排桩以及桩中心距 s 大于 6 倍桩径的疏桩基础的沉降计算应计算桩的压缩量。

当桩承台底面地基土不分担外部荷载时，不考虑承台底面土压力对桩基沉降的贡献；否则，应计入其对桩基沉降的贡献。

6.6　桩承台的设计

承台的作用是将各桩连成整体，把上部结构传来的荷载转换、调整、分配于各桩。桩基承台可分为柱下独立承台、柱下或墙下条形承台（也称为梁式承台），以及筏板承台和箱形承台等。各种承台均应按国家现行《混凝土结构设计规范》GB 50010—2010 进行受弯、受冲切、受剪切和局部承压承载力计算。

承台设计包括选择承台的材料及其强度等级、确定几何形状及其尺寸、进行承台结构承载力计算，并使其构造满足一定的要求。

6.6.1　构造要求

1. 承台及其配筋

柱下独立桩基础承台的最小宽度不应小于 500mm，边桩中心至承台边缘的距离不应小于桩的直径或边长，且桩的外边缘至承台边缘的距离不应小于 150mm。对于墙下条形承台梁，桩的外边缘至承台梁边缘的距离不应小于 75mm，承台的最小厚度不应小于 300mm。

高层建筑平板式和梁板式筏形承台的最小厚度不应小于 400mm，多层建筑墙下布桩的筏形承台的最小厚度不应小于 200mm。

承台混凝土材料及其强度等级应符合结构混凝土耐久性的要求和抗渗要求。

柱下独立桩基础承台钢筋应通长配置（图 6-22a），对四桩以上（含四桩）承台宜按双向均匀布置，对三桩的三角形承台应按三向板带均匀布置，且最里面的三根钢筋围成的三角形应在柱截面范围内（图 6-22b）。钢筋锚固长度自边桩内侧（当为圆桩时，应将其直径乘以 0.8 等效为方桩）算起，不应小于 $35d_g$（d_g 为钢筋直径）；当不满足时应将钢筋向上弯折，此时水平段的长度不应小于 $25d_g$，弯折段长度不应小于 $10d_g$。承台纵向受力钢

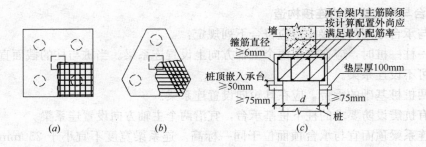

图 6-22　承台配筋示意

（a）矩形承台配筋；（b）三桩承台配筋；（c）墙下承台梁配筋图

筋的直径不应小于 12mm，间距不应大于 200mm。柱下独立桩基承台的最小配筋率不应小于 0.15%。

柱下独立两桩承台，应按现行国家标准《混凝土结构设计规范》GB 50010—2010 中的深受弯构件配置纵向受拉钢筋、水平及竖向分布钢筋。承台纵向受力钢筋端部的锚固长度及构造应与柱下多桩承台的规定相同。

条形承台梁的纵向主筋应符合现行国家标准《混凝土结构设计规范》GB 50010—2010 关于最小配筋率的规定（图 6-22c），主筋直径不应小于 12mm，架立筋直径不应小于 10mm，箍筋直径不应小于 6mm。承台梁端部纵向受力钢筋的锚固长度及构造应与柱下多桩承台的规定相同。

筏形承台板或箱形承台板在计算中当仅考虑局部弯矩作用时，考虑到整体弯曲的影响，在纵横两个方向的下层钢筋配筋率不宜小于 0.15%；上层钢筋应按计算配筋率全部连通。当筏板的厚度大于 2000mm 时，宜在板厚中间部位设置直径不小于 12mm、间距不大于 300mm 的双向钢筋网。

承台底面钢筋的混凝土保护层厚度，当有混凝土垫层时，不应小于 50mm，无垫层时不应小于 70mm；此外尚不应小于桩头嵌入承台内的长度。

2. 承台与桩及上部结构的连接构造

桩与承台的连接构造应符合下列要求：

（1）桩嵌入承台内的长度对中等直径桩不宜小于 50mm；对大直径桩不宜小于 100mm。

（2）混凝土桩的桩顶纵向主筋应锚入承台内，其锚入长度不宜小于 35 倍纵向主筋直径。对于抗拔桩，桩顶纵向主筋的锚固长度应按现行国家标准《混凝土结构设计规范》GB 50010—2010 确定。

（3）对于大直径灌注桩，当采用一柱一桩时可设置承台或将桩与柱直接连接。

柱与承台的连接构造应符合下列要求：

（1）对于一柱一桩基础，柱与桩直接连接时，柱纵向主筋锚入桩身内长度不应小于 35 倍纵向主筋直径。

（2）对于多桩承台，柱纵向主筋应锚入承台不小于 35 倍纵向主筋直径；当承台高度不满足锚固要求时，竖向锚固长度不应小于 20 倍纵向主筋直径，并向柱轴线方向呈 90°弯折。

（3）当有抗震设防要求时，对于一、二级抗震等级的柱，纵向主筋锚固长度应乘以 1.15 的系数；对于三级抗震等级的柱，纵向主筋锚固长度应乘以 1.05 的系数。

3. 承台与承台之间的连接构造

承台与承台之间的连接构造应符合下列规定：

（1）一柱一桩时，应在桩顶两个主轴方向上设置连系梁。当桩与柱的截面直径之比大于2时，可不设连系梁。

（2）两桩桩基础的承台，应在其短向设置连系梁。

（3）有抗震设防要求的柱下桩基承台，宜沿两个主轴方向设置连系梁。

（4）连系梁顶面宜与承台顶面位于同一标高。连系梁宽度不宜小于250mm，其高度可取承台中心距的1/10～1/15，且不宜小于400mm。

（5）连系梁配筋应按计算确定，梁上下部配筋不宜少于2根直径12mm钢筋；位于同一轴线上的相邻跨连系梁纵筋应连通。

此外，在承台和地下室外墙与基坑侧壁间隙应灌注素混凝土或搅拌流动性水泥土，或采用灰土、级配砂石、压实性较好的素土分层夯实，基压实系数不宜小于0.94。

6.6.2 柱下桩基独立承台的计算

柱下桩基独立承台的承载能力计算包括：①受弯计算；②受冲切计算；③受剪计算；④局部受压计算；⑤位于地震区时，承台抗震验算。

承台计算，其荷载组合应采用荷载的基本组合。

1. 受弯计算

（1）柱下多桩矩形承台

根据承台模型试验资料，柱下多桩矩形承台在配筋不足情况下将产生弯曲破坏，其破坏特征呈梁式破坏。所谓梁式破坏，指挠曲裂缝在平行于柱边两个方向交替出现，承台在两个方向交替呈梁式承担荷载（图6-23a），最大弯矩产生在平行于柱边两个方向的屈服线处。利用极限平衡原理可推导得两个方向的承台正截面弯矩计算公式。

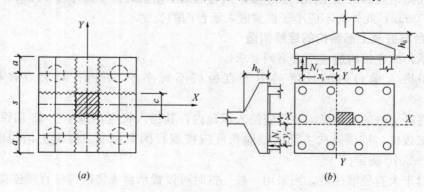

图 6-23　矩形承台

（a）四桩承台破坏模式；（b）承台弯矩计算示意

承台弯矩的计算截面应取在柱边和承台高度变化处（杯口外侧或台阶边缘，图6-23b），并按下式计算：

$$M_x = \sum N_i y_i \tag{6-18}$$

$$M_y = \sum N_i x_i \tag{6-19}$$

式中 M_x、M_y——分别为垂直于 y 轴和 x 轴方向计算截面处的弯矩设计值；

x_i、y_i——垂直于 y 轴和 x 轴方向自桩轴线到相应计算截面的距离；

N_i——扣除承台和其上填土自重后，相应于荷载的基本组合时的第 i 根桩竖向力设计值。

根据计算的柱边截面和截面高度变化处的弯矩，分别计算同一方向各截面的配筋量后，取各向的最大值按双向均布配置（图 6-23a）。

（2）柱下三桩三角形承台

柱下三桩承台分等边和等腰两种形式，其受弯破坏模式有所不同（图 6-24a、b、c），后者呈明显的梁式破坏特征。

1）等边三桩承台

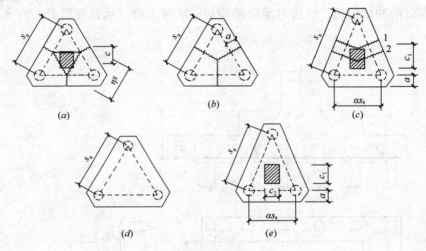

图 6-24 三桩三角形承台

(a)、(b)、(c) 承台破坏模式；(d)、(e) 承台弯矩计算示意

取图 6-24 (a)、(b) 两种破坏模式所确定的弯矩平均值作为设计值：

$$M = \frac{N_{max}}{3}\left(s_a - \frac{\sqrt{3}}{4}c\right) \tag{6-20}$$

式中 M——由承台形心至承台边缘距离范围内板带的弯矩设计值；

N_{max}——扣除承台和其上填土自重后，三桩中相应于荷载的基本组合时的最大单桩竖向力设计值；

s_a——桩中心距（图 6-24d）；

c——方柱边长，圆柱时 $c=0.886d$（d 为圆柱直径）。

2）等腰三桩承台（图 6-24e），承台弯矩按下式计算：

$$M_1 = \frac{N_{max}}{3}\left(s_a - \frac{0.75}{\sqrt{4-\alpha^2}}c_1\right) \tag{6-21}$$

$$M_2 = \frac{N_{max}}{3}\left(\alpha s_a - \frac{0.75}{\sqrt{4-\alpha^2}}c_2\right) \tag{6-22}$$

式中 M_1、M_2——分别为通过承台形心至两腰边缘和底边边缘正交截面范围内板带的弯矩设计值；

s_a——长向桩中心距;

α——短向桩中心距与长向桩中心距之比,当 α 小于 0.5 时,应按变截面的
二桩承台设计;

c_1、c_2——分别为垂直于、平行于承台底边的柱截面边长。

(3) 柱下两桩条形承台

柱下两桩条形承台弯矩设计值按柱下四桩承台公式计算,其受弯配筋宜按深受弯构件
计算。

2. 受冲切计算

桩基承台厚度应满足柱对承台的冲切、基桩对承台的冲切承载力要求。

(1) 柱对承台的冲切

柱对承台的冲切包括:柱边对承台的冲切;承台上阶(承台变阶处)对承台的冲切
(图 6-25)。

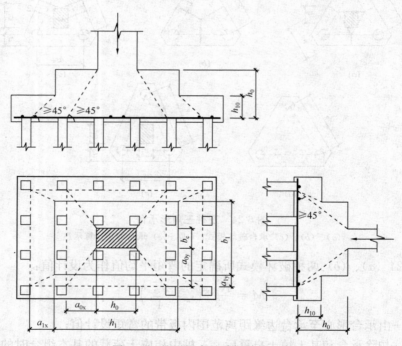

图 6-25　柱对承台的冲切计算示意

对于柱下矩形独立承台受柱冲切的承载力可按下列公式计算:

$$F_l \leqslant 2\left[\beta_{0x}(b_c + a_{0y}) + \beta_{0y}(h_c + a_{0x})\right]\beta_{hp}f_t h_0 \tag{6-23}$$

$$\beta_0 = \frac{0.84}{\lambda + 0.2} \tag{6-24}$$

式中　β_{0x}、β_{0y}——由式(6-24)求得,$\lambda_{0x} = a_{0x}/h_0$,$\lambda_{0y} = a_{0y}/h_0$;$\lambda_{0x}$、$\lambda_{0y}$ 均应满足 0.25~
1.0 的要求;

h_c、b_c——分别为 x、y 方向的柱截面的边长;

a_{0x}、a_{0y}——分别为 x、y 方向柱边至最近桩边的水平距离。

对于柱下矩形独立阶形承台受上阶冲切的承载力可按下列公式计算:

$$F_l \leqslant 2 \left[\beta_{1x}(b_1 + a_{1y}) + \beta_{1y}(h_1 + a_{1x}) \right] \beta_{hp} f_t h_{10} \qquad (6\text{-}25)$$

式中　β_{1x}、β_{1y}——由式（6-24）求得，$\lambda_{1x} = a_{1x}/h_{10}$，$\lambda_{1y} = a_{1y}/h_{10}$；$\lambda_{1x}$、$\lambda_{1y}$ 均应满足 0.25 ~1.0 的要求；

　　　　h_1、b_1——分别为 x、y 方向承台上阶的边长；

　　　　a_{1x}、a_{1y}——分别为 x、y 方向承台上阶边至最近桩边的水平距离。

对于圆柱及圆桩，计算时应将其截面换算成方柱及方桩，即取换算柱截面边长 $b_c = 0.8d_c$（d_c 为圆柱直径），换算桩截面边长 $b_p = 0.8d$（d 为圆桩直径）。

对于柱下两桩承台，不需要进行受冲切承载力计算。

（2）角桩对承台的冲切

四桩以上（含四桩）承台受角桩冲切的承载力按下列公式计算（图 6-26）：

$$N_l \leqslant \left[\beta_{1x}\left(c_2 + \frac{a_{1y}}{2}\right) + \beta_{1y}\left(c_1 + \frac{a_{1x}}{2}\right) \right] \beta_{hp} f_t h_0 \qquad (6\text{-}26)$$

$$\beta_{1x} = \frac{0.56}{\lambda_{1x} + 0.2} \qquad (6\text{-}27)$$

$$\beta_{1y} = \frac{0.56}{\lambda_{1y} + 0.2} \qquad (6\text{-}28)$$

式中　N_l——扣除承台和其上填土自重后，角桩桩顶相应于荷载的基本组合时的竖向力设计值；

　　　β_{1x}、β_{1y}——角桩冲切系数；

　　　λ_{1x}、λ_{1y}——角桩冲跨比，其值满足 0.25~1.0，$\lambda_{1x} = a_{1x}/h_0$、$\lambda_{1y} = a_{1y}/h_0$；

　　　c_1、c_2——从角桩内边缘至承台外边缘的距离；

　　　a_{1x}、a_{1y}——从承台底角桩内边缘引 45°冲切线与承台顶面或承台变阶处相交点至角桩内边缘的水平距离（图 6-26）；

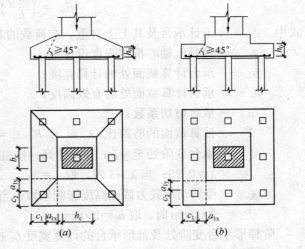

图 6-26　四桩以上（含四桩）承台角桩冲切计算示意
(a) 锥形承台；(b) 阶形承台

　　　h_0——承台外边缘的有效高度。

此外，三桩三角形承台受角桩的冲切计算见相关规范。

3. 受剪计算

柱下桩基承台，应分别对柱边、变阶处和桩边连线形成的贯通承台的斜截面的受剪承载力进行验算。当承台悬挑边有多排基桩形成多个斜截面时，应对每个斜截面的受剪承载力进行验算。

柱下独立桩基承台斜截面受剪承载力应按下列公式计算（图 6-27）：

$$V \leqslant \beta_{hs} \alpha f_t b_0 h_0 \qquad (6\text{-}29)$$

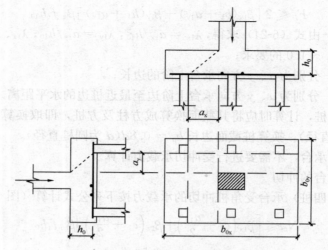

图 6-27　承台斜截面受剪计算示意

$$\alpha = \frac{1.75}{\lambda + 1} \tag{6-30}$$

$$\beta_{hs} = \left(\frac{800}{h_0}\right)^{1/4} \tag{6-31}$$

式中　V——不计承台及其上土自重，在荷载的基本组合下斜截面的最大剪力设计值；

f_t——混凝土轴心抗拉强度设计值；

b_0——承台计算截面处的计算宽度；

h_0——承台计算截面处的有效高度；

α——承台剪切系数；

λ——计算截面的剪跨比，$\lambda_x = a_x/h_0$，$\lambda_y = a_y/h_0$，此处，a_x，a_y 为柱边（墙边）或承台变阶处至 y、x 方向计算一排桩的桩边的水平距离，当 $\lambda < 0.25$ 时，取 $\lambda = 0.25$；当 $\lambda > 3$ 时，取 $\lambda = 3$；

β_{hs}——受剪切承载力截面高度影响系数；当 $h_0 < 800$mm 时，取 $h_0 = 800$mm；当 $h_0 > 2000$mm 时，取 $h_0 = 2000$mm。

阶梯形承台变阶处及锥形承台的计算宽度 b_0 按以下方法确定：

1）对于阶梯形承台应分别在变阶处（A_1-A_1，B_1-B_1）及柱边处（A_2-A_2，B_2-B_2）进行斜截面受剪计算（图 6-28）。计算变阶处截面 A_1-A_1、B_1-B_1 的斜截面受剪承载力时，其截面有效高度均为 h_{01}，截面计算宽度分别为 b_{y1} 和 b_{x1}。计算柱边截面 A_2-A_2 和 B_2-B_2 处的斜截面受剪承载力时，其截面有效高度均为 $h_{01} + h_{02}$，截面计算宽度按下式计算：

对 A_2-A_2　　$$b_{y0} = \frac{b_{y1} \cdot h_{01} + b_{y2} \cdot h_{02}}{h_{01} + h_{02}} \tag{6-32}$$

对 B_2-B_2　　$$b_{x0} = \frac{b_{x1} \cdot h_{01} + b_{x2} \cdot h_{02}}{h_{01} + h_{02}} \tag{6-33}$$

2）对于锥形承台应对 A-A 及 B-B 两个截面进行受剪承载力计算（图 6-29），截面有效高度均为 h_0，截面的计算宽度按下式计算：

对 A-A　　$$b_{y0} = \left[1 - 0.5\frac{h_1}{h_0}\left(1 - \frac{b_{y2}}{b_{y1}}\right)\right]b_{y1} \tag{6-34}$$

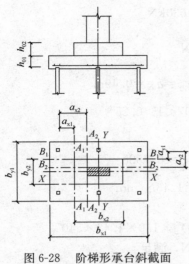

图 6-28 阶梯形承台斜截面
受剪计算示意图

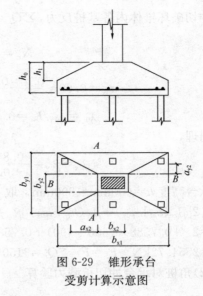

图 6-29 锥形承台
受剪计算示意图

对 B-B $$b_{x0} = \left[1 - 0.5\frac{h_1}{h_0}\left(1 - \frac{b_{x2}}{b_{x1}}\right)\right]b_{x1} \tag{6-35}$$

4. 局部受压计算

当承台的混凝土强度等级低于柱或桩的混凝土强度等级时，尚应验算柱下或桩上承台的局部受压承载力。

5. 承台抗震验算

当进行承台的抗震受弯、受剪切承载力验算时，应按《建筑抗震设计规范》GB 50011—2010 规定。

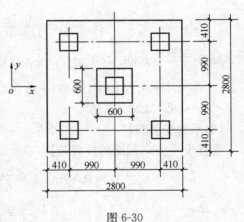

图 6-30

【**例 6-2**】某柱下五桩矩形承台，如图 6-30 所示，在承台顶部 x、y 方向均设有连续的连系梁，承台顶面处由柱传来相应于荷载的基本组合的轴压力 $F=3150\text{kN}$，由永久荷载控制基本组合。桩截面尺寸为 $400\text{mm} \times 400\text{mm}$，承台埋深为地面下 1.5m，承台高度 600mm，承台底板钢筋保护层厚度 50mm，取 $h_0 = 540\text{mm}$。柱截面尺寸为 $600\text{mm} \times 600\text{mm}$，承台混凝土强度等级为 C30（$f_t = 1.43\text{N/mm}^2$）。承台及其上土重取 $\gamma_G = 20\text{kN/m}^3$。

试问：

（1）验算柱对承台冲切承载力。

（2）验算角桩对承台冲切承载力。

（3）验算承台抗剪承载力。

【**解**】（1）柱对承台冲切承载力验算

永久荷载控制，$G = 1.35G_k = 1.35 \times 2.8 \times 2.8 \times 20 \times 1.5 = 317.52\text{kN}$

冲切破坏锥体内各基桩反力，$\sum Q_i = \dfrac{3150}{5} \times 1 = 630\text{kN}$

$$N_i = \frac{3150}{5} = 630\text{kN}$$

$$a_{0x} = 0.99 - \frac{0.4}{2} - \frac{0.6}{2} = 0.49\text{m}, \quad a_{0y} = a_{0x} = 0.49\text{m}$$

$$\lambda_{0x} = a_{0x}/h_0 = 0.49/0.54 = 0.907 < 1 > 0.25$$

同理，

$$\lambda_{0y} = \lambda_{0x} = 0.907$$

$$\beta_{0x} = \beta_{0y} = \frac{0.84}{\lambda + 0.2} = \frac{0.84}{0.907 + 0.2} = 0.7588$$

承台高度 $h = 600\text{mm} < 800\text{mm}$，取 $\beta_{hp} = 1.0$；$f_t = 1.43\text{N/mm}^2$

$2[\beta_{0x}(b_c + a_{0y}) + \beta_{0y}(h_c + a_{0x})]\beta_{hp}f_t h_0$

$= 2 \times [0.7588 \times (600 + 490) + 0.7588 \times (600 + 490)] \times 1.0 \times 1.43 \times 540$

$= 2554.72\text{kN} > F_l = F - \sum Q_i = 3150 - 630 = 2520\text{kN}$，满足

(2)角桩对承台冲切承载力验算

$$c_1 = c_2 = 0.41 + \frac{0.40}{2} = 0.61\text{m}$$

$$a_{1x} = a_{1y} = 0.99 - \frac{0.40}{2} - \frac{0.6}{2} = 0.49\text{m}$$

$$\lambda_{1x} = \lambda_{1y} = \frac{a_{1x}}{h_0} = \frac{0.49}{0.54} = 0.907$$

$$\beta_{1x} = \beta_{1y} = \frac{0.56}{\lambda_{1x} + 0.2} = \frac{0.56}{0.907 + 0.2} = 0.506$$

$N_l = \dfrac{3150}{5} = 630\text{kN} < [\beta_{1x}(c_2 + a_{1y}/2) + \beta_{1y}(c_1 + a_{1x}/2)]\beta_{hp}f_t h_0$

$= [0.506 \times (610 + 490/2) + 0.506 \times (610 + 490/2)] \times 1.0 \times 1.43 \times 540$

$= 668.15\text{kN}$，满足

(3)承台受剪验算

垂直于 y 方向截面的抗剪验算：

$$\alpha_x = 0.49\text{m}, \quad \lambda_x = \frac{\alpha_x}{h_0} = \frac{0.49}{0.54} = 0.907 < 3 > 0.25$$

$$\alpha = \frac{1.75}{\lambda + 1} = \frac{1.75}{0.907 + 1} = 0.9177$$

$$b_0 = 2.8\text{m}$$

$h_0 = 540\text{mm} < 800\text{mm}$，取 $h_0 = 800\text{mm}$ 计算 β_{hs}，故 $\beta_{hs} = 1.0$。

$V_x = 2N_i = 2 \times 630 = 1260\text{kN} < \beta_{hs}\alpha f_t b_0 h_0 = 1.0 \times 0.9177 \times 1.43 \times 2800 \times 540 = 1984.21\text{kN}$，满足。

同理，$V_y = 1260\text{kN} < \beta_{hs}\alpha f_t b_0 h_0 = 1984.21\text{kN}$，满足。

6.7　桩基础的设计

桩基础的设计应力求做到安全适用、技术先进、经济合理、确保质量、保护环境。为

确保桩基础的安全，桩和承台应有足够的承载能力、刚度和耐久性；桩基础变形特征值在允许范围以内。桩基础设计一般按下列步骤进行：

(1)分析工程特点，掌握必要的设计资料；

(2)选择桩的类型、截面和桩长；

(3)单桩竖向和水平向承载力的确定；

(4)桩的数量估算，确定间距和平面布置；

(5)桩基础承载力计算和沉降计算；必要的其他验算；

(6)桩身结构设计和承台设计；

(7)绘制桩基础施工图。

6.7.1 调查研究，掌握必要的设计资料

进行桩基础设计之前，首先要分析具体工程特点，通过调查研究，充分掌握一些基本的设计资料，主要包括下列几个方面：

(1)建筑物的资料。应注意建筑物的平面布置、结构体系、荷载分布、使用要求，特别是不同结构体系对变形特征的不同要求，以及是否进行抗震设计等；

(2)工程地质勘察资料。掌握设计所需用岩土物理力学参数及原位测试参数，地下水情况，有无液化土层、特殊土层和地质灾害等。这些资料直接影响到桩型的选择、持力层的选择、施工方法、桩的承载力和变形等各个方面。

(3)建筑场地与环境条件的有关资料。建筑场地地下管线分布，相邻建筑物基础形式及埋深，防振、防噪声的要求，泥浆排放、弃土条件等。

(4)施工条件。考虑施工现场可获得的施工机械设备；制桩、运输和沉桩的条件，施工工艺对地质条件的适应性；施工对环境的影响。

(5)地方经验。了解备选桩型在当地的应用情况，已使用的桩在类似条件下的承载力和变形情况。重视地方经验系数，特别是沉降计算经验系数。

6.7.2 选择桩的类型、桩长和截面尺寸

选择桩的类型应根据地质条件、土层分布情况、桩端持力层、地下水位、上部结构的荷载和结构体系、桩的使用功能、现场施工条件、施工技术与设备等，结合当地工程实践经验，通过技术经济分析后进行确定。

桩的类型的选择不合理可能导致建筑物的倾斜，甚至倒塌，见第1章内容，故应重视桩的类型的选择。

一般地，选择桩的类型可参照附录三进行。

桩长是由持力层的深度和荷载大小确定。桩身进入持力层的深度应考虑地质条件、荷载和施工工艺，其基本要求详见本章第1节内容。

当土层比较均匀、坚实土层层面比较平坦时，桩的施工长度常与设计桩长比较接近；但当场地土层复杂，或者桩端持力层层面起伏不平时，桩的施工长度则常与设计桩长不一致。因此，在勘察工作中，应尽可能仔细地探明可作为持力层的地层层面标高。为保证桩的施工长度满足设计桩长的要求，打入桩的入土深度应按桩端设计标高和最后贯入度（经试打确定）两方面控制。最后贯入度是指打桩结束以前每次锤击的沉入量，通常以最后每

阵(10击)的平均贯入量表示。一般要求最后二、三阵的平均贯入量(贯入度)为10~30mm/阵(锤重、桩长者取大值),振动沉桩者,可用1min作为一阵。对于打进可塑或硬塑黏性土中的摩擦型桩,其承载力主要由桩侧摩阻力提供,沉桩深度宜按桩端设计标高控制,同时以最后贯入度作参考,并尽可能使同一承台或同一地段内各桩的桩端实际标高大致相同。而打到基岩面或坚实土层的端承型桩,其承载力主要由桩端阻力提供,沉桩深度宜按最后贯入度控制,同时以桩端设计标高作参考,并要求各桩的贯入度比较接近。

桩的截面尺寸通常是由成桩设备、地质条件、上部结构的荷载大小等因素确定。

6.7.3　单桩竖向承载力及水平承载力的确定

桩的类型和几何尺寸确定之后,应初步确定承台底面标高。承台埋深的选择一般主要考虑结构要求和方便施工等因素。

初定出承台底面标高后,便可按本章前述内容计算单桩竖向及水平承载力。

6.7.4　桩的数量和平面布置

1. 桩的数量估算

对于承受竖向轴心荷载的桩基础,可按下式估算桩数 n:

$$n \geq \frac{F_k + G_k}{R_a} \tag{6-36}$$

式中　F_k——相应于荷载的标准组合时,作用于桩基承台顶面的竖向力;

G_k——桩基承台自重及承台上土自重标准值;

R_a——单桩竖向承载力特征值(当为复合基桩时,取其承载力特征值 R);

n——桩基础中的桩数。

对于承受竖向偏心荷载的桩基,各桩受力不均匀,先按下式估算桩数,待桩布置完以后,再根据实际荷载确定受力最大的桩并验算其竖向承载力,最后确定桩数:

$$n \geq \mu \frac{F_k + G_k}{R_a} \tag{6-37}$$

式中　μ——桩基偏心增大系数,通常取1.1~1.2。

2. 桩平面布置与桩距

桩平面布置的一般原则是①基桩受力尽量均匀,群桩横截面的重心与竖向永久荷载合力的作用点重合或接近,并使基桩受水平力和力矩较大方向有较大的抗弯截面模量;②使荷载传递直接(即最短距离传递原则),如对于剪力墙结构桩筏基础,宜将桩布置于墙下;③采用变刚度调平的原则,如:框架—核心筒结构桩筏基础应按荷载分布考虑相互影响,将桩相对集中布置于核心筒和柱下;外围框架柱宜采用复合桩基,有合适桩端持力层时,桩长宜减小;④同一结构单元,应避免使用不同类型的基桩。

在工程实践中,桩群的常用平面布置形式为:柱下桩基多采用对称多边形,墙下桩基采用梅花式或行列式,筏形或箱形基础下宜尽量沿柱网、肋梁或隔墙的轴线设置,如图6-31所示。

布置基桩时,桩的间距(中心距)一般采用3~4倍桩径。间距太大会增加承台的体积和用料,太小则将使桩基础(摩擦型桩)的沉降量增加,且给施工造成困难。桩的最小中心距应符合表6-5的规定。

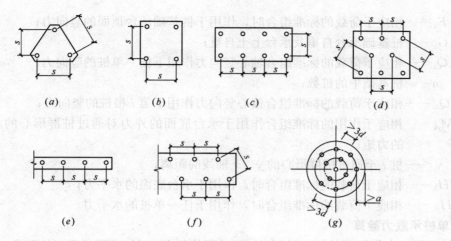

图 6-31　桩群的常用平面布置形式

(a)～(d)柱下桩基；(e)、(f)墙下桩基；(g)圆形桩基

桩的最小中心距　　　　　　　表 6-5

土类与成桩工艺		排数不少于 3 排且桩数不少于 9 根的摩擦型桩桩基	其他情况
非挤土灌注桩		3.0d	3.0d
部分挤土桩	非饱和土、饱和非黏性土	3.5d	3.0d
	饱和黏性土	4.0d	3.5d
挤土桩	非饱和土、饱和非黏性土	4.0d	3.5d
	饱和黏性土	4.5d	4.0d
钻、挖孔扩底桩		2D 或 $D+2.0$m（当 $D>2$m）	1.5D 或 $D+1.5$m（当 $D>2$m）
沉管夯扩、钻孔挤扩桩	非饱和土、饱和非黏性土	2.2D 且 4.0d	2.0D 且 3.5d
	饱和黏性土	2.5D 且 4.5d	2.2D 且 4.0d

注：1. d——圆桩设计直径或方桩设计边长，D——扩大端设计直径；
　　2. 当纵横向桩距不相等时，其最小中心距应满足"其他情况"一栏的规定；
　　3. 当为端承桩时，非挤土灌注桩的"其他情况"一栏可减小至 2.5d。

6.7.5　桩基础的计算

1. 单桩的桩顶荷载效应的计算

以承受竖向力为主的群桩基础的基桩(包括复合基桩)桩顶荷载效应可按下列公式计算(图 6-32)：

轴心竖向力作用下

$$Q_k = \frac{F_k + G_k}{n} \qquad (6-38)$$

偏心竖向力作用下

$$Q_{ik} = \frac{F_k + G_k}{n} \pm \frac{M_{xk} y_i}{\sum y_i^2} \pm \frac{M_{yk} x_i}{\sum x_i^2} \qquad (6-39)$$

水平力作用下

$$H_{ik} = \frac{H_k}{n} \qquad (6-40)$$

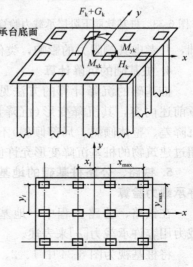

图 6-32　桩顶荷载的计算简图

式中　F_k——相应于荷载的标准组合时，作用于桩基础承台顶面的竖向力；

　　　　G_k——桩基础承台自重及承台上土自重；

　　　　Q_k——相应于荷载的标准组合轴心竖向力作用下任一单桩的竖向力；

　　　　n——桩基础中的桩数；

　　　　Q_{ik}——相应于荷载的标准组合偏心竖向力作用下第 i 根桩的竖向力；

M_{xk}、M_{yk}——相应于作用的标准组合作用于承台底面的外力对通过桩群形心的 x、y 轴的力矩；

　　　x_i、y_i——桩 i 至通过桩群形心的 y、x 轴线的距离；

　　　　H_k——相应于荷载的标准组合时，作用于承台底面的水平力；

　　　　H_{ik}——相应于荷载的标准组合时，作用于任一单桩的水平力。

2. 单桩承载力验算

在轴心竖向力作用下基桩(或复合基桩)的平均竖向力 N_k 应满足下式的要求：

$$N_k \leqslant R_a \tag{6-41}$$

偏心竖向力作用下除满足上式外，同时基桩或复合基桩的最大竖向力 N_{kmax} 应满足下式的要求：

$$N_{kmax} \leqslant 1.2R_a \tag{6-42}$$

对地震作用下桩基的调查和研究表明，有地震作用参与荷载组合时，基桩的竖向承载力可提高约 25%。因此，对桩基进行抗震验算时，应将 R_a 乘以 1.25 的系数。

3. 桩基础软弱下卧层验算

当桩基础的持力层下存在软弱下卧层，尤其是当桩基础的平面尺寸较大、桩基础持力层的厚度相对较薄时，应考虑桩端平面下受力层范围内的软弱下卧层发生强度破坏的可能性。对于桩距 $s \leqslant 6d$ 的非端承群桩基础，桩端持力层存在承载力低于桩端持力层承载力 1/3 的软弱下卧层时(图 6-33)，可将桩、桩间土及承台的整体视作实体深基础，并考虑其侧阻力的影响，类似浅基础的软弱下卧层验算法进行验算。

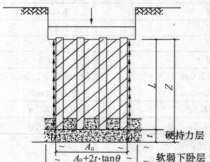

图 6-33　桩基软弱下卧层承载力验算简图

4. 桩基础的沉降计算

桩基础的沉降计算的方法见本章前述内容，其沉降变形(沉降量、沉降差、整体倾斜、局部倾斜)不得超过建筑物的桩基沉降变形允许值。

5. 铁路、公路桩基础的地基容许承载力验算

在铁路、公路工程中，地基承载力用容许承载力[σ]来表述。

将桩基视为图 6-34 中 1、2、3、4 范围内的实体基础，按下式验算

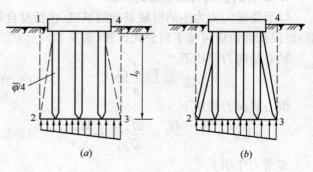

图 6-34

(a)竖直桩；(b)斜桩

地基容许承载力：

$$\frac{N}{A} + \frac{M}{W} \leq [\sigma] \tag{6-43}$$

式中　N——作用于桩基底面的竖直力（kN），其中包括土体 1、2、3、4 和桩的永久荷载；

　　　M——外力对承台板底面处桩基重力的力矩（kN·m）；

A 和 W——桩基底面的面积（m²）和截面抵抗矩（m³）；

　　　$[\sigma]$——桩底处地基容许承载力（kPa）。

图 6-34 中 $\bar{\varphi}$ 为桩基所穿过土层的加权平均内摩擦角。

6.7.6　桩承台和桩身的设计

桩承台的构造与计算见本章前述内容。

桩身的正截面受压承载力见本章前述内容。

1. 灌注桩的构造要求

当桩身直径为 300～2000mm 时，正截面配筋率可取 0.65％～0.2％（小直径桩取高值）；对受荷载特别大的桩、抗拔桩和嵌岩端承桩应根据计算确定配筋率，并不应小于上述规定值；

桩的配筋长度：

（1）端承型桩和位于坡地、岸边的基桩应沿桩身等截面或变截面通长配筋；

（2）摩擦型灌注桩配筋长度不应小于 2/3 桩长；

（3）对于受地震作用的基桩，桩身配筋长度应穿过可液化土层和软弱土层，进入稳定土层的深度不应小于《建筑桩基技术规范》JGJ 94—2008 的规定；

（4）受负摩阻力的桩、因先成桩后开挖基坑而随地基土回弹的桩，其配筋长度应穿过软弱土层并进入稳定土层，进入的深度不应小于（2～3）d；

（5）抗拔桩及因地震作用、冻胀或膨胀力作用而受拔力的桩，应等截面或变截面通长配筋。

对于受水平荷载的桩，主筋不应小于 8ϕ12；对于抗压桩和抗拔桩，主筋不应少于 6ϕ10；纵向主筋应沿桩身周边均匀布置，其净距不应小于 60mm。

箍筋应采用螺旋式，直径不应小于 6mm，间距宜为 200～300mm；受水平荷载较大的桩基、承受水平地震作用的桩基以及考虑主筋作用计算桩身受压承载力时，桩顶以下 5d 范围内的箍筋应加密，间距不应大于 100mm；当桩身位于液化土层范围内时箍筋应加密；当考虑箍筋受力作用时，箍筋配置应符合现行国家标准《混凝土结构设计规范》GB 50010—2010 的有关规定；当钢筋笼长度超过 4m 时，应每隔 2m 设一道直径不小于 12mm 的焊接加劲箍筋。

桩身混凝土强度等级不得小于 C25，混凝土预制桩尖强度等级不得小于 C30；灌注桩主筋的混凝土保护层厚度不应小于 35mm，水下灌注桩的主筋混凝土保护层厚度不得小于 50mm。

2. 混凝土预制桩的构造要求

混凝土预制桩的截面尺寸、混凝土强度等级的要求，见本章第 1 节。

预制桩的桩身配筋应按吊运、打桩及桩在使用中的受力等条件计算确定。采用锤击法沉桩时，预制桩的最小配筋率不宜小于 0.8%。静压法沉桩时，最小配筋率不宜小于 0.6%，主筋直径不宜小于 14mm，打入桩桩顶以下 4～5 倍桩身直径长度范围内箍筋应加密，并设置钢筋网片。预制桩的分节长度应根据施工条件及运输条件确定；每根桩的接头数量不宜超过 3 个。预制桩的桩尖可将主筋合拢焊在桩尖辅助钢筋上，对于持力层为密实砂和碎石类土时，宜在桩尖处包以钢桩靴，加强桩尖。

6.7.7　桩的质量检测

对于位于地面下的预制桩或灌注桩均应进行施工监督、现场记录和质量检测，以保证质量，减少隐患，特别是大直径桩采用一柱一桩的工程，桩基的质量检测就更为重要。目前，常用的桩身结构完整性的检测技术有：

（1）开挖检查。这种方法只能对所暴露的桩身进行观察检查。

（2）抽芯法。在灌注桩桩身内钻孔（直径 100～150mm），了解混凝土有无离析、空洞、桩底沉渣和入泥等情况，取混凝土芯样进行观察和单轴抗压试验。有条件时可采用钻孔电视直接观察孔壁孔底质量。

（3）声波检测法。利用超声波在不同强度（或不同弹性模量）的混凝土中传播速度的变化来检测桩身质量。为此，预先在桩中埋入 3～4 根金属管，然后，在其中一根管内放入发射器，而在其他管中放入接收器，并记录不同深度处的检测资料。

（4）动测法。它包括 PDA（打桩分析仪）等大应变动测、PIT（桩身结构完整性分析仪）和其他（如锤击激振、机械阻抗、水电效应、共振等）小应变动测。对于等截面、质地较均匀的预制桩，PIT、PDA 测试效果具有可靠性。灌注桩的动测检验，现已有相当多的实践经验，且具有一定的可靠性。

建筑基桩的质量检测应严格按《建筑基桩检测技术规范》JGJ 106—2014 进行，确保基桩质量。

6.8　其他深基础简介

其他深基础主要有：地下连续墙、沉井基础、墩基础等。

6.8.1　地下连续墙

地下连续墙是利用一定的设备和机具（如液压抓斗），在稳定液（泥浆或无固相钻井液）护壁的条件下，沿已构筑好的导墙钻挖一段深槽，然后吊放钢筋笼入槽，浇筑混凝土，筑成一段混凝土墙，再将每个墙段连接起来，而形成一种连续的地下基础构筑物。地下连续墙主要起挡土、挡水（防渗）和承重作用。

地下连续墙的优点：施工期间不需降水，不需挡土护坡，不需立模板与支撑，把施工护坡与永久性工程融为一体、机械化程度高。可将地下连续墙与逆作法施工结合，加快施工进度。因此，这种基础形式可以避免开挖大量的土方量，可缩短工期。尤其在城市密集建筑群中修建深基础时，为防止对邻近建筑物安全稳定的影响，地下连续墙更显示出它的优越性。

地下连续墙的缺点：在一些特殊的地质条件下（如很软的淤泥质土、含漂石的冲积层和超硬岩石等），施工难度很大；如果施工方法不当或施工地质条件特殊，可能出现相邻墙段不能对齐和漏水的问题；城市市区内施工，废泥浆处理比较困难；工程造价相对偏高。

地下连续墙的施工程序，如图6-35所示。其中，钢筋笼应在清槽换浆后立即安装。

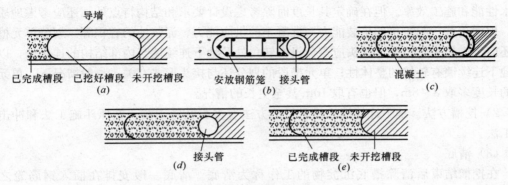

图6-35　分段施工联结图

（a）开挖槽段；（b）吊放接头管和钢筋笼；（c）浇筑；（d）拔出接头管；（e）形成接头

地下连续墙的施工工艺及其过程，如图6-36所示。其主要施工工艺如下：

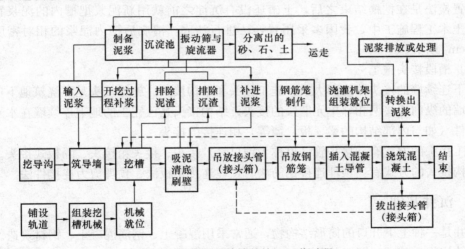

图6-36　地下连续墙的施工工艺过程

（1）导墙

导墙一般为现浇钢筋混凝土结构，但亦有钢制的或预制钢筋混凝土的装配式结构，后者可多次重复使用，可根据表层土质、导墙上荷载及周边环境等情况选择适宜的形式。一般在表层地基良好地段采用简易形式钢筋混凝土导墙；在表层土软弱的地带采用现浇L形钢筋混凝土导墙。

（2）开挖槽段

挖槽是地下连续墙施工中的重要工序。挖槽约占地下连续墙工期的一半，因此提高挖槽效率是缩短工期的关键；同时，槽壁的形状决定了墙体的外形，所以挖槽的精度又是保证地下连续墙质量的关键之一。地下连续墙挖槽的主要工作包括：单元槽段的划分；挖槽机械的选择与正确使用；制订防止槽壁坍塌的措施等。

1) 单元槽划分。地下连续墙施工前，需预先沿墙体长度方向划分好施工的单元槽段。单元槽段的最小长度不得小于挖土机械挖土工作装置的一次挖土长度（称为一个挖掘段）。单元槽段宜尽量长一些，以减少槽段的接头数量和增加地下连续墙的整体性，又可提高其防水性能和施工效率。但在确定其长度时除考虑设计要求和结构特点外，还应考虑地质条件、地面荷载、起重机的吊装能力、混凝土的供应能力、泥浆池的容积等。划分单元槽段时还应考虑接头的位置，接头应避免设在转角处及地下连续墙与内部结构的连接处，以保证地下连续墙有较好的整体性；单元槽段的划分还与接头形式有关。一般情况下，单元槽段的长度多取 3~8m，但也有取 10m 甚至更长的情况。

2) 挖槽方法。地下连续墙挖槽常见的方法有多头钻施工法、钻抓斗施工法和冲击式施工法。

（3）清底

在挖槽结束后清除槽底沉淀物的工作称为清底。清底一般安排在插入钢筋笼之前进行。

清底的方法一般有沉淀法和置换法两种。沉淀法是在土碴基本都沉淀到槽底之后再进行清底，常用的有砂石吸力泵排泥法，压缩空气升液排泥法，带搅动翼的潜水泥浆泵排泥法等。置换法是在挖槽结束之后，土碴还没有沉淀之前就用新泥浆把槽内的泥浆置换出来。在土木工程施工中，我国多采用置换法进行清底。清底后槽内泥浆的相对密度应在 $1.15g/cm^3$ 以下。

（4）槽段接头施工

地下连续墙的接头分为两大类：施工接头和结构接头。施工接头是在浇筑地下连续墙时，沿墙的纵向连接两相邻单元墙段的接头；结构接头是已完工的地下连续墙在水平向与其他构件（如与内部结构的梁、板、墙等）相连接的接头。

施工接头的方式有：接头管（也称为锁口管）接头、接头箱接头、隔板式接头。

结构接头的方式有：预埋连接钢筋法、预埋连接钢板法、预埋剪力连接件法。

6.8.2 沉井基础

沉井是一种上下开口的筒形结构物，通常采用混凝土、钢筋混凝土、钢材筑造。沉井可作为结构物的基础（即沉井基础），如：桥梁工程中桥墩台基础、大型及重型设备的基础、房屋建筑物的基础等，也可作为地下工程的结构物，如：地下厂房、地下仓库、地下油库、地下车道及车站、地下矿用竖井。

1. 沉井的分类

（1）按横断面形状分类

沉井有圆形、方形、矩形、椭圆形等（图 6-37）。

（2）按井孔布置方式分类

沉井有单孔、双孔、单排孔、多排孔等（图 6-37）。

（3）按竖直向剖面分类

沉井有柱形、阶梯形、锥形等（图 6-38）。

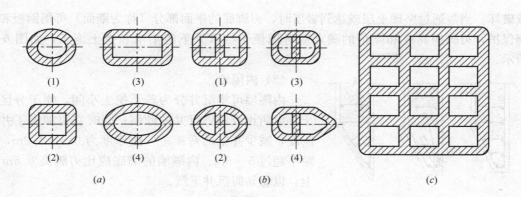

图 6-37　沉井横断面形状

(a) 单孔沉井；(1) 圆形；(2) 方形；(3) 矩形；(4) 椭圆形

(b) 单排孔沉井；(1) 扁长矩形；(2) 椭圆形；(3) 两头带有半圆的矩形；(4) 复杂形状

(c) 多排孔沉井

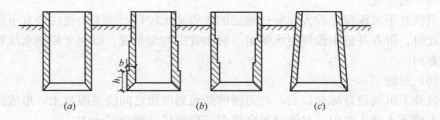

图 6-38　沉井的竖向剖面形式

(a) 柱形沉井；(b) 阶梯形沉井；(c) 锥形沉井

2. 沉井的基本构造

沉井一般由井筒和刃脚两个主要部分组成，对于多孔沉井还有内隔墙；为了便于沉井下沉，可在井壁预埋射水管组；为了便于封底，在刃脚之上井筒内侧还留有凹槽，在沉井达到设计高程之后用混凝土封底；最后通常在沉井顶部浇筑顶盖。如图 6-39 所示。

(1) 井筒

井筒为沉井的外壁，它有两方面的作用；一方面应满足下沉过程中在最不利荷载组合下的受力要求；另一方面也靠井筒的自重使沉井开挖下沉。所以要求它有一定厚度和配筋。其厚度不宜小于 400mm，一般为 700～1500mm，有时可厚达 2m。

(2) 刃脚

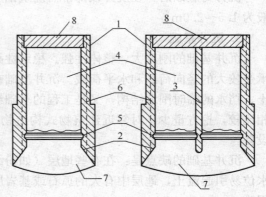

图 6-39　沉井的一般构造

1—井壁；2—刃脚；3—隔墙；4—井孔；5—凹槽；
6—射水管组；7—封底混凝土；8—顶板

刃脚位于井壁最下端，如刀刃一样，使沉井更容易切入土中。刃脚斜面与水平方向夹角一般大于 45°。它是沉井受力最集中的部分，必须有足够的强度，以免产生过大的挠曲或破坏。当需通过坚硬土层或达到岩层时，刃脚底的平面部分（称为踏面）可用钢板和角钢保护，刃脚的高度和倾角的确定应考虑便于抽取其下的垫木和挖土施工，如图 6-40 所示。

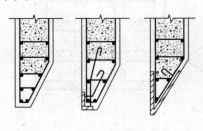

图 6-40　刃脚的构造

（3）内隔墙

内隔墙可将沉井分为若干挖土小间，便于分区挖土，以防止或调整沉井的倾斜；同时它也加大了井的刚度，减少井壁的弯矩。一般厚度为 0.5～1.2m，间距不超过 5～6m。内隔墙的墙底应比刃脚高 0.5m 以上，以免妨碍沉井下沉。

（4）凹槽

凹槽位于刃脚上部、井筒内侧，它是为了便于使井壁与封底混凝土能够很好地联结而设置的，它可以使封底下面的反力传递到井筒上，凹槽高约 1m，深度为 15～30cm。

（5）射水管

当沉井下沉深度比较大，穿过地层的土质又比较好，施工中往往会有下沉困难问题产生，此时，可在井壁中预埋射水管组。射水管应均匀布置，以利于控制水压和水量来调整下沉方向。

（6）封底

沉井下沉到设计标高以后，在刃脚的踏面到凹槽之间浇筑混凝土，形成封底。封底可以防止地下水涌入井内，并通过封底将上部荷载传递到地基土中。

（7）顶盖

沉井封底以后，在沉井顶部常需浇筑钢筋混凝土顶盖板，以承托上部结构物，厚度一般为 1.5～2.0m。

3. 沉井基础

沉井基础的刚度大、整体性强、稳定性高，根据需要横截面可以设置得比较大，故可承受较大的竖向荷载和水平荷载。沉井基础在施工过程中具有双重作用，既是施工时的挡土、挡水的临时围堰结构，又是工程的基础结构。沉井基础施工时占地面积小，与大开挖相比较，挖方量少，对邻近建筑物式构造物的干扰比较小，操作简便，无需特殊的专业设备。

沉井基础的缺点是：在有些地层（如粉细砂类土）中施工时，井筒内部抽水降低地下水位易引起流土，地层中有大的孤石或基岩层面倾斜度大，会导致沉井倾斜，或沉井下沉困难。

4. 沉井基础的施工

沉井基础施工一般可分为旱地施工（图 6-41）、水中筑岛施工及浮运沉井施工三种。

沉井需要从自由水面下沉时，若水深和流速都不大，可以先在水中填筑人工砂岛，再从砂岛地面下沉；若水深和流速较大，则需采用浮运法，将岸边预先制作好的分节沉井，浮运到下沉地点处预先搭好的支架下，定位下沉。

按井内挖土下沉的方法，又可分为边排水边挖土和水下挖土两种情况。当井内渗水量不大时，可以在井底挖沟排水，同时进行井下挖土作业使井身下沉。当渗水量较大时，可

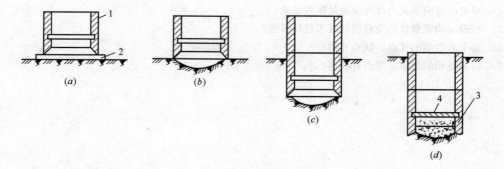

图 6-41　沉井旱地施工示意图

(*a*) 地面制作；(*b*) 抽垫土、挖土，准备沉井；(*c*) 沉井接高，继续下沉；(*d*) 就位封底

1—井壁；2—垫土；3—素混凝土封底；4—钢筋混凝土底板

采用机械抓斗、吸泥浆等水下开挖方法下沉沉井，与这种方法相配合，常采用水下浇筑混凝土封底。

思考题

1. 桩基础的使用范围是哪些？
2. 桩按竖向受力情况分为哪些类型？其受力特点是什么？
3. 桩按成桩方法分为哪些类型？
4. 桩基础的设计应综合考虑哪些因素？
5. 桩基础的设计原则包括哪些？
6. 桩基础的变刚度调平设计的概念是指什么？
7. 桩基础竖向静载荷实验的桩数量有何要求？
8. 在桩基础竖向静载荷实验中，如何取得单桩竖向承载力特征值？
9. 大直径灌注桩的竖向承载力为什么要考虑其尺寸效应？
10. 后注浆灌注桩的特点有哪些？
11. 桩身正截面承载力应考虑哪些因素？
12. 桩的负摩阻力产生的条件是什么？
13. 抗拔桩的作用是什么？
14. 桩的水平承载力应考虑哪些影响因素？
15. 桩的水平静载荷实验中，单桩水平承载力特征值与其水平极限值的关系是什么？
16. 桩基础的沉降包括哪几部分沉降？
17. 桩基础沉降按实体深基础方法计算时，其计算原理是什么？
18. 桩基础沉降按等效作用分层总和法时，其应注意的内容有哪些？
19. 柱下独立桩基承台的承台厚度不得小于多少？其最小配筋不得小于多少？
20. 柱下独立桩基承台的计算内容包括哪些？
21. 柱下独立桩基承台厚度应满足哪几项冲切要求？
22. 柱下独立桩基承台进行受剪计算时，其应取哪些位置？
23. 柱基础的设计步骤包括哪些？
24. 选择桩的类型应考虑哪些因素？
25. 桩的平面布置的一般原则有哪些？

26. 单桩的竖向承载力计算应满足哪些要求?
27. 桩身结构完整性的质量检测技术包括哪些?
28. 地下连续墙的优点、缺点有哪些?
29. 沉井基础的优点、缺点有哪些?

7.1 概述

7.1.1 软弱土和软弱土地基

1. 软弱土

软弱土主要包括软土（淤泥、淤泥质土、泥炭、泥炭质土）、松砂与粉土、冲填土、杂填土以及其他高压缩性土。

（1）软土

淤泥及淤泥质土为第四纪后期在滨海、河漫滩、河口、湖沼和冰碛等地质环境下的黏性土沉积，大部分是饱和的，含有机质，天然含水量大于液限，孔隙比大于1，抗剪强度低，压缩性高，渗透性小，具有结构性的土。当天然孔隙比 $e \geqslant 1.5$ 时，称为淤泥；$1.5 > e \geqslant 1$ 时，称为淤泥质土。这类土比较软弱，天然地基的承载力较小，易出现地基局部破坏和滑动；在荷载作用下产生较大的沉降和不均匀沉降，以及较大的侧向变形，且沉降与变形持续的时间很长，甚至出现蠕变等。它广泛分布于我国东南沿海地区及内陆湖沼河岸附近。有机质含量超过60%的软土称为泥炭；有机质含量大于或等于10%且小于或等于60%的软土为泥炭质土。这类土的强度很低，压缩性甚大，在工程上特别要慎重对待。

（2）松砂与粉土

粉细砂、粉土和粉质土比淤泥质土的强度要大，压缩性较小，可以承受一定的静荷载。但是，在机械振动和地震等动荷载作用下可能产生液化、震陷，振动速度的增大，使地基失去承载力。所以，这类饱和土的地基处理问题主要是防止液化和隔震。

（3）冲填土

冲填土是由水力冲填泥砂形成的填土，故也称为吹填土。这类土多属于压缩性高、强度低的欠固结土，其力学性质比同类天然土差。所以，这类土的地基处理问题主要是提高地基土的抗剪强度，防止过大变形。

（4）杂填土

杂填土是人类活动所形成的未经压密的堆积物，包含工业废料、建筑垃圾、生活垃圾等。这类土的成分复杂、分布无规律，故同一场地的不同位置，其承载力和压缩性往往差别较大。所以，这类土的地基处理问题是控制地基的沉降量和沉降差，防止不均匀沉降。

2. 软弱土地基与地基处理

由上述几类土所构成或占主要组成的地基称为软弱土地基。地基处理是指用排水、换料、掺合料、化学剂、电热等方法或机械手段提高地基承载力，改善地基土的强度、变形特征或渗透性而采取的工程技术措施。

地基的软弱程度是否需要进行地基处理，与建筑物的性质有关。建筑物很重要，对地基的稳定和变形的要求很高，即便地基土的性质不很软弱，可能也要求对地基进行处理。相反，建筑物重要性小，对地基的要求不高，即便地基比较软弱，也可能不必进行地基处理。所以地基处理需要综合考虑地基土质和建筑物性质。

根据上述软弱土的工程特性，地基处理主要目的与内容应包括：①提高地基土的抗剪强度，以满足设计对地基承载力和稳定性的要求；②改善地基的变形性质，防止建筑物产生过大的沉降和不均匀沉降以及侧向变形等；③提高地基土的抗振（震）性能，防止液化，隔振和减小振动波的振幅等；④改善地基的渗透性和渗透稳定，防止渗漏过大和渗透破坏等。

7.1.2 地基处理方法的分类

按地基处理的作用机理，地基处理方法大致分为三类：土质改良、土的置换、土的增强。其中，土质改良是指用机械（力学）、化学、电、热等手段增加地基土的密度，或使地基土固结；土的置换是将软土层换填为良质土，如砂垫层等；土的增强是采用薄膜、绳网、板桩等约束地基土，或者在土中放入抗拉强度高的增强材料形成复合地基以加强和改善地基土的剪切特性。

按复合地基和非复合地基分类时，复合地基是指部分土体被增强或被置换或设置加筋体，形成由地基土和增强体共同承担荷载的人工地基，它包括：振冲碎石桩复合地基、深层水泥土搅拌桩复合地基、高压旋喷桩复合地基、灰土挤密桩复合地基、水泥粉煤灰碎石桩复合地基（简称 CFG 桩）等。非复合地基则有：换填垫层、预压地基、压实地基、夯实地基、注浆加固等。

常用的地基处理方法的见表 7-1，表中所列的各种处理方法都有各自的作用原理、适用土类和应用条件。

软弱地基处理分类表

表 7-1

编号	分类	处理方法	原理及作用	适用范围
1	压实法	机械碾压、振动压实	利用压实原理，通过机械碾压夯击，把表层地基土压实	大面积填土地基
2	强夯法	强夯法、强夯置换法	利用强大的夯击能，在地基中产生强烈的冲击波和动应力，迫使土动力固结密实	适用于碎石土、砂土、粉土、低饱和度的黏性土，杂填土等，对饱和黏性土应慎重采用

续表

编号	分类	处理方法	原理及作用	适用范围
3	换填垫层法	砂石垫层、素土垫层、灰土垫层、矿渣垫层、加筋土垫层	以砂石、素土、灰土和矿渣等强度较高的材料,置换地基表层软弱土,提高持力层的承载力,扩散应力,减少沉降量	适用于处理地基浅层软弱土和暗沟、暗塘等软弱土地基
4	预压法	堆载预压、真空预压、真空和堆载联合预压	在地基中增设竖向排水体,加速地基的固结和强度增长,提高地基的稳定性;加速沉降发展,使地基沉降提前完成	适用于处理饱和黏性土地基
5	置换及增强	振动桩、沉管桩、深层搅拌桩、高压旋喷桩、CFG桩	以砂、碎石等置换软弱土地基中部分软弱土,或在部分软弱土地基中掺入水泥、粉煤灰或碎石等形成增强体,与未处理部分土组成复合地基,从而提高地基承载力,减少沉降量	不同的增强体(桩)具有不同的适用范围
6	加筋	土工合成材料加筋、锚固、树根桩、加筋土	在地基或土体中埋没强度较大的土工合成材料等加筋材料,使地基或土体能承受抗拉力,防止断裂,保持整体性,提高刚度,改变地基土体的应力场和应变场,从而提高地基的承载力,改善变形特性	软弱土地基、填土及陡坡填土、砂土
7	其他	灌浆、冻结、托换技术、纠倾技术	通过特种技术措施处理软弱土地基	根据实际情况确定

7.1.3 地基处理方法的确定

在选择地基处理方案前,应搜集详细的岩土工程勘察资料、上部结构及基础设计资料,根据工程的要求和采用天然地基存在的主要问题,确定地基处理的目的、处理范围和处理后要求达到的各项技术经济指标。

结合工程情况,了解当地地基处理经验和施工条件,对于有特殊要求的工程,尚应了解其他地区相似场地上同类工程的地基处理经验和使用情况等。调查邻近建筑、地下工程和有关管线等情况;了解建筑场地的环境情况。

地基处理方法的确定宜按下列步骤:

(1) 根据结构类型、荷载大小及使用要求,结合地形地貌、地层结构、土质条件、地下水特征、环境情况和对邻近建筑的影响等因素进行综合分析,特别应考虑上部结构、基础和地基的协同作用,并经过技术经济分析比较,选用处理地基或加强上部结构和处理地基相结合的方案。初步选出几种地基处理方案。

(2) 对初步选出的各种地基处理方案,分别从加固原理、适用范围、预期处理效果、耗用材料、施工机械、工期要求和对环境的影响等方面进行技术经济分析和对比,选择最佳的地基处理方法。

（3）对已选定的地基处理方法，宜按地基基础设计等级和场地复杂程度，在有代表性的场上进行相应的现场试验或试验性施工，并进行必要的测试，以检验设计参数和处理效果。如达不到设计要求时，应查明原因，修改设计参数或调整地基处理方法。

此外，地基处理是一项技术性的工作，合理的方案还需落实到技术措施和施工质量的保证上，才能获得地基处理预期的效果，这就要求不但应认真制订技术措施和技术标准，保证施工质量，还应进行施工质量检验和现场监测与控制，监视地基加固动态的变化，控制地基的稳定性和变形的发展，检验加固的效果，确保地基处理方案顺利实施。

7.1.4　地基处理的设计原则

1. 地基承载力特征值及其修正

经人工处理后的地基仍属于地基的范畴，所以应对处理后的地基的承载力进行深度、宽度的修正。经处理后的地基，当按地基承载力确定基础底面积及埋深而需要对地基承载力特征值进行修正时，应符合下列要求：

（1）大面积压实填土地基，基础宽度的地基承载力修正系数应取零；基础埋深的地基承载力修正系数，对于压实系数大于 0.95、黏粒含量 $\rho_c \geqslant 10\%$ 的粉土，可取 1.5，对于干密度大于 2.1t/m^3 的级配砂石可取 2.0；

（2）其他处理地基，基础宽度的地基承载力修正系数应取零，基础埋深的地基承载力修正系数应取 1.0。

2. 地基处理的设计原则

（1）处理后的地基应满足建筑物地基承载力、变形和稳定性要求。

（2）经处理后的地基，当在受力层范围内仍存在软弱下卧层时，应进行软弱下卧层地基承载力验算。

（3）按地基变形设计或应作变形验算且需进行地基处理的建筑物或构筑物，应对处理后的地基进行变形验算。

（4）对建造在处理后的地基上受较大水平荷载或位于斜坡上的建筑物及构筑物，应进行地基稳定性验算。

（5）处理后地基的承载力验算，应同时满足轴心荷载作用和偏心荷载作用的要求。

（6）处理后地基的整体稳定分析可采用圆弧滑动法，其稳定安全系数不应小于 1.30。散体加固材料的抗剪强度指标，可按加固体材料的密实度通过试验确定；胶结材料的抗剪强度指标，可按桩体断裂后滑动面材料的摩擦性能确定。

7.2　换填垫层法

换填垫层法就是将浅基础底面以下不太深的一定范围内软弱土层（土层厚度 0.5～3.0m）挖去，然后用强度高、压缩性能好的岩土材料，如砂、碎石、矿渣、灰土、土工格栅加砂石料等材料分层填筑，采用碾压、振密等方法使垫层密实。通过垫层将上部荷载扩散传到垫层下卧层地基中，以满足提高地基承载力和减少沉降的要求。

换填垫层法适用于软弱土层分布在地基浅层且较薄的各类不良地基的处理。

7.2.1 设计

换填垫层法处理地基，其设计内容包括垫层材料的选用，垫层铺设范围、厚度的确定，以及地基沉降计算等。

1. 垫层材料选用

采用换土垫层法处理地基，垫层材料可因地制宜地根据工程的具体条件合理选用下述材料：

（1）砂、碎石或砂石料；

（2）灰土；

（3）粉煤灰或矿渣；

（4）土工合成材料等。

2. 确定垫层铺设范围

垫层铺设范围应满足基础底面应力扩散的要求。对条形基础，垫层铺设宽度 B 可根据当地经验确定，也可按下式计算（图7-1）

$$B \geqslant b + 2z\tan\theta \tag{7-1}$$

式中　B——垫层宽度，m；

　　　b——基础底面宽度，m；

　　　z——垫层厚度，m；

　　　θ——压力扩散角，可按表7-2采用；当 $z/b < 0.25$ 时，仍按表7-2中 $z/b = 0.25$ 值。

压力扩散角（°）　　　　　　　表7-2

z/b　换填材料	中砂、粗砂、砾砂圆砾、角砾、卵石、碎石、石屑、矿渣	粉质黏土、粉煤灰	灰土
0.25	20	6	28
≥0.50	30	23	

注：1. 当 $z/b < 0.25$ 时，除灰土取 $\theta = 28°$外；其余材料均取 $\theta = 0°$，必要时，宜由试验确定；

　　2. 当 $0.25 < z/b < 0.5$ 时，值 θ 可内插求得。

整片垫层的铺设宽度可根据施工的要求适当加宽。垫层顶面每边宜超出基础底边不小于300mm，或从垫层底面两侧向上，按当地开挖基坑经验放坡。

3. 确定垫层厚度

垫层铺设厚度根据需要置换软弱土层的厚度确定，即要求垫层底面处土的自重应力与外部荷载作用下产生的附加应力之和不大于同一标高处的地基承载力特征值，如图7-1所示：

$$p_z + p_{cz} \leqslant f_{az} \tag{7-2}$$

式中　p_z——相应于荷载的标准组合时，垫层

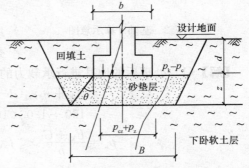

图7-1　换填垫层法计算简图

底面处的附加压力值（kPa）；

p_{cz}——垫层底面处土的自重压力值（kPa）；

f_{az}——垫层底面处经深度修正后的地基承载力特征值（kPa）。

垫层底面处的附加压力值 p_z 可分别按下列公式计算：

1）条形基础

$$p_z = \frac{b(p_k - p_c)}{b + 2z\tan\theta} \qquad (7\text{-}3)$$

2）矩形基础

$$p_z = \frac{bl(p_k - p_c)}{(b + 2z\tan\theta)(l + 2z\tan\theta)} \qquad (7\text{-}4)$$

式中　l——矩形基础底面的长度（m）；

p_k——相应于荷载的标准组合时，基础底面处的平均压力值（kPa）；

p_c——基础底面处土的自重压力值（kPa）。

4. 地基承载力

换填垫层地基承载力特征值宜通过试验确定。

5. 沉降验算

换填垫层地基的变形由垫层自身变形和下卧层变形组成。换填垫层在满足地基处理规范条件下，垫层地基的变形可仅考虑其下卧层的变形。对地基沉降有严格限制的建筑，应计算垫层自身的变形。垫层下卧层的变形量可按现行国家标准《建筑地基基础设计规范》GB 50007—2011 的规定进行计算。

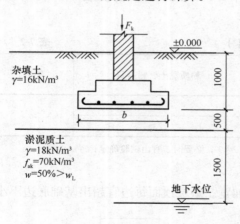

图 7-2　基础计算示意图

【例 7-1】某多层砌体结构房屋，采用墙下钢筋混凝土条形基础，承重墙在标高±0.000处相应于荷载的标准组合时的轴心力 $F_k = 220$kN/m，基础埋置深度及工程地质情况如图 7-2 所示，基底下采用中砂垫层，中砂垫层承载力特征值 $f_{ak} = 150$kPa，中砂的重度 $\gamma = 18.2$kN/m³。已知淤泥质土的深度修正系数为 1.0。取基础及基础上的土的自重 $\gamma_G = 20$kN/m³。

试问：

（1）确定条形基础的最小宽度 b（m）。

（2）假定条形基础的宽度 $b = 1.8$m，砂垫层厚度 $z = 2.0$m，验算砂垫层底面处的承载力是否满足要求。

【解】（1）处理后的地基进行承载力的宽度、深度修正规定，取 $\eta_d = 1.0$，$\eta_b = 0$

$$f_a = f_{ak} + \eta_d\gamma_m(d - 0.5)$$
$$= 150 + 1.0 \times 16 \times (1 - 0.5) = 158\text{kPa}$$

$$p_k = \frac{F_k + G_k}{b} \leqslant f_a$$

$$b \geqslant \frac{F_k}{f_a - \gamma_G d} = \frac{220}{158 - 20 \times 1} = 1.59\text{m}$$

(2) 根据公式（7-2），则：

$$p_k = \frac{F_k + G_k}{b} = \frac{220}{1.8} + 20 \times 1.0 = 142.2 \text{kPa}$$

$$p_c = \gamma d = 16 \times 1 = 16 \text{kPa}$$

$z/b = \dfrac{2}{1.8} = 1.11 > 0.50$，查表 7-2，取 $\theta = 30°$

$$p_z = \frac{b(p_k - p_c)}{b + 2z\tan\theta} = \frac{1.8 \times (142.2 - 16)}{1.8 + 2 \times 2 \times \tan30°} = 55.3 \text{kPa}$$

$$p_{cz} = \sum \gamma_i h_i = 16 \times 1 + 18.2 \times 2 = 52.4 \text{kPa}$$

$$p_z + p_{cz} = 55.3 + 52.4 = 107.7 \text{kPa}$$

淤泥质土，仅进行深度修正，取 $\eta_d = 1.0$，则：

$$f_{az} = f_{ak} + \eta_d \gamma_m (d - 0.5)$$

$$= 70 + 1.0 \times \frac{16 \times 1.5 + 18 \times 1.5}{3} \times (3 - 0.5) = 112.5 \text{kPa}$$

复核：

$p_z + p_{cz} = 107.7 \text{kPa} < f_{az} = 112.5 \text{kPa}$，满足要求。

7.2.2 施工

垫层施工应根据不同的换填材料选择施工机械。粉质黏土、灰土垫层宜采用平碾、振动碾或羊足碾，以及蛙式夯、柴油夯。砂石垫层等宜用振动碾。粉煤灰垫层宜采用平碾、振动碾、平板振动器、蛙式夯。矿渣垫层宜采用平板振动器或平碾，也可采用振动碾。

粉质黏土和灰土垫层土料的施工含水量宜控制在 $w_{op} \pm 2\%$ 的范围内，粉煤灰垫层的施工含水量宜控制在 $w_{op} \pm 4\%$ 的范围内。最优含水量 w_{op} 可通过击实试验确定，也可按当地经验选取。

垫层的施工方法、分层铺填厚度、每层压实遍数宜通过现场试验确定。除接触下卧软土层的垫层底部应根据施工机械设备及下卧层土质条件确定厚度外，其他垫层的分层铺填厚度宜为 200～300mm。垫层上下两层的缝距不得小于 500mm，且接缝处应夯压密实。

7.2.3 质量检验

对粉质黏土、灰土、砂石、粉煤灰垫层的施工质量可选用环刀取样、静力触探、轻型动力触探或标准贯入试验等方法进行检验；对碎石、矿渣垫层的施工质量可采用重型动力触探试验等进行检验。

压实系数可采用灌砂法、灌水法或其他方法进行检验。

换填垫层的施工质量检验应分层进行，并应在每层的压实系数符合设计要求后铺填上层。

质量检验点数量，条形基础下垫层每 10m～20m 不应少于 1 个点，独立柱基、单个基础下垫层不应少于 1 个点，其他基础下垫层每 50m² ～100m² 不应少于 1 个点。

竣工验收应采用静载荷试验检验垫层承载力，且每个单体工程不宜少于 3 个点。

7.3　预压法

预压法（也称为排水固结法）是运用排水固结原理进行地基处理的方法，其基本原理是，饱和软黏土地基在上部堆重或真空负压的荷载作用下，土孔隙中的水被慢慢排出，孔隙体积逐渐减小，地基发生固结变形，压缩性减小，同时，随着超静孔隙水压力逐渐消散，有效应力逐渐提高，地基土的强度逐渐增长。预压法主要解决：一是沉降问题，使地基的沉降在加载预压期间大部分或基本完成，以便建筑物在使用期间不致产生不利的沉降和沉降差；二是稳定问题，促使地基土的抗剪强度增长，从而提高地基的承载力和稳定性；三是地基土的排水问题。

预压法应合理安排预压系统和排水系统。

预压法适用于处理淤泥质土、淤泥、冲填土等饱和黏性土地基。

预压法按处理工艺可分为堆载预压、真空预压、真空和堆载联合预压。

堆载法是指在被加固地基上采用堆载达到施加预压目的的排水固结加固方法。最常用的堆载材料是土或砂石料，也可采用其他材料。有时也可利用建（构）筑物自重进行预压。堆载预压法又可分为两种：当预压荷载小于或等于使用荷载时，称为一般堆载预压法，简称堆载预压法；当预压荷载大于使用荷载时，称为超载预压法。

直空预压法是在砂垫层上铺设不透水膜，在砂垫层中埋设排水管，通过抽水、抽气，在砂垫层和竖向排水通道中形成负压区，出现压差，从而使地基土体中的水排出，并通过排水系统将水加气排出膜外，地基土体产生排水固结。

真空预压适用于处理以黏性土为主的软弱地基。当对塑性指数大于 25 且含水量大于 85％的淤泥，应通过现场试验确定其适用性。加固土层上覆盖有厚度大于 5m 以上的回填土或承载力较高的黏性土层时，不宜采用真空预压处理。

在单纯采用真空预压法不能达到地基处理设计要求时，可采用真空预压与堆载预压联合法加固地基。理论分析和工程实践表明堆载预压法和真空预压法两者加固地基的效用可以叠加。

排水竖井的间距可根据地基土的固结特性和预定时间内所要求达到的固结度确定。设计时，竖井的间距可按井径比 n 选用（$n=d_e/d_w$，d_w 为竖井直径，对塑料排水带可取 $d_w=d_p$）。塑料排水带或袋装砂井的间距可按 $n=15\sim22$ 选用，普通砂井的间距可按 $n=6\sim8$ 选用（图 7-3）。

排水竖井的深度应满足：①根据建筑物对地基的稳定性、变形要求和工期确定；②对以地基抗滑稳定性控制的工程，竖井深度应大于最危险滑动面以下 2.0m；③对以变形控制的建筑工程，竖井深度应根据在限定的预压时间内需完成的变

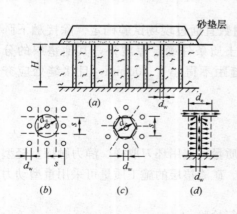

图 7-3　砂井布置图

（a）剖面图；（b）正方形布置；

（c）等边三角形布置；（d）砂井排水

d_w—砂井直径；d_e—一根砂井的有效排水直径；

s—砂井间距

形量确定；④竖井宜穿透受压土层。

在地表铺设与排水竖井相连的砂垫层（图7-3），砂垫层厚度不应小于500mm；砂垫层砂料宜用中粗砂，黏粒含量不应大于3%，砂料中可含有少量粒径不大于50mm的砾石；砂垫层的干密度应大于1.5t/m³，渗透系数应大于 $1×10^{-2}$cm/s。

7.3.1 堆载预压

1. 设计内容

堆载预压法的设计内容包括：

(1) 选择塑料排水带或砂井，确定其断面尺寸、间距、排列方式和深度；

(2) 确定预压区范围、预压荷载大小、荷载分级、加载速率和预压时间；

(3) 计算地基土的固结度、强度增长、抗滑稳定性和变形。

2. 加载系统

预压荷载大小应根据设计要求确定；对于沉降有严格限制的建筑，可采用超载预压法处理，超载量大小应根据预压时间内要求完成的变形量通过计算确定，并宜使预压荷载下受压土层各点的有效竖向应力大于建筑物荷载引起的相应点的附加应力。

预压荷载顶面的范围应不小于建筑物基础外缘的范围。

加载速率应根据地基土的强度确定；当天然地基土的强度满足预压荷载下地基的稳定性要求时，可一次性加载；如不满足应分级逐渐加载，待前期预压荷载下地基土的强度增长满足下一级荷载下地基的稳定性要求时，方可加载。

3. 排水系统

为了加速地基土排水，减少预压时间，可采用排水竖井堆载预压法。排水竖井分普通砂井、袋装砂井和塑料排水带。普通砂井直径宜为300~500mm，袋装砂井直径宜为70~120mm。塑料排水带的当量换算直径可按下式计算：

$$d_p = \frac{2(b+\delta)}{\pi} \tag{7-5}$$

式中 d_p——塑料排水带当量换算直径（mm）；

　　　　b——塑料排水带宽度（mm）；

　　　　δ——塑料排水带厚度（mm）。

排水竖井可采用等边三角形或正方形排列的平面布置（图7-3），并应符合下列要求：

当等边三角形排列

$$d_e = 1.05s \tag{7-6}$$

当正方形排列

$$d_e = 1.13s \tag{7-7}$$

式中 d_e——竖井的有效排水直径；

　　　　s——竖井的间距。

在预压区边缘应设置排水沟，在预压区内宜设置与砂垫层相连的排水盲沟，排水盲沟的间距不宜大于20m。

砂井的砂料应选用中粗砂，其黏粒含量不应大于3%。

堆载预压处理地基设计的平均固结度不宜低于90%，且应在现场监测的变形速率明显变缓时方可卸载。

4. 固结度、土的抗剪强度与地基变形计算

当不考虑井阻和涂抹时，一级或多级等速加载条件下，当固结时间为 t 时，对应总荷载的地基平均固结度可按下式计算：

$$\overline{U}_t = \sum_{i=1}^{n} \frac{\dot{q}_i}{\sum \Delta p} \left[(T_i - T_{i-1}) - \frac{\alpha}{\beta} e^{-\beta t} \left(e^{\beta T_i} - e^{\beta T_{i-1}} \right) \right] \tag{7-8}$$

式中　$\overline{U}_t$——t 时间地基的平均固结度；

　　　$\dot{q}_i$——第 i 级荷载的加载速率（kPa/d）；

　　　$\sum \Delta p$——各级荷载的累加值（kPa）；

T_{i-1}，T_i——分别为第 i 级荷载加载的起始和终止时间（从零点起算）（d），当计算第 i 级荷载加载过程中某时间 t 的固结度时，T_i 改为 t；

　　　α、β——参数，根据地基土排水固结条件按表 7-3 采用。

α 和 β 值　　　　　　　　　　　　　表 7-3

排水固结条件 ＼ 参数	竖向排水固结 $\overline{U}_z > 30\%$	向内径向排水固结	竖向和向内径向排水固结（竖井穿透受压土层）	说　明
α	$\dfrac{8}{\pi^2}$	1	$\dfrac{8}{\pi^2}$	$F_n = \dfrac{n^2}{n^2-1} \ln(n) - \dfrac{3n^2-1}{4n^2}$ c_h——土的径向排水固结系数（cm^2/s）； c_v——土的竖向排水固结系数（cm^2/s）； H——土层竖向排水距离（cm）； $\overline{U}_z$——双面排水土层或固结应力均匀分布的单面排水土层平均固结度
β	$\dfrac{\pi^2 c_v}{4H^2}$	$\dfrac{8c_h}{F_n d_e^2}$	$\dfrac{8c_h}{F_n d_e^2} + \dfrac{\pi^2 c_v}{4H^2}$	

计算预压荷载下饱和黏性土地基中某点的抗剪强度时，应考虑土体原来的固结状态。对正常固结饱和黏性土地基，某点某一时间的抗剪强度可按下式计算：

$$\tau_{ft} = \tau_{f0} + \Delta \sigma_z \cdot U_t \tan \varphi_{cu} \tag{7-9}$$

式中　τ_{ft}——t 时刻，该点土的抗剪强度（kPa）；

　　　τ_{f0}——地基土的天然抗剪强度（kPa）；

　　　$\Delta \sigma_z$——预压荷载引起的该点的附加竖向应力（kPa）；

　　　U_t——该点土的固结度；

　　　φ_{cu}——三轴固结不排水压缩试验求得的土的内摩擦角（°）。

预压荷载下地基最终竖向变形量的计算可取附加应力与土自重应力的比值为 0.1 的深度作为压缩层的计算深度，可按下式计算最终竖向变形量：

$$s_f = \xi \sum_{i=1}^{n} \frac{e_{0i} - e_{1i}}{1 + e_{0i}} h_i \tag{7-10}$$

式中　s_f——最终竖向变形量（m）；

e_{0i}——第 i 层中点土自重应力所对应的孔隙比，由室内固结试验 e-p 曲线查得；

e_{1i}——第 i 层中点土自重应力与附加应力之和所对应的孔隙比，由室内固结试验 e-p 曲线查得；

h_i——第 i 层土层厚度（m）；

ξ——经验系数，可按地区经验确定。无经验时对正常固结饱和黏性土地基可取 $\xi=1.1\sim1.4$；荷载较大或地基软弱土层厚度大时应取较大值。

【例 7-2】 某 20m 厚淤泥质土，$c_v=1.8\times10^{-3}\,\text{cm}^2/\text{s}$，$c_h=2.8\times10^{-3}\,\text{cm}^2/\text{s}$，采用砂井和堆载预压加固，砂井直径 $d_w=70\text{mm}$，等边三角形布置，间距 1.4m，深度 20m，砂井底部为不透水层，预压荷载分 2 级施加，第一级 60kPa，10d 内加完，预压 20d；第二级 40kPa，10d 内加完，预压 80d，如图 7-4 所示。

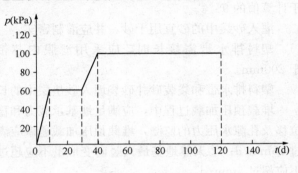

图 7-4 加载过程

试问：不考虑竖直井阻和涂抹影响，加载 120d 时受压土层的平均固结度。

【解】（1）确定加载速率

$$d_e=1.05l=1.05\times140=147\text{cm}$$

$$n=d_e/d_w=147/7=21$$

取

$$H=2000\text{cm}$$

$$\alpha=\frac{8}{\pi^2}=0.811$$

$$F_n=\frac{n^2}{n^2-1}\ln(n)-\frac{3n^2-1}{4n^2}=\frac{21^2}{21^2-1}\ln21-\frac{3\times21^2-1}{4\times21^2}$$

$$=2.30$$

$$\beta=\frac{8c_h}{F_nd_e^2}+\frac{\pi^2c_v}{4H^2}=\frac{8\times2.8\times10^{-3}}{2.30\times147^2}+\frac{\pi^2\times1.8\times10^{-3}}{4\times2000^2}$$

$$=4.517\times10^{-7}/\text{s}=0.0390/\text{d}$$

第一级加载速率：$\dot{q}_1=60/10=6\text{kPa/d}$

第二级加载速率：$\dot{q}_2=40/10=4\text{kPa/d}$

（2）求固结度 $\overline{U}_t$：

$$\overline{U}_t=\sum_{i=1}^n\frac{\dot{q}_i}{\sum\Delta p}\Big[(T_i-T_{i-1})-\frac{\alpha}{\beta}e^{-\beta t}(e^{\beta T_i}-e^{\beta T_{i-1}})\Big]$$

$$=\frac{\dot{q}_1}{\sum\Delta p}\Big[(T_1-T_0)-\frac{\alpha}{\beta}e^{-\beta t}(e^{\beta T_1}-e^{\beta T_0})\Big]$$

$$+\frac{\dot{q}_2}{\sum\Delta p}\Big[(T_3-T_2)-\frac{\alpha}{\beta}e^{-\beta t}(e^{\beta T_3}-e^{\beta T_2})\Big]$$

$$=\frac{6}{100}\Big[(10-0)-\frac{0.811}{0.039}e^{-0.039\times120}(e^{0.039\times10}-e^0)\Big]$$

$$+ \frac{4}{100}\left[(40-30) - \frac{0.811}{0.039}e^{-0.039\times120}(e^{0.039\times40} - e^{0.039\times30})\right]$$

$$=0.975$$

$$=97.5\%$$

5. 施工

砂井的灌砂量,应按井孔的体积和砂在中密状态时的干密度计算,实际灌砂量不得小于计算值的 95%。

灌入砂袋中的砂宜用干砂,并应灌制密实。

塑料排水带需接长时,应采用滤膜内芯带平搭接的连接方法,搭接长度宜大于 200mm。

塑料排水带和袋装砂井砂袋埋入砂垫层中的长度不应小于 500mm。

堆载预压加载过程中,应满足地基承载力和稳定控制要求,并应进行竖向变形、水平位移及孔隙水压力的监测,堆载预压加载速率应满足:①竖井地基最大竖向变形量不应超过 15mm/d;②天然地基最大竖向变形量不应超过 10mm/d;③堆载预压边缘处水平位移不应超过 5mm/d。

7.3.2　真空预压法

1. 工作原理

真空预压法是将不透气的薄膜铺设在准备加固的地基表面的砂垫层上,借助于真空泵和埋设在垫层内的管道将垫层内和砂井中的空气抽出,形成真空腔,促使垫层下待加固的

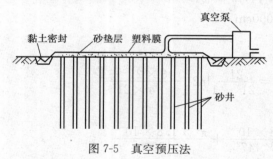

图 7-5　真空预压法

软土排水压密,其布置如图 7-5 所示。在铺设密封膜前,大气压力 p_a 作用于土内孔隙水上,但没有压差,孔隙水不渗流,土体也未压密。铺膜后,地基土与大气隔开,当膜下空气被抽出,砂垫层和砂井内的气压降低至 p_v,出现压差 $\Delta p(\Delta p = p_a - p_v)$,使砂井周围土中水向砂井渗流并经砂垫层排出(即:在负压力作用下围绕或在吸力作用下固结)。在渗流的过程中,地基土内孔隙水的压力也逐渐降至 p_v,这时渗流就停止了。大气压力 p_a 不变,亦即地基内的总应力不变,根据有效应力原理,孔隙流体压力的减小等于骨架压力的增加,显然渗流的过程就是压差 Δp 从孔隙水转移到土骨架的过程,也就是地基土压密的过程。可见,真空预压的压力,就是压差 Δp,也称为真空度。

真空预压法与堆载预压法有很大的不同,堆载预压法是在要加固的地基表面堆填荷载,使地基内土的总应力增加,剪应力也随着增加,导致堆载下面的土体向外挤出(即:正压力作用下固结)。真空预压法因为地面没有增加荷载,地基土中的总应力不变,剪应力没有增加,土体没有向外挤出的趋势,因而不会发生地基剪切破坏。所以真空预压法可以不必控制加载速率,可以在短期内一次提高真空度达到要求的数值,缩短预压时间。

真空预压法具有设备简单、施工方便、工期较短、工程造价低、对环境污染少的优点。

2. 设计内容

真空预压处理地基应设置排水竖井（同前述堆载预压法），其设计应包括下列内容：

（1）竖井断面尺寸、间距、排列方式和深度；

（2）预压区面积和分块大小；

（3）真空预压施工工艺；

（4）要求达到的真空度和土层的固结度；

（5）真空预压和建筑物荷载下地基的变形计算；

（6）真空预压后的地基承载力增长计算。

真空预压区边缘应大于建筑物基础轮廓线，每边增加量不得小于 3.0m。

真空预压竖向排水通道宜穿透软土层，但不应进入下卧透水层。

真空预压的膜下真空度应稳定地保持在 86.7kPa（650mmHg）以上，且应均匀分布，排水竖井深度范围内土层的平均固结度应大于 90%。

真空预压的膜下真空度应符合设计要求，且预压时间不宜低于 90d。

真空预压法，其地基固结度、地基土的强度增长值，以及地基变形计算与前述堆载预压法完全相同。

3. 施工

真空预压的抽气设备宜采用射流真空泵，真空泵空抽吸力不应低于 95kPa。真空泵的设置应根据地基预压面积、形状、真空泵效率和工程经验确定，每块预压区设置的真空泵不应少于两台。

真空管路设置应满足：①真空管路的连接应密封，真空管路中应设置止回阀和截门；②水平向分布滤水管可采用条状、梳齿状及羽毛状等形式，滤水管布置宜形成回路；③滤水管应设在砂垫层中，上覆砂层厚度宜为100~200mm；④滤水管可采用钢管或塑料管，应外包尼龙纱或土工织物等滤水材料。

密封膜应采用抗老化性能好、韧性好、抗穿刺性能强的不透气材料；密封膜热合时，宜采用双热合缝的平搭接，搭接宽度应大于 15mm；密封膜宜铺设三层，膜周边可采用挖沟埋膜，平铺并用黏土覆盖压边、围埝沟内及膜上覆水等方法进行密封。

地基土渗透性强时，应设置黏土密封墙。黏土密封墙宜采用双排搅拌桩，搅拌桩直径不宜小于 700mm；当搅拌桩深度小于 15m 时，搭接宽度不宜小于 200mm；当搅拌桩深度大于 15m 时，搭接宽度不宜小于 300mm；搅拌桩成桩搅拌应均匀，黏土密封墙的渗透系数应满足设计要求。

7.3.3 堆载预压法和真空预压法的质量检验

堆载预压法和真空预压法的竣工验收质量检验的要求如下：

排水竖井处理深度范围内和竖井底面以下受压土层，经预压所完成的竖向变形和平均固结度应满足设计要求。

应对预压的地基土进行原位试验和室内土工试验。

原位试验可采用十字板剪切试验或静力触探，检验深度不应小于设计处理深度。原位试验和室内土工试验，应在卸载 3d~5d 后进行。检验数量按每个处理分区不少于 6 点进行检测，对于堆载斜坡处应增加检验数量。

预压处理后的地基承载力应按处理后地基静载荷试验进行确定。

7.4 压实法与夯实法

7.4.1 压实法与压实地基

压实法是利用平碾、振动碾、冲击碾或其他碾压设备将地基土分层压密实,其处理后的人工地基称为压实地基。

压实法的工作机理就是应用土的压实原理。有关土的压实原理见本书第2章土力学。

压实法适用于处理大面积填土地基。

压实机械可分为压路机和夯实机。其中,压路机可分为静碾压、轮胎压、振动压、冲击式等压路机(图7-6)。夯实机可分为振动夯实机(又细分平板、冲击夯实机)(图7-7)、打击夯实机(又细分爆炸式、蛙式夯实机)。

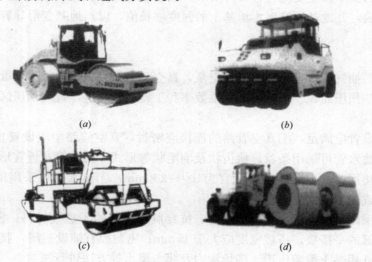

图 7-6 压路机

(a)静碾光轮压路机;(b)自行式轮胎压路机;(c)串联式振动压路机;(d)冲击式压路机

地下水位以上填土,可采用碾压法和振动压实法,非黏性土或黏粒含量少、透水性较好的松散填土地基宜采用振动压实法。

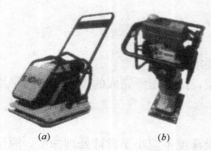

图 7-7 夯实机

(a)平板夯实机;(b)冲击夯实机

1. 压实地基的设计

压实地基的设计应根据建筑物体型、结构与荷载特点、场地土层条件、变形要求及填料等因素确定。对大型、重要或场地地层条件复杂的工程,在正式施工前,应通过现场试验确定地基处理效果。以压实填土作为建筑地基持力层时,应根据建筑结构类型、填料性能和现场条件等,对拟压实的填土提出质量要求。未经检验,且不符合质量要求的压实填土,不得作为建筑地基持力层。

压实填土的填料可选用粉质黏土、灰土、粉煤灰、级配良好的砂土或碎石土，以及质地坚硬、性能稳定、无腐蚀性和无放射性危害的工业废料等，并应满足下列要求：

(1) 以碎石土作填料时，其最大粒径不宜大于 100mm；

(2) 以粉质黏土、粉土作填料时，其含水量宜为最优含水量，可采用击实试验确定；

(3) 不得使用淤泥、耕土、冻土、膨胀土以及有机质含量大于 5% 的土料；

(4) 采用振动压实法时，宜降低地下水位到振实面下 600mm。

碾压法和振动压实法施工时，应根据压实机械的压实性能，地基土性质、密实度、压实系数和施工含水量等，并结合现场试验确定碾压分层厚度、碾压遍数、碾压范围和有效加固深度等施工参数。初步设计可按表 7-4 选用。

填土每层铺填厚度及压实遍数 表 7-4

施工设备	每层铺填厚度（mm）	每层压实遍数
平碾（8t~12t）	200~300	6~8
羊足碾（5t~16t）	200~350	8~16
振动碾（8t~15t）	500~1200	6~8
冲击碾压（冲击势能 15kJ~25kJ）	600~1500	20~40

压实填土的质量以压实系数 λ_c 控制，并应根据结构类型和压实填土所在部位按表 7-5 的要求确定。

压实填土的质量控制 表 7-5

结构类型	填土部位	压实系数 λ_c	控制含水量（%）
砌体承重结构 和框架结构	在地基主要受力层范围以内	≥0.97	$w_{op} \pm 2$
	在地基主要受力层范围以下	≥0.95	
排架结构	在地基主要受力层范围以内	≥0.96	
	在地基主要受力层范围以下	≥0.94	

注：地坪垫层以下及基础底面标高以上的压实填土，压实系数不应小于 0.94。

压实填土的最大干密度和最优含水量，宜采用击实试验确定，当无试验资料时，最大干密度可按下式计算：

$$\rho_{dmax} = \eta \frac{\rho_w d_s}{1 + 0.01 w_{op} d_s} \tag{7-11}$$

式中 ρ_{dmax}——分层压实填土的最大干密度（t/m³）；

　　　　η——经验系数，粉质黏土取 0.96，粉土取 0.97；

　　　　ρ_w——水的密度（t/m³）；

　　　　d_s——土粒相对密度（比重）（t/m³）；

　　　　w_{op}——填料的最优含水量（%）。

当填料为碎石或卵石时，其最大干密度可取 2.1t/m³~2.2t/m³。

设置在斜坡上的压实填土，应验算其稳定性。

压实填土地基承载力特征值,应根据现场静载荷试验确定,或可通过动力触探、静力触探等试验,并结合静载荷试验结果确定。

压实填土地基的变形,可按现行国家标准《建筑地基基础设计规范》GB 50007—2011的有关规定计算,压缩模量应通过处理后地基的原位测试或土工试验确定。

2. 压实地基的施工

填料前,应清除填土层底面以下的耕土、植被或软弱土层等。压实填土施工过程中,应采取防雨、防冻措施,防止填料(粉质黏土、粉土)受雨水淋湿或冻结。基槽内压实时,应先压实基槽两边,再压实中间。

冲击碾压法施工的冲击碾压宽度不宜小于 6m,工作面较窄时,需设置转弯车道,冲压最短直线距离不宜少于 100m,冲压边角及转弯区域应采用其他措施压实;施工时,地下水位应降低到碾压面以下 1.5m。

性质不同的填料,应采取水平分层、分段填筑,并分层压实;同一水平层,应采用同一填料,不得混合填筑;填方分段施工时,接头部位如不能交替填筑,应按 1∶1 坡度分层留台阶;如能交替填筑,则应分层相互交替搭接,搭接长度不小于 2m;压实填土的施工缝,各层应错开搭接,在施工缝的搭接处,应适当增加压实遍数;边角及转弯区域应采取其他措施压实,以达到设计标准。

3. 压实地基的质量检验

在施工过程中,应分层取样检验土的干密度和含水量;每 50m² ~ 100m² 面积内应设不少于 1 个检测点,每一个独立基础下,检测点不少于 1 个点,条形基础每 20 延米设检测点不少于 1 个点,压实系数不得低于本规范表 7-5 的规定;采用灌水法或灌砂法检测的碎石土干密度不得低于 2.0t/m³。

地基承载力验收检验,可通过静载荷试验并结合动力触探、静力触探、标准贯入等试验结果综合判定。每个单体工程静载荷试验不应少于 3 点。

压实地基的施工质量检验应分层进行。每完成一道工序,应按设计要求进行验收,未经验收或验收不合格时,不得进行下一道工序施工。

7.4.2　夯实法与夯实地基

夯实法是指将夯锤反复提到高处使其自由落下,给予地基土冲击和振动能量,将土压密实,其经处理后的人工地基称为夯实地基。

夯实法分为强夯法、强夯置换法,其相应的人工地基称为强夯地基、强夯置换地基。

强夯地基适用于碎石土、砂土、低饱和度的粉土与黏性土、湿陷性黄土、素填土和杂填土等地基;强夯置换地基适用于高饱和度的粉土与软塑~流塑的黏性土地基上对变形要求不严格的工程。

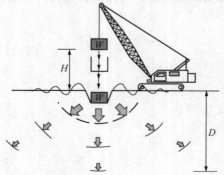

图 7-8　夯实法处理地基示意图
W—锤重;H—落距;D—最大加固深度

1. 工作机理

夯实法的工作机理如下(图 7-8):

(1)动力密实机理。强夯加固多孔隙、粗颗粒、非饱和土为动力密实机理，即强大的冲击能强制超压密地基，使土中气相体积大幅度减小。

（2）动力固结机理。强夯加固细粒饱和土为动力固结机理，即强大的冲击能与冲击波破坏土的结构，使土体局部液化并产生许多裂隙，作为孔隙水的排水通道，加速土体固结，使土体发生触变，强度逐步恢复。

（3）动力置换机理。强夯加固淤泥为动力置换机理，即强夯将碎石整体挤入淤泥成整式置换或间隔夯入淤泥成桩式碎石墩。

2. 强夯地基的设计

强夯处理范围应大于建筑物基础范围，每边超出基础外缘的宽度宜为基底下设计处理深度的 1/2~2/3，且不应小于 3m；对可液化地基，基础边缘的处理宽度，不应小于 5m。

夯击点位置可根据基础底面形状，采用等边三角形、等腰三角形或正方形布置。第一遍夯击点间距可取夯锤直径的（2.5~3.5）倍，第二遍夯击点应位于第一遍夯击点之间。以后各遍夯击点间距可适当减小。对处理深度较深或单击夯击能较大的工程，第一遍夯击点间距宜适当增大。

强夯法的有效加固深度应根据现场试验或当地的经验确定。当缺乏试验资料和经验时，也可按下式估算：

$$H = k\sqrt{\frac{Mh}{10}} \qquad (7-12)$$

式中　　H——有效加固深度（m）；

　　　　M——锤重（kN）；

　　　　h——落距（m）；

　　　　k——与土的性质和夯击方法有关的系数，一般变化范围为 0.4~0.8。夯击能量大，取低值。

H 值也可用表 7-6 进行预估。

强夯的有效加固深度（m） 表 7-6

单击夯击能 E（kN·m）	碎石土、砂土等粗颗粒土	粉土、粉质黏土、湿陷性黄土等细颗粒土
1000	4.0~5.0	3.0~4.0
2000	5.0~6.0	4.0~5.0
3000	6.0~7.0	5.0~6.0
4000	7.0~8.0	6.0~7.0
5000	8.0~8.5	7.0~7.5
6000	8.5~9.0	7.5~8.0
8000	9.0~9.5	8.0~8.5
10000	9.5~10.0	8.5~9.0
12000	10.0~11.0	9.0~10.0

注：强夯法的有效加固深度应从最初起夯面算起；单击夯击能 E 大于 12000kN·m 时，强夯的有效加固深度应通过试验确定。

夯点的夯击次数，应根据现场试夯的夯击次数和夯沉量关系曲线确定，并应同时满足：①最后两击的平均夯沉量，宜满足表 7-7 的要求，当单击夯击能 E 大于 12000kN·m 时，应通过试验确定；②夯坑周围地面不应发生过大的隆起；③不因夯坑过深而发生提锤困难。

强夯法最后两击平均夯沉量（mm）　　　　　　表7-7

单击夯击能 E (kN·m)	最后两击平均夯沉量不大于 (mm)	单击夯击能 E (kN·m)	最后两击平均夯沉量不大于 (mm)
$E<4000$	50	$6000 \leqslant E<8000$	150
$4000 \leqslant E<6000$	100	$8000 \leqslant E<12000$	200

夯击遍数应根据地基土的性质确定，可采用点夯（2～4）遍，对于渗透性较差的细颗粒土，应适当增加夯击遍数；最后以低能量满夯2遍，满夯可采用轻锤或低落距锤多次夯击，锤印搭接。

两遍夯击之间，应有一定的时间间隔，间隔时间取决于土中超静孔隙水压力的消散时间。当缺少实测资料时，可根据地基土的渗透性确定，对于渗透性较差的黏性土地基，间隔时间不应少于（2～3）周；对于渗透性好的地基可连续夯击。

强夯地基承载力特征值应通过现场静载荷试验确定。

强夯地基变形计算，应符合现行国家标准《建筑地基基础设计规范》有关规定。夯后有效加固深度内土的压缩模量，应通过原位测试或土工试验确定。

3. 强夯地基的施工

强夯夯锤质量宜为10t～60t，其底面形式宜采用圆形，锤底面积宜按土的性质确定，锤底静接地压力值宜为25kPa～80kPa，单击夯击能高时，取高值，单击夯击能低时，取低值，对于细颗粒土宜取低值。锤的底面宜对称设置若干个上下贯通的排气孔，孔径宜为300～400mm。

强夯法施工（图7-9），应按下列步骤进行：

（1）清理并平整施工场地；

（2）标出第一遍夯点位置，并测量场地高程；

（3）起重机就位，夯锤置于夯点位置；

（4）测量夯前锤顶高程；

（5）将夯锤起吊到预定高度，开启脱钩装置，夯锤脱钩自由下落，放下吊钩，测量锤顶高程；若发现因坑底倾斜而造成夯锤歪斜时，应及时将坑底整平；

（6）重复步骤（5），按设计规定的夯击次数及控制标准，完成一个夯点的夯击；当夯坑过深，出现提锤困难，但无明显隆起，而尚未达到控制标准时，宜将夯坑回填至与坑顶齐平后，继续夯击；

（7）换夯点，重复步骤（3）～（6），完成第一遍全部夯点的夯击；

（8）用推土机将夯坑填平，并测量场地高程；

图7-9　强夯法施工

（9）在规定的间隔时间后，按上述步骤逐次完成全部夯击遍数；最后，采用低能量满夯，将场地表层松土夯实，并测量夯后场地高程。

4. 强夯地基的质量检验

强夯处理后的地基承载力检验，应在施工结束后间隔一定时间进行，对于碎石土和砂土地基，间隔时间宜为（7~14）d；粉土和黏性土地基，间隔时间宜为（14~28）d。

强夯地基均匀性检验，可采用动力触探试验或标准贯入试验、静力触探试验等原位测试，以及室内土工试验。检验点的数量，对于简单场地上的一般建筑物，按每 $400m^2$ 不少于 1 个检测点，且不少于 3 点；对于复杂场地或重要建筑地基，每 $300m^2$ 不少于 1 个检验点，且不少于 3 点。

强夯地基承载力检验的数量，应根据场地复杂程度和建筑物的重要性确定，对于简单场地上的一般建筑，每个建筑地基载荷试验检验点不应少于 3 点。

5. 强夯置换地基

（1）设计

强夯置换墩的深度应由土质条件决定。除厚层饱和粉土外，应穿透软土层，到达较硬土层上，深度不宜超过 10m。

墩体材料可采用级配良好的块石、碎石、矿渣、工业废渣、建筑垃圾等坚硬粗颗粒材料，且粒径大于 300mm 的颗粒含量不宜超过 30%。

墩位布置宜采用等边三角形或正方形。对独立基础或条形基础可根据基础形状与宽度作相应布置。墩间距应根据荷载大小和原状土的承载力选定，当满堂布置时，可取夯锤直径的（2~3）倍。对独立基础或条形基础可取夯锤直径的（1.5~2.0）倍。墩的计算直径可取夯锤直径的（1.1~1.2）倍。

墩顶应铺设一层厚度不小于 500mm 的压实垫层，垫层材料宜与墩体材料相同，粒径不宜大于 100mm。

（2）质量检验

强夯置换后的地基竣工验收，除应采用单墩静载荷试验进行承载力检验外，尚应采用动力触探等查明置换墩着底情况及密度随深度的变化情况。

强夯置换地基单墩载荷试验数量不应少于墩点数的 1%，且不少于 3 点；对饱和粉土地基，当处理后墩间土能形成 2.0m 以上厚度的硬层时，其地基承载力可通过现场单墩复合地基静载荷试验确定，检验数量不应少于墩点数的 1%，且每个建筑载荷试验检验点不应少于 3 点。

7.5 复合地基概述

7.5.1 复合地基的概念与分类

1. 概念

复合地基是指地基部分土体被增强或被置换或在天然地基中设置加筋体，形成由地基土和增强体共同承担荷载的人工地基。其中，增强体又可分为竖向增强体、水平增强体。在房屋建筑物中，一般采用竖向增强体，而在公路、铁路、机场、堤坝、堆场中广泛采用水平增强体。本书主要介绍房屋建筑物的复合地基（即竖向增强体情况），习惯称为桩体复合地基。竖向增强体习惯称为桩体或桩。

桩体复合地基（以下称为复合地基）的特征是：桩和桩间土共同直接承担荷载，如图7-10所示，荷载通过基础一部分直接传递给地基土体，另一部分通过桩体传递给地基土体。

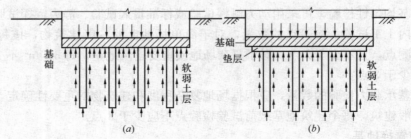

图 7-10　桩体复合地基荷载传递路线示意图
(a) 无垫层复合地基；(b) 有垫层复合地基

2. 分类

根据桩体材料性质，复合地基可分为散体材料增强体复合地基和有粘结强度增强体复合地基；后者根据增强体刚度大小又细分为：柔性增强体复合地基和刚性增强体复合地基，如图7-11所示。

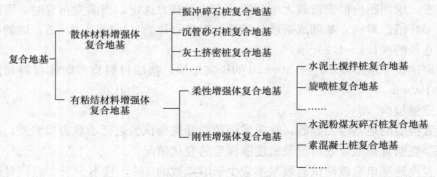

图 7-11　复合地基的分类

3. 复合地基的形成条件

复合地基中桩和桩间土共同直接承担荷载是形成复合地基的必要条件，在复合地基设计中要充分重视。在荷载作用下，桩体和桩间土是否能够共同直接承担上部结构传来的荷载是有条件的，即复合地基的形成是有条件的。

（1）散体材料增强体（或称为散体材料桩）

散体材料桩在荷载作用下产生侧向鼓胀变形，能够保证桩体和桩间土共同直接承担上部结构传来的荷载。因此当竖向增强体为散体材料桩时，各种情况均可满足桩和桩间土共同直接承担上部荷载。

（2）有粘结材料增强体（或称为有粘结材料桩）

如图7-12（a）所示，不设垫层，桩端落在可压缩层，在荷载作用下，桩和桩间土沉降量相同，则可保证桩和桩间土共同直接承担荷载。

如图 7-12（b）所示，当桩落在不可压缩层上，在基础下设置一定厚度的柔性垫层，在荷载作用下，通过基础下柔性垫层的协调，也可保证桩和桩间土共同承担荷载。但需要注意分析柔性垫层对桩和桩间土的差异变形的协调能力，以及桩和桩间土之间可能产生的最大差异变形两者的关系。如果桩和桩间土之间可能产生的最大差异变形超过柔性垫层对桩和桩间土的差异变形的协调能力，那么虽在基础下设置了一定厚度的柔性垫层，在荷载作用下，也不能保证桩和桩间土始终共同直接承担荷载。

如图 7-12（c）所示，当桩落在不可压缩层上，而且未设置垫层。在荷载作用下，开始时桩和桩间土中的竖向应力大小大致上按两者的模量比分配，但是随着土体产生蠕变，土中应力不断减小，而桩中应力逐渐增大，荷载逐渐向桩上转移。若 $E_p \gg E_{s1}$，则桩间土承担的荷载比例极小。特别是遇到地下水位下降等情况，桩间土体进一步压缩，桩间土可能不再承担荷载。在这种情况下，桩与桩间土难以共同直接承担荷载，也就是说桩和桩间土不能形成复合地基以共同承担上部结构传来的荷载。

如图 7-12（d）所示，当桩穿透最薄弱土层，落在相对好的土层上，$E_{s3} > E_{s1}$，在这种情况下，应重视 E_p、E_{s1} 和 E_{s3} 三者之间的关系，保证在荷载作用下桩和桩间土通过变形协调共同承担荷载。因此采用粘结材料桩，特别是刚性桩形成的复合地基需要重视复合地基形成条件分析。

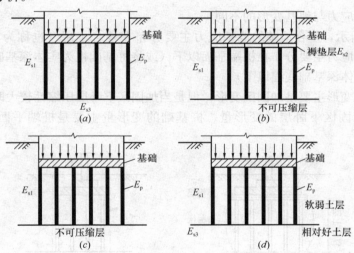

图 7-12　复合地基形成条件

（a）桩端落在可压缩层；（b）设垫层；（c）不设垫层；（d）桩端落在相对好土层

$E_p > E_{s1}$，$E_p > E_{s2}$，$E_p > E_{s3}$

E_p—桩体压缩模量；E_{s1}—桩间土压缩模量；E_{s2}—褥垫层压缩模量；E_{s3}—下卧层压缩模量

4. 复合地基与桩基础的区别

（1）荷载传递路线的不同

桩基础可分为摩擦型桩基础和端承型桩基础两类。对摩擦型桩基础，荷载通过桩承台传递给桩体，桩体主要通过桩侧摩阻力将荷载传递给地基土体；对端承型桩基础，荷载通过桩承台传递给桩体，桩体主要通过桩端端承力将荷载传递给地基土体。因此，对桩基础，荷载通过桩承台传递给桩体，再通过桩体传递给地基土体，如图 7-13 所示。

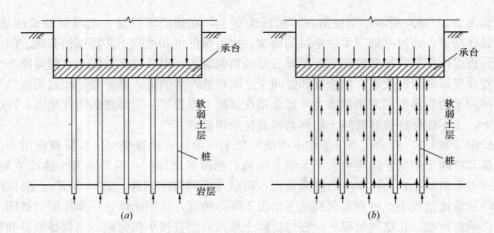

图 7-13　桩基础

(a) 端承型桩基础；(b) 摩擦型桩基础

复合地基的荷载传递路径是（前图 7-10）：

荷载通过基础一部分传递给地基土，另一部分传递给竖向增强体，再由竖向增强体传递给地基土。

（2）地基土应力与地基变形的不同

如图 7-14 所示，复合地基的地基应力主要分布在复合土层（也称为加固区）范围，而桩基础的地基应力主要分布在桩端平面以下（或将桩基础视为实体深基础，故其地基应力主要分布在实体深基础底面以下）。

复合地基的变形主要是加固区变形，但是当加固区下卧层压缩性较大时，复合地基的变形量主要是加固区下卧层的变形量。桩基础的变形量主要是桩端平面下的地基土变形量。

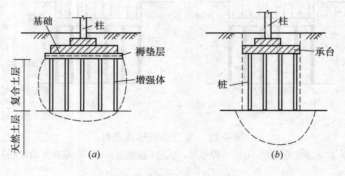

图 7-14

(a) 复合地基；(b) 桩基础

需注意的是，对于刚性增强体复合地基（如水泥粉煤灰碎石桩复合地基，简称 CFG 桩复合地基），其地基的受力特性及变形逐渐与桩基础的受力特性及变形相似。

（3）基本内涵的不同

复合地基属于地基范畴，桩基础属于基础范畴，故复合地基在确定基础底面积及埋深时，可对复合地基地基承载力特征值进行深度修正（宽度不修正），而桩基础不存在深度、宽度修正。

7.5.2 复合地基的工作机理

复合地基的工作机理主要是竖向增强体的作用，其次是褥垫层的作用。

1. 竖向增强体（或称为桩体）

竖向增强体在复合地基中对提高地基承载力、减小变形起重要作用。

竖向增强体的刚度远大于其周围的土体，由于变形协调，上部结构传来的荷载通过基础主要传递给刚度大的竖向增强体，这体现了竖向增强体的桩体效应。竖向增强体的刚度越大，其桩体效应越明显。

竖向增强体对其周围土产生挤密效应，是因为某些增强体（如：碎石桩、CFG 桩等）在施工过程中会对其周围土体产生挤密作用。竖向增强体还发挥排水固结效应，如碎石桩复合地基，碎石桩具有良好的透水性，有利于地基土中的水的消散和地基土的固结。此外，增强体有利于基础底面附加压力的扩散，如：散体材料增强体，其力学性质与其周围土体相近，故复合土层（加固层）与其下卧土层类似于上层坚硬、下层软弱的双层地基，故具有压力扩散作用。有粘结强度材料增强体与基础可视为实体深基础，荷载通过实体深基础传递到实体深基础底面下的地基土体（即增强体底部地基土体），故对基底附加压力也具有扩散作用。

2. 褥垫层

在有粘结增强体复合地基中，褥垫层的作用如下：

（1）保证桩、土共同承担荷载，它是形成复合地基的重要条件。

（2）通过改变褥垫层厚度，调整桩垂直荷载的分担，通常褥垫层越薄，桩承担的荷载占总荷载的百分比越高。

（3）减少基础底面的应力集中。

（4）调整桩、土水平荷载的分担，褥垫层越厚，土分担的水平荷载占总荷载的百分比越大，桩分担的水平荷载占总荷载的百分比越小。

（5）褥垫层的设置，可使桩间土承载力充分发挥，作用在桩间土表面的荷载在桩侧的土单元体产生竖向和水平向附加应力，水平向附加应力作用在桩表面具有增大侧阻的作用，在桩端产生的竖向附加应力对提高单桩承载力是有益的。

需注意的是，工程实践表明，褥垫层厚度也不能太厚，这是因为太厚容易发生桩、土的不均匀变形，从而导致地基基础事故的发生。

7.5.3 复合地基的计算

复合地基的计算内容包括：①复合地基地基承载力的确定；②复合地基变形计算；③复合地基稳定性验算。

1. 复合地基地基承载力的确定

复合地基地基承载力特征值应通过复合地基静载荷试验确定，或者采用增强体静载荷试验结果和其周边土的承载力特征值结合经验确定。

初步设计时，复合地基地基承载力特征值可按公式估算，具体分为如下两类：

（1）散体材料增强体复合地基的公式估算，见本章第 6 节；

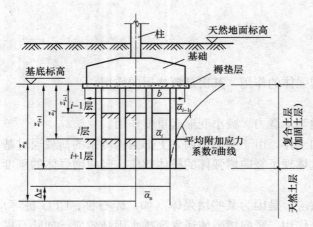

图 7-15 复合地基沉降计算分层示意图

（2）有粘结强度增强体复合地基的公式估算，见本章第 7 节。

2. 复合地基变形计算

复合地基变形计算应符合现行《建筑地基基础设计规范》GB 50007—2011 的有关规定，地基变形计算深度应大于复合土层的深度（图 7-15）。复合土层的分层与天然地基相同，各复合土层的压缩模量等于该层天然地基压缩模量的 ζ 倍，ζ 值可按下式确定：

$$\zeta = \frac{f_{spk}}{f_{ak}} \tag{7-13}$$

式中 f_{ak}——基础底面下天然地基承载力特征值（kPa）。

复合地基的沉降计算经验系数 ψ_s 可根据地区沉降观测资料统计值确定，无经验取值时，可采用表 7-8 的数值。

沉降计算经验系数 ψ_s　　　　　　　　　　表 7-8

$\overline{E}_s$（MPa）	4.0	7.0	15.0	20.0	35.0
ψ_s	1.0	0.7	0.4	0.25	0.2

注：$\overline{E}_s$ 为变形计算深度范围内压缩模量的当量值，应按下式计算：

$$\overline{E}_s = \frac{\sum_{i=1}^{n} A_i + \sum_{j=1}^{m} A_j}{\sum_{i=1}^{n} \frac{A_i}{E_{spi}} + \sum_{j=1}^{m} \frac{A_j}{E_{sj}}} \tag{7-14}$$

式中：A_i——加固土层第 i 层土附加应力系数沿土层厚度的积分值；

A_j——加固土层下第 j 层土附加应力系数沿土层厚度的积分值。

3. 复合地基稳定性验算

复合地基稳定性验算可采用圆弧滑动法，其稳定安全系数不应小于 1.30。

7.6 散体材料增强体复合地基

7.6.1 散体材料增强体复合地基的基本规定

复合地基设计前，应在有代表性的场地上进行现场试验或试验性施工，以确定设计参数和处理效果。

对散体材料复合地基增强体应进行密实度检验。

复合地基承载力的验收检验应采用复合地基静载荷试验。

初步设计时，对散体材料增强体复合地基应按下式估算：

$$f_{spk} = [1 + m(n-1)]f_{sk} \tag{7-15}$$

式中　f_{spk}——复合地基承载力特征值（kPa）；

f_{sk}——处理后桩间土承载力特征值（kPa），可按地区经验确定；

n——复合地基桩土应力比，可按地区经验确定；

m——面积置换率，$m = d^2 / d_e^2$；d 为桩身平均直径（m），d_e 为一根桩分担的处理地基面积的等效圆直径（m）；等边三角形布桩 $d_e = 1.05s$，正方形布桩 $d_e = 1.13s$，矩形布桩 $d_e = 1.13\sqrt{s_1 s_2}$，s、s_1、s_2 分别为桩间距、纵向桩间距和横向桩间距（图 7-16）。

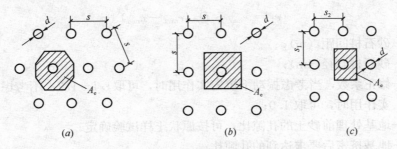

图 7-16　桩体平面布置形式

（a）等边三角形布置；（b）正方形布置；（c）矩形布置

注：图中阴影面积为 1 根桩分担的地基处理的面积 $A_e = \pi d_e^2 / 4$

其他要求，应满足本章前述第 5 节规定。

7.6.2　振冲碎石桩和沉管砂石桩复合地基

1. 适用范围

振冲碎石桩、沉管砂石桩适用于挤密处理松散砂土、粉土、粉质黏土、素填土、杂填土等地基，以及用于处理可液化地基。饱和黏土地基，如对变形控制不严格，可采用砂石桩置换处理。

对大型的、重要的或场地地层复杂的工程，以及对于处理不排水抗剪强度不小于 20kPa 的饱和黏性土和饱和黄土地基，应在施工前通过现场试验确定其适用性。

2. 设计

地基处理范围应根据建筑物的重要性和场地条件确定，宜在基础外缘扩大（1～3）排桩。对可液化地基，在基础外缘扩大宽度不应小于基底下可液化土层厚度的 1/2，且不应小于 5m。

桩径可根据地基土质情况、成桩方式和成桩设备等因素确定，桩的平均直径可按每根桩所用填料量计算。振冲碎石桩桩径宜为 800～1200mm；沉管砂石桩桩径宜为 300～800mm。

振冲碎石桩的桩间距应根据上部结构荷载大小和场地土层情况，并结合所采用的振冲器功率大小综合考虑；30kW 振冲器布桩间距可采用 1.3m～2.0m；55kW 振冲器布桩间距可采用 1.4m～2.5m；75kW 振冲器布桩间距可采用 1.5m～3.0m；不加填料振冲挤密孔距可为 2m～3m。

沉管砂石桩的桩间距，不宜大于砂石桩直径的 4.5 倍；初步设计时，对松散粉土和砂土地基，应根据挤密后要求达到的孔隙比确定，可按下列公式估算：

等边三角形布置

$$s = 0.95 \xi d \sqrt{\frac{1+e_0}{e_0-e_1}} \qquad (7-16)$$

正方形布置

$$s = 0.89 \xi d \sqrt{\frac{1+e_0}{e_0-e_1}} \qquad (7-17)$$

$$e_1 = e_{max} - D_{r1}(e_{max} - e_{min}) \qquad (7-18)$$

式中　s——砂石桩间距（m）；

　　　d——砂石桩直径（m）；

　　　ξ——修正系数，当考虑振动下沉密实作用时，可取1.1～1.2；不考虑振动下沉密实作用时，可取 1.0；

　　　e_0——地基处理前砂土的孔隙比，可按原状土样试验确定；

　　　e_1——地基挤密后要求达到的孔隙比；

e_{max}、e_{min}——砂土的最大、最小孔隙比；

　　　D_{r1}——地基挤密后要求砂土达到的相对密实度，可取0.70～0.85。

桩长可根据工程要求和工程地质条件通过计算确定，并且桩长不宜小于 4m。

振冲桩桩体材料可采用含泥量不大于 5% 的碎石、卵石、矿渣或其他性能稳定的硬质材料，不宜使用风化易碎的石料。对 30kW 振冲器，填料粒径宜为 20～80mm；对 55kW 振冲器，填料粒径宜为 30～100mm；对 75kW 振冲器，填料粒径宜为 40～150mm。沉管桩桩体材料可用含泥量不大于 5% 的碎石、卵石、角砾、圆砾、砾砂、粗砂、中砂或石屑等硬质材料，最大粒径不宜大于 50mm。

桩顶和基础之间宜铺设厚度为 300～500mm 的褥垫层，垫层材料宜用中砂、粗砂、级配砂石和碎石等，最大粒径不宜大于 30mm，其夯填度（夯实后的厚度与虚铺厚度的比值）不应大于 0.9。

复合地基的承载力初步设计可按前述公式（7-15）估算，处理后桩间土承载力特征值，可按地区经验确定，如无经验时，对于一般黏性土地基，可取天然地基承载力特征值，松散的砂土、粉土可取原天然地基承载力特征值的（1.2～1.5）倍；复合地基桩土应力比 n，宜采用实测值确定，如无实测资料时，对于黏性土可取 2.0～4.0，对于砂土、粉土可取 1.5～3.0。

复合地基变形计算按本章前述第 5 节规定。

【例 7-3】某均质松散砂土地基采用沉管砂石桩处理。砂土地基的天然地基承载力为 130kPa，砂土地基的天然孔隙比 $e_0 = 0.79$，最大孔隙比 $e_{max} = 0.8$，最小孔隙比 $e_{min} = 0.65$，要求处理后砂土的相对密实度达到 $D_r = 0.82$。初步设计时，按等边三角形布桩砂石桩直径为 0.6m。处理后桩间土承载力特征值为 160kPa。

试问：

（1）考虑振动下沉密实作用，取 $\xi=1.1$，确定沉管砂石桩间距 s（m）。

（2）假定 $D_r = 0.82$ 时，桩土应力比为 2.0，确定处理后的复合地基承载力特征值 f_{spk}（kPa）。

【解】 (1) $e_1 = e_{max} - D_{r1}(e_{max} - e_{min})$
$$= 0.8 - 0.82 \times (0.8 - 0.65) = 0.677$$

$\xi = 1.1$，等边三角形布桩：

$$s = 0.95\xi d\sqrt{\frac{1+e_0}{e_0-e_1}} = 0.95 \times 1.1 \times 0.6\sqrt{\frac{1+0.79}{0.79-0.677}}$$

$$= 2.495m \approx 2.5m$$

(2) $d_e = 1.05s = 1.05 \times 2.5$

$$m = \frac{d^2}{d_e^2} = \left(\frac{0.6}{1.05 \times 2.5}\right)^2 = 0.0522$$

$$f_{spk} = [1 + m(n-1)]f_{sk}$$
$$= [1 + 0.0522 \times (2-1)] \times 160 = 168.35kPa$$

3. 施工

(1) 振冲碎石桩施工

振冲施工可按下列步骤进行：

1) 清理平整施工场地，布置桩位；

2) 施工机具就位，使振冲器对准桩位；

3) 启动供水泵和振冲器，水压宜为 200kPa～600kPa，水量宜为 200L/min～400L/min，将振冲器徐徐沉入土中，造孔速度宜为 0.5m/min～2.0m/min，直至达到设计深度；记录振冲器经各深度的水压、电流和留振时间；

4) 造孔后边提升振冲器，边冲水直至孔口，再放至孔底，重复（2～3）次扩大孔径并使孔内泥浆变稀，开始填料制桩；

5) 大功率振冲器投料可不提出孔口，小功率振冲器下料困难时，可将振冲器提出孔口填料，每次填料厚度不宜大于 500mm；将振冲器沉入填料中进行振密制桩，当电流达到规定的密实电流值和规定的留振时间后，将振冲器提升 300～500mm；

6) 重复以上步骤，自下而上逐段制作桩体直至孔口，记录各段深度的填料量、最终电流值和留振时间；

7) 关闭振冲器和水泵。

桩体施工完毕后，应将顶部预留的松散桩体挖除，铺设垫层并压实。

振密孔施工顺序，宜沿直线逐点逐行进行。

(2) 沉管砂石桩施工

砂石桩施工可采用振动沉管、锤击沉管或冲击成孔等成桩法。当用于消除粉细砂及粉土液化时，宜用振动沉管成桩法。

砂石桩桩孔内材料填料量，应通过现场试验确定，估算时，可按设计桩孔体积乘以充盈系数确定，充盈系数可取 1.2～1.4。

砂石桩的施工顺序：对砂土地基宜从外围或两侧向中间进行。

砂石桩施工后，应将表层的松散层挖除或夯压密实，随后铺设并压实砂石垫层。

4. 质量检验

施工后，应间隔一定时间方可进行质量检验。对粉质黏土地基不宜少于 21d，对粉土地基不宜少于 14d，对砂土和杂填土地基不宜少于 7d。

　　施工质量的检验，对桩体可采用重型动力触探试验；对桩间土可采用标准贯入、静力触探、动力触探或其他原位测试等方法；对消除液化的地基检验应采用标准贯入试验。桩间土质量的检测位置应在等边三角形或正方形的中心。检验深度不应小于处理地基深度，检测数量不应少于桩孔总数的 2%。

　　竣工验收时，地基承载力检验应采用复合地基静载荷试验，试验数量不应少于总桩数的 1%，且每个单体建筑不应少于 3 点。

7.6.3　灰土挤密桩和土挤密桩复合地基

1. 适用范围

　　灰土挤密桩、土挤密桩适用于处理地下水位以上的粉土、黏性土、素填土、杂填土和湿陷性黄土等地基，可处理地基的厚度宜为 3m～15m。

　　当以消除地基土的湿陷性为主要目的时，可选用土挤密桩；当以提高地基土的承载力或增强其水稳性为主要目的时，宜选用灰土挤密桩。

2. 设计

　　当采用整片处理时，应大于基础或建筑物底层平面的面积，超出建筑物外墙基础底面外缘的宽度，每边不宜小于处理土层厚度的 1/2，且不应小于 2m；当采用局部处理时，对非自重湿陷性黄土、素填土和杂填土等地基，每边不应小于基础底面宽度的 25%，且不应小于 0.5m；对自重湿陷性黄土地基，每边不应小于基础底面宽度的 75%，且不应小于 1.0m。

　　处理地基的深度，应根据建筑场地的土质情况、工程要求和成孔及夯实设备等综合因素确定。

　　桩孔直径宜为 300～600mm。桩孔宜按等边三角形布置，桩孔之间的中心距离，可为桩孔直径的 (2.0～3.0) 倍，也可按下式估算：

$$s = 0.95d\sqrt{\frac{\bar{\eta}_c \rho_{dmax}}{\bar{\eta}_c \rho_{dmax} - \bar{\rho}_d}} \tag{7-19}$$

式中　　s——桩孔之间的中心距离 (m)；

　　　　d——桩孔直径 (m)；

　　ρ_{dmax}——桩间土的最大干密度 (t/m³)；

　　　$\bar{\rho}_d$——地基处理前土的平均干密度 (t/m³)；

　　　$\bar{\eta}_c$——桩间土经成孔挤密后的平均挤密系数，不宜小于 0.93。

　　桩间土的平均挤密系数 $\bar{\eta}_c$，应按下式计算：

$$\bar{\eta}_c = \frac{\bar{\rho}_{d1}}{\rho_{dmax}} \tag{7-20}$$

式中　　$\bar{\rho}_{d1}$——在成孔挤密深度内，桩间土的平均干密度 (t/m³)，平均试样数不应少于 6 组。

　　桩孔的数量 $n = A/A_e$，其中，A 为拟处理地基的面积，A_e 为单根桩所承担的处理地基的面积，即：$A_e = \pi d_e^2/4$（d_e 为单根桩分担的处理地基面积的等效圆直径，见前图7-16）。

　　桩孔内的灰土填料，其消石灰与土的体积配合比，宜为 2:8 或 3:7。土料宜选用粉质黏土，土料中的有机质含量不应超过 5%，且不得含有冻土，渣土垃圾粒径不应超过 15mm。石灰可选用新鲜的消石灰或生石灰粉，粒径不应大于 5mm。消石灰的质量应合格，有效 CaO＋MgO 含量不得低于 60%。

孔内填料应分层回填夯实，填料的平均压实系数 $\bar{\lambda}_c$ 不应低于 0.97，其中压实系数最小值不应低于 0.93。

桩顶标高以上应设置 300～600mm 厚的褥垫层。垫层材料可根据工程要求采用 2：8 或 3：7 灰土、水泥土等。其压实系数均不应低于 0.95。

复合地基承载力特征值，初步设计时，可按前述公式（7-15）进行估算。桩土应力比应按试验或地区经验确定。灰土挤密桩复合地基承载力特征值，不宜大于处理前天然地基承载力特征值的 2.0 倍，且不宜大于 250kPa；对土挤密桩复合地基承载力特征值，不宜大于处理前天然地基承载力特征值的 1.4 倍，且不宜大于 180kPa。

复合地基变形计算按本章前述第 5 节规定。

3. 施工

土料有机质含量不应大于 5%，且不得含有冻土和膨胀土，使用时应过 10～20mm 的筛，混合料含水量应满足最优含水量要求，允许偏差应为 ±2%，土料和水泥应拌合均匀。

成孔时，地基土宜接近最优（或塑限）含水量，当土的含水量低于 12% 时，宜对拟处理范围内的土层进行增湿，应在地基处理前（4～6）d，将需增湿的水通过一定数量和一定深度的渗水孔，均匀地浸入拟处理范围内的土层中。成孔和孔内回填夯实的施工顺序，当整片处理地基时，宜从里（或中间）向外间隔（1～2）孔依次进行，对大型工程，可采取分段施工；当局部处理地基时，宜从外向里间隔（1～2）孔依次进行；向孔内填料前，孔底应夯实，并应检查桩孔的直径、深度和垂直度。

铺设灰土垫层前，应按设计要求将桩顶标高以上的预留土层（沉管或孔预留土层不宜小于 0.5m，冲击、钻孔夯扩法或孔预留土层不宜小于 1.2m）挖除或夯（压）密实。

4. 质量检验

应随机抽样检测夯后桩长范围内灰土或土填料的平均压实系数 $\bar{\lambda}_c$，抽检的数量不应少于桩总数的 1%，且不得少于 9 根。

应抽样检验处理深度内桩间土的平均挤密系数 $\bar{\eta}_c$，检测探井数不应少于总桩数的 0.3%，且每项单体工程不得少于 3 个。

承载力检验应在成桩 14d～28d 后进行，检测数量不应少于总桩数的 1%，且每项单体工程复合地基静载荷试验不应少于 3 点。

竣工验收时，地基承载力检验应采用复合地基静载荷试验。

7.7 有粘结强度增强体复合地基

7.7.1 有粘结强度增强体复合地基的基本规定

复合地基设计前，应在有代表性的场地上进行现场试验或试验性施工，以确定设计参数和处理效果。

复合地基承载力的验收检验应采用复合地基静载荷试验。对有粘结强度的复合地基增强体应进行单桩静载荷试验，其增强体应进行强度及桩身完整性检验。

初步设计时，对有粘结强度增强体复合地基应按下式估算：

$$f_{spk} = \lambda m \frac{R_a}{A_p} + \beta(1-m)f_{sk} \tag{7-21}$$

式中　λ——单桩承载力发挥系数，可按地区经验取值；

　　　R_a——单桩竖向承载力特征值（kN）；

　　　A_p——桩的截面积（m^2）；

　　　β——桩间土承载力发挥系数，可按地区经验取值。

初步设计时，增强体单桩竖向承载力特征值可按下式估算：

$$R_a = u_p \sum_{i=1}^{n} q_{si}l_{pi} + \alpha_p q_p A_p \tag{7-22}$$

式中　u_p——桩的周长（m）；

　　　q_{si}——桩周第 i 层土的侧阻力特征值（kPa），可按地区经验确定；

　　　l_{pi}——桩长范围内第 i 层土的厚度（m）；

　　　α_p——桩端端阻力发挥系数，应按地区经验确定；

　　　q_p——桩端端阻力特征值（kPa），可按地区经验确定；对于深层水泥搅拌桩、高压旋喷桩应取未经修正的桩端地基土承载力特征值。

有粘结强度复合地基增强体桩身强度应满足下式要求：

$$f_{cu} \geqslant 4\frac{\lambda R_a}{A_P} \tag{7-23}$$

式中　f_{cu}——桩体试块（边长 150mm 立方体）标准养护 28d 的立方体抗压强度平均值（kPa），对水泥土搅拌桩应符合规范的规定。

其他要求，应满足本章前述第 5 节规定。

7.7.2　深层水泥土搅拌桩复合地基

深层水泥土搅拌桩复合地基（简称水泥土搅拌桩复合地基）是以水泥作为固化剂的主要材料，通过深层搅拌机械，将固化剂和地基土强制搅拌形成竖向增强体的复合地基。

水泥土搅拌桩的施工工艺分为浆液搅拌法（以下简称湿法）和粉体搅拌法（以下简称干法）。可采用单轴、双轴、多轴搅拌或连续成槽搅拌形成柱状、壁状、格栅状或块状水泥土加固体等（图 7-17）。

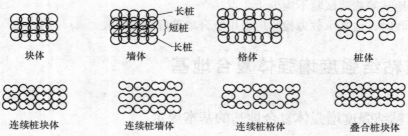

图 7-17　水泥搅拌桩体的类型

1. 适用范围

水泥土搅拌桩适用于处理正常固结的淤泥、淤泥质土、素填土、黏性土（软塑、可塑）、粉土（稍密、中密）、粉细砂（松散、中密）、中粗砂（松散、稍密）、饱和黄土等土层。不适用于含大孤石或障碍物较多且不易清除的杂填土、欠固结的淤泥和淤泥质土、硬塑及坚硬的黏性土、密实的砂类土，以及地下水渗流影响成桩质量的土层。当地基土的天然含水量小于 30%（黄土含水量小于 25%）时不宜采用粉体搅拌法。

水泥土搅拌桩用于处理泥炭土、有机质土、pH 值小于 4 的酸性土、塑性指数大于 25 的黏土，或在腐蚀性环境中以及无工程经验的地区使用时，必须通过现场和室内试验确定其适用性。

2. 设计

复合地基的承载力特征值，应通过现场单桩或多桩复合地基静载荷试验确定。初步设计时可按前述公式（7-21）估算，处理后桩间土承载力特征值 f_{sk}（kPa）可取天然地基承载力特征值；桩间土承载力发挥系数 β，对淤泥、淤泥质土和流塑状软土等处理土层，可取 0.1～0.4，对其他土层可取 0.4～0.8；单桩承载力发挥系数 λ 可取 1.0。

单桩承载力特征值，应通过现场静载荷试验确定。初步设计时可按前述公式（7-22）估算，桩端端阻力发挥系数可取 0.4～0.6；桩端端阻力特征值，可取桩端土未修正的地基承载力特征值；同时应满足式（7-24）的要求，即由桩身材料强度确定的单桩承载力不小于由桩周土和桩端土的抗力所提供的单桩承载力。

$$R_a = \eta f_{cu} A_p \tag{7-24}$$

式中　f_{cu}——与搅拌桩桩身水泥土配比相同的室内加固土试块，边长为 70.7mm 的立方体在标准养护条件下 90d 龄期的立方体抗压强度平均值（kPa）；

　　　η——桩身强度折减系数，干法可取 0.20～0.25；湿法可取 0.25。

复合地基变形计算应按本章第 5 节规定。

搅拌桩的长度，应根据上部结构对地基承载力和变形的要求确定。干法的加固深度不宜大于 15m，湿法的加固深度不宜大于 20m。

桩长超过 10m 时，可采用固化剂变掺量设计。在全长桩身水泥总掺量不变的前提下，桩身上部 1/3 桩长范围内，可适当增加水泥掺量及搅拌次数。

水泥土搅拌桩的水泥掺量不应小于 12%，块状加固时水泥掺量不应小于加固天然土质量的 7%；湿法的水泥浆水灰比可取 0.5～0.6。

水泥土搅拌桩复合地基宜在基础和桩之间设置褥垫层，厚度可取 200～300mm。褥垫层材料可选用中砂、粗砂、级配砂石等，最大粒径不宜大于 20mm。褥垫层的夯填度不应大于 0.9。

【例 7-4】 某柱下独立基础，基础埋深 2.5m，基底尺寸为 3.6m×3.6m，工程地质剖面如图 7-18。基础顶面处由上部结构传来相应于荷载的标准组合的竖向力 $F_k=1500$kN。拟采用水泥搅拌桩法处理该地基，桩直径 $d=0.6$m，桩长 8m，桩体强度平均值 $f_{cu}=2.6$MPa，桩间土承载力发挥系数 $\beta=0.40$，桩端阻力发挥系数 $\alpha_p=0.50$；桩身强度折减系数 $\eta=0.25$。

试问：

（1）确定单桩承载力特征值 R_a（kN）。

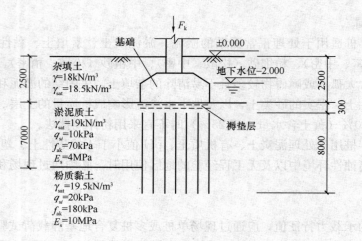

图 7-18　工程地质剖面图

（2）按等边三角形布桩，确定桩间距 s（m）。

（3）要满足地基承载力要求，现场实测的复合地基承载力特征值 f_{spk}（kPa）不宜小于多少？

【解】（1）确定单桩承载力特征值 R_a

$$R_a = u_p \sum_{i=1}^{n} q_{si}l_{pi} + \alpha_p q_p A_p$$

$$= \pi \times 0.6 \times (10 \times 6.7 + 20 \times 1.3) + 0.5 \times 180 \times \frac{\pi \times 0.6^2}{4} = 200.65\text{kN}$$

$$R_a = \eta f_{cu} A_p$$

$$= 0.25 \times 2.6 \times 10^3 \times \frac{\pi \times 0.6^2}{4} = 183.7\text{kN}$$

取上述较小值，故 $R_a = 183.7\text{kN}$。

（2）由（1）可知，$R_a = 183.7\text{kN}$。

$$f_{spk} = \lambda m \frac{R_a}{A_p} + \beta(1-m)f_{sk}$$

$$m = \frac{f_{spk} - \beta f_{sk}}{\dfrac{\lambda R_a}{A_p} - \beta f_{sk}} = \frac{128.54 - 0.4 \times 70}{\dfrac{1 \times 183.69 \times 4}{\pi \times 0.6^2} - 0.4 \times 70} = 0.162$$

$$d_e = 1.05s$$

则：

$$m = \frac{d^2}{d_e^2} = \frac{d^2}{(1.05s)^2}$$

$$s = \frac{d}{1.05\sqrt{m}} = \frac{0.6}{1.05\sqrt{0.162}} = 1.42\text{m}$$

（3）

$$p_k \leqslant f_a = f_{spa}$$

$$p_k = \frac{F_k + G_k}{A} = \frac{1500}{3.6 \times 3.6} + 20 \times 2.5 - 10 \times (2.5 - 2) = 160.74\text{kPa}$$

根据本章第 1 节内容，深度修正，取 $\eta_d = 1.0$

$$f_{spa} = f_{spk} + \eta_d \gamma_m (d - 0.5)$$

$$= f_{spk} + 1.0 \times \frac{18 \times 2 + (18.5 - 10) \times 0.5}{2.5} \times (2.5 - 0.5)$$

$$= f_{spk} + 32.2$$

则： $160.74 \leqslant f_a = f_{spk} + 32.2$

解之得： $f_{spk} \geqslant 128.54 \text{kPa}$

3. 施工

水泥土搅拌桩施工主要步骤如下（图 7-19）：

（1）搅拌机械就位、调平；

（2）预搅下沉至设计加固深度；

（3）边喷浆（或粉），边搅拌提升直至预定的停浆（或灰）面；

（4）重复搅拌下沉至设计加固深度；

（5）根据设计要求，喷浆（或粉）或仅搅拌提升直至预定的停浆（或灰）面；

（6）关闭搅拌机械。

在预（复）搅下沉时，也可采用喷浆（粉）的施工工艺，确保全桩长上下至少再重复搅拌一次。

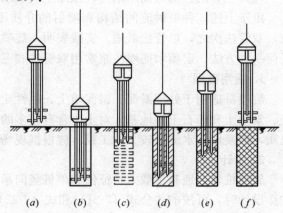

图 7-19 深层水泥土搅拌桩施工工艺流程

（*a*）定位下沉；（*b*）深入到设计深度；（*c*）喷浆搅拌提升；

（*d*）原位重复搅拌下沉；（*e*）重复搅拌提升；

（*f*）搅拌完成形成加固体

对地基土进行干法咬合加固时，如复搅困难，可采用慢速搅拌，保证搅拌的均匀性。

搅拌桩施工时，停浆（灰）面应高于桩顶设计标高 500mm。在开挖基坑时，应将桩顶以上土层及桩顶施工质量较差的桩段，采用人工挖除。

4. 质量检验

成桩 3d 内，采用轻型动力触探（N_{10}）检查上部桩身的均匀性，检验数量为施工总桩数的 1%，且不少于 3 根。

成桩 7d 后，采用浅部开挖桩头进行检查，开挖深度宜超过停浆（灰）面下 0.5m，检查搅拌的均匀性，量测成桩直径，检查数量不少于总桩数的 5%。

静载荷试验宜在成桩 28d 后进行。水泥土搅拌桩复合地基承载力检验应采用复合地基静载荷试验和单桩静载荷试验，验收检验数量不少于总桩数的 1%，复合地基静载荷试验数量不少于 3 台（多轴搅拌为 3 组）。

7.7.3 高压旋喷桩复合地基

高压旋喷桩（简称旋喷桩）复合地基是通过钻杆的旋转、提升，高压水泥浆由水平方向的喷嘴喷出，形成喷射流，以此切割土体并与土拌合形成水泥土竖向增强体的复合地基。

旋喷桩的工作机理是通过固化浆液与地基土体混合，并置换部分土体，固化浆液与土体产生一系列物理化学作用，水泥土凝固硬化，达到加固地基的目的。

旋喷桩施工应根据工程需要和土质条件选用单管法、双管法和三管法。旋喷桩加固体形状可分为柱状、壁状、条状或块状。

高压喷射有旋喷（固结体为圆柱状）、定喷（固结体为壁状）和摆喷（固结体为扇状）三种基本形状，它们均可用下列方法实现：

（1）单管法：喷射高压水泥浆液一种介质；

（2）双管法：喷射高压水泥浆液和压缩空气两种介质；

（3）三管法：喷射高压水流、压缩空气及水泥浆液三种介质。

由于上述3种喷射流的结构和喷射的介质不同，有效处理长度也不同，以三管法最长，双管法次之，单管法最短。实践表明，旋喷形式可采用单管法、双管法和三管法中的任何一种方法。定喷和摆喷注浆常用双管法和三管法。

1. 适用范围

旋喷桩适用于处理淤泥、淤泥质土、黏性土（流塑、软塑和可塑）、粉土、砂土、黄土、素填土和碎石土等地基。对土中含有较多的大直径块石、大量植物根茎和高含量的有机质，以及地下水流速较大的工程，应根据现场试验结果确定其适应性。

2. 设计

旋喷桩复合地基承载力特征值和单桩竖向承载力特征值应通过现场静载荷试验确定。初步设计时，可按前述公式（7-21）和式（7-22）估算，其桩身材料强度尚应满足式（7-23）。

旋喷桩复合地基的地基变形计算按本章前述第5节规定。

旋喷桩复合地基宜在基础和桩顶之间设置褥垫层。褥垫层厚度宜为150~300mm，褥垫层材料可选用中砂、粗砂和级配砂石等，褥垫层最大粒径不宜大于20mm。褥垫层的夯填度不应大于0.9。

旋喷桩的平面布置可根据上部结构和基础特点确定，独立基础下的桩数不应少于4根。

3. 施工

旋喷桩的主要施工工序为：机具就位、贯入喷射管、喷射注浆、拔管和冲洗等（图7-20）。

单管法、双管法高压水泥浆和三管法高压水的压力应大于20MPa，流量应大于30L/min，气流压力宜大于0.7MPa，提升速度宜为0.1 m/min~0.2m/min。

旋喷注浆，宜采用强度等级为42.5级的普通硅酸盐水泥，可根据需要加入适量的外加剂及掺合料。外加剂和掺合料的用量，应通过试验确定。水泥浆液的水灰比宜为0.8~1.2。

喷射管分段提升的搭接长度不得小于100mm。

4. 质量检验

旋喷桩可根据工程要求和当地经验采用开挖检查、钻孔取芯、标准贯入试验、动力触探和静载荷试验等方法进行检验。

成桩质量检验点的数量不少于施工孔数的2%，并不应少于6点；旋喷桩承载力检验宜在成桩28d后进行。

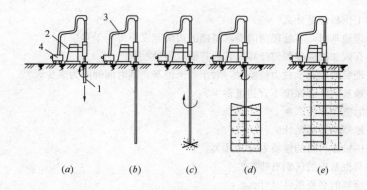

图 7-20　单管旋喷桩施工工艺流程

(*a*) 钻机就位钻孔；(*b*) 钻孔至设计标高；(*c*) 旋喷开始；

(*d*) 边旋喷边提升；(*e*) 旋喷结束成桩

1—旋喷管；2—钻孔机械；3—高压胶管；4—超高压脉冲泵

竣工验收时，旋喷桩复合地基承载力检验应采用复合地基静载荷试验和单桩静载荷试验。检验数量不得少于总桩数的 1‰，且每个单体工程复合地基静载荷试验的数量不得少于 3 台。

思考题

1. 软弱土主要包括哪些？

2. 软弱土地基处理的主要目的是什么？

3. 软弱土地基处理的主要方法有哪些？

4. 软弱土地基处理的一般步骤有哪些？

5. 地基处理的设计原则包括哪些？

6. 换填垫层法的适用范围是哪些？

7. 换填垫层法的设计内容包括哪些？

8. 换填垫层法中垫层厚度应满足什么要求？

9. 换填垫层法的施工中垫层厚度宜取多少？垫层上下层的缝距不得小于多少？

10. 换填垫层法的施工中的压实系数如何检验？

11. 预压法按处理工艺可分为哪几类方法？

12. 预压法的加固原理是什么？

13. 堆载预压法的设计内容包括哪些？

14. 堆载预压法中普通砂井的直径取多少？其地表处的砂垫层厚度取多少？

15. 堆载预压法处理地基设计的平均固结度不宜低于多少？

16. 真空预压法的优点有哪些？

17. 真空预压法的设计内容包括哪些？

18. 真空预压法的膜下真空度至少取多少？

19. 真空预压法的膜下真空度满足设计要求时，其预压时间不宜低于多少天？

20. 压实法的加固原理是什么？

21. 压实法中压实填土的质量控制的依据什么？

22. 基槽进行压实法施工时，其施工顺序是什么？

23. 夯实法的工作机理是什么？

24. 夯实法处理地基时，其处理范围要求基础的边缘宽度不得小于多少？

25. 强夯法的有效加固深度如何计算？其起算面取何处？

26. 强夯法处理后的地基承载力检验时，对于砂土地基，其时间间隔为多少天？

27. 强夯置换地基的处理深度不宜超过多少？

28. 复合地基的概念是什么？

29. 桩体复合地基的特征是什么？

30. 复合地基按桩体材料的性质划分为几类？

31. 复合地基与桩基础的区别有哪些？

32. 形成复合地基的必要条件是什么？

33. 复合地基中褥垫层的作用是哪些？其竖向增强体的作用是什么？

34. 复合地基的计算内容包括哪些？

35. 复合地基中面积置换率是如何计算的？

36. 振冲碎石桩的使用范围是哪些？

37. 振冲碎石桩、沉管砂石桩的桩长不宜小于多少？

38. 振冲碎石桩、沉管砂石桩的褥垫层的夯填度不应大于多少？

39. 沉管砂石桩的桩间距不宜大于砂石桩直径的多少倍？

40. 沉管砂石桩施工时，孔内材料的充盈系数一般取多少？

41. 灰土挤密桩、土挤密桩的适用范围是哪些？

42. 灰土挤密桩的灰土填料中消石灰与土的体积比宜取多少？

43. 灰土挤密桩成孔施工前对地基土进行增湿时，该工作应在成孔前多少天进行？

44. 灰土挤密桩、土挤密桩复合地基的承载力特征值有哪些特殊要求？

45. 深层水泥土搅拌桩适用范围是哪些？

46. 深层水泥土搅拌桩的水泥掺量不应小于多少？

47. 深层水泥土搅拌桩按其施工工艺分为几类？

48. 深层水泥土搅拌桩的单桩承载力特征值应满足哪些要求？

49. 深层水泥土搅拌桩施工时，停浆面应高于桩顶设计标高多少？

50. 深层水泥土搅拌桩复合地基的静载荷试验宜在成桩后多少天进行？

51. 高压旋喷桩适用范围是哪些？

52. 高压旋喷桩的工作机理是什么？

53. 高压旋喷桩处理独立基础时，其桩数不应少于多少根？

54. 旋喷管分段提升的搭接长度不得小于多少？

55. 高压旋喷桩承载力检验宜在成桩后多少天进行？

我国地域辽阔，从沿海到内陆，由山区到平原，分布着多种多样的土类。由于不同的地理环境、气候条件、地质成因、历史过程、物质成分和次生变化等原因，某些土类具有与一般土类显然不同的特殊性质。当其作为建筑物地基时，如果不注意这些特性就可能引起事故。通常把具有特殊工程性质的土类叫做特殊土。各种天然形成的特殊土的地理分布，存在着一定的规律，表现出一定的区域性，所以又称为区域性特殊土。我国主要的区域性特殊土包括湿陷性黄土、膨胀土、红黏土、软土、多年冻土、盐渍土等。同时，建筑物还可能受到不良地质作用和地质灾害的潜在危害，如：滑坡、岩溶（土洞）、泥石流、地面沉降、地震等。

8.1 湿陷性黄土地基

8.1.1 黄土概述

黄土是一种第四纪地质历史时期，在干旱和半干旱气候条件下的沉积物，其内部物质成分和外部形态特征都不同于同时期的其他沉积物，并且在地理分布上有一定的规律性。

黄土的主要特征是：①颜色以黄色、褐黄色为主，有时呈灰黄色；②颗粒组成以粉粒（粒径 0.05～0.005mm）为主，含量一般在 60%以上，粒径大于 0.25mm 的甚为少见；③有肉眼可见的大孔，孔隙比一般在 1.0 左右；④富含碳酸盐类，垂直节理发育。

我国黄土地域辽阔，面积达 60 多万平方公里（湿陷性黄土约占其中的 3/4），主要分布在山西、陕西、甘肃的大部分地区，以及河南的西部。此外，新疆、山东、辽宁、宁夏、青海、河北及内蒙古自治区的部分地区也有分布，但不连续。

黄土的分类一般按两种分类体系进行划分：一是按黄土形成的地质年代划分（表 8-1），一般认为 Q_1、Q_2、Q_3 黄土为原生黄土（原生黄土是指由风力搬运堆积而成，又未经次生扰动、不具层理的黄土）；Q_4 和新近堆积黄土为次生黄土（次生黄土是指由风成以外的其他营力搬运堆积而成，具

右侧竖排：**区域性地基处理**

有层理或砾石夹层的黄土）。二是按黄土遇水后的湿陷性分类，即分类为：湿陷性黄土和非湿陷性黄土两大类。

黄土地层的划分　　　　　　　　　　　　　　　表 8-1

时　代		地层的划分	说　明
全新世（Q_4）黄土	新黄土	黄土状土	一般具湿陷性
晚更新世（Q_3）黄土		马兰黄土	
中更新世（Q_2）黄土	老黄土	离石黄土	上部部分土层具湿陷性
早更新世（Q_1）黄土		午城黄土	不具湿陷性

注：全新世（Q_4）黄土包括湿陷性（Q_4^1）黄土和新近堆积（Q_4^2）黄土。

当黄土在一定压力作用下，受水浸湿，结构迅速破坏，强度随之降低，并产生显著的附加下沉的现象，这种现象称为黄土的湿陷性，具有这种湿陷性的黄土称为湿陷性黄土。但是，有的黄土因含水量高或孔隙比较小，在一定压力下受水浸湿，并无显著下沉的，称为非湿陷性黄土。非湿陷性黄土的地基设计与一般黏性土地基无甚差异，在此不再讨论，本书后面内容均指湿陷性黄土。

黄土湿陷性的外因是：在一定压力下受水浸湿（即：荷载和水）；其内因是：黄土的结构特征及其物质成分。有关内因的理论（如：土结构学说、土欠压密理论）参见相关书籍。

8.1.2　湿陷性黄土的三个实试指标

湿陷性黄土分为两类：自重湿陷性黄土和非自重湿陷性黄土，前者是指在上覆土的自重压力下受力浸湿，发生显著附加下沉的湿陷性黄土；后者是指在上覆土的自重压力下受力浸湿，不发生显著附加下沉的湿陷性黄土。

为了区分湿陷性黄土和非湿陷性黄土，以及量化湿陷量的大小，故引入湿陷系数（δ_s）指标。同时，为了定量判别自重湿陷性黄土和非自重湿陷性黄土，又引入了自重湿陷系数（δ_{zs}）指标。此外，为了量化湿陷性黄土浸水饱和，开始出现湿陷时的压力，还引入了湿陷起始压力（p_{sh}）指标，该指标目的是：当地基中的应力（自重应力与附加应力之和）小于 p_{sh} 值时，浸水后产生的湿陷量很小，故可按非湿陷性地基考虑。可见，湿陷系数（δ_s）、自重湿陷系数（δ_{zs}）、湿陷起始压力（p_{sh}）是湿陷性黄土评价的三个最基本试验指标。

上述三个最基本试验指标，可通过黄土的室内压缩试验、现场静载荷试验和现场试坑浸水试验进行测定。

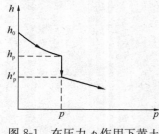

图 8-1　在压力 p 作用下黄土浸水压缩曲线

1. 湿陷系数（δ_s）

δ_s 测定方法与一般原状土的侧限压缩试验方法基本相同。将原状不扰动土样装入侧限压缩仪内，逐级加压，在达到规定压力 p 且下沉稳定后，测定土样的高度，然后对土样浸水饱和，待附加下沉稳定后，再测出土样浸水后的高度（图 8-1），可按下式计算湿陷系数 δ_s：

$$\delta_s = \frac{h_p - h_p'}{h_0} \tag{8-1}$$

式中　h_0——土样原始高度（mm）；

　　　h_p——土样在压力 p 作用下压缩稳定后的高度（mm）；

　　　h_p'——土样浸水（饱和）作用下，附加下沉稳定后的高度（mm）。

δ_s 的大小不但取决于土的湿陷性，而且还与浸水时的压力 p 有关。试验中，测定湿陷系数时所用的压力 p 采用地基中黄土的实际压力才合理，但存在不少具体问题，特别是在初勘阶段，建筑物的平面位置、基础尺寸和基础埋深等均尚未确定，故实际压力的大小难以预估。鉴于一般工业与民用建筑基底下 10m 内的附加压力与土的自重压力之和接近 200kPa，故《湿陷性黄土地区建筑规范》GB 50025—2004 规定：自基础底面（如基底标高不确定则自地面下 1.5m）算起，基底下 10m 以内的土层，p 值应用 200kPa；10m 以下至非湿陷性土层顶面，应用其上覆土的饱和自重压力（当大于 300kPa 时，仍应用 300kPa）。当基底压力大于 300kPa 时，宜按实际压力测定。对于压缩性较高的新近沉积黄土，基底 5m 内的土层则宜用 100～150kPa 压力，5～10m 和 10m 以下至非湿陷性黄土层顶面，应分别用 200kPa 和上覆土层的饱和自重压力。

当湿陷系数 $\delta_s < 0.015$ 时，判定为非湿陷性黄土。

当湿陷系数 $\delta_s \geq 0.015$ 时，判定为湿陷性黄土，其又细分为三类：①当 $0.015 \leq \delta_s \leq 0.03$ 时，湿陷性轻微；②当 $0.03 < \delta_s \leq 0.07$ 时，湿陷性中等；③当 $\delta_s > 0.07$ 时，湿陷性强烈。

2. 自重湿陷系数（δ_{zs}）

试验同上述试验，仅加载至试样上覆土的饱和自重压力，其计算公式如下：

$$\delta_{zs} = \frac{h_z - h_z'}{h_0} \tag{8-2}$$

式中　h_z——保持天然湿度和结构的试样，加压至该试样上覆土的饱和自重压力时，下沉稳定后的高度（mm）；

　　　h_z'——上述加压稳定后的试样，在浸水（饱和）作用下，附加下沉稳定后的高度（mm）。

3. 湿陷起始压力（p_{sh}）

用上述方法只能测出在某一个规定压力下的湿陷系数，有时工程上需要确定湿陷起始压力（p_{sh}），这时就要找出不同浸水压力（p）与湿陷系数（δ_s）之间的变化关系。为此，可采用室内压缩试验的单线法或双线法湿陷性试验确定。

单线法湿陷性试验是指在同一取土点的同一深度处至少取 5 个环刀试样，均在天然含水量下逐级加荷，分别加至不同的规定压力，下沉稳定后浸水饱和至附加下沉稳定为止，按式（8-1）即可算出各级压力 p 对应的湿陷系数 δ_s，并可绘出如图 8-2 所示的 p-δ_s 关系曲线，取该曲线上 $\delta_s = 0.015$ 所对应的压力作为湿陷起始压力 p_{sh} 值。

双线法湿陷性试验是指在同一取土点的同一深度处取 2 个环刀试样，一个在天然湿度下

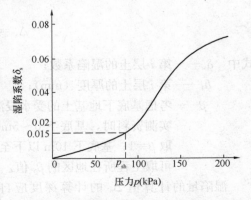

图 8-2　湿陷系数与压力关系曲线

逐级加荷，另一个在天然含水量下加第一级荷载，下沉稳定后浸水，至湿陷稳定，再逐级加荷。

在双线法试验中，当天然湿度的试样在最后一级压力下浸水饱和，附加下沉稳定后的高度与浸水饱和试样在最后一级压力下的下沉稳定后的高度不一致，且相对差值不大于20%时，应以前者的结果为准，对浸水饱和试样的试验结果进行修正；如相对差值大于20%时，应重新试验。同样，按式（8-1）计算出各级压力下对应的湿陷系数值，并绘出 p-δ_s 关系曲线图，从而确定 p_{sh} 值。

8.1.3 湿陷性黄土场地和地基评价

1. 湿陷性黄土场地的湿陷类型

划分湿陷性黄土场地的湿陷类型有两种方法：第一种是按现场试坑浸水试验的自重湿陷量的实测值 Δ'_{zs} 进行判定；第二种是根据室内黄土湿陷性试验，由自重湿陷量的计算值 Δ_{zs} 进行判定。

自重湿陷量的计算值 Δ_{zs} 按下式计算：

$$\Delta_{zs} = \beta_0 \sum_{i=1}^{n} \delta_{zsi} h_i \tag{8-3}$$

式中 δ_{zsi}——第 i 层土的自重湿陷系数；

        h_i——第 i 层土的厚度（mm）；

        β_0——因地区土质而异的修正系数，在缺乏实测资料时，陇西地区取 1.50；陇东—陕北—晋西地区取 1.20；关中地区取 0.90；其他地区取 0.50。

自重湿陷量的计算值 Δ_{zs}，应自天然地面（当挖、填方的厚度和面积较大时，应自设计地面）算起，至其下非湿陷性黄土层的顶面止，其中自重湿陷系数 δ_{zs} 值小于 0.015 的土层不累计。

当计算自重湿陷量 Δ_{zs} 或实测自重湿陷量 $\Delta'_{zs} \leqslant 70$mm 时，应定为非自重湿陷性黄土场地；$\Delta_{zs} > 70$mm 或者 $\Delta'_{zs} > 70$mm 时，应定为自重湿陷性黄土场地。当用自重湿陷量的计算值 Δ_{zs} 和实测值 Δ'_{zs} 判别出现矛盾时，应按实测值进行判定。

2. 湿陷性黄土地基的湿陷量计算值 Δ_s

湿陷量的计算值 Δ_s，应按下式计算：

$$\Delta_s = \sum_{i=1}^{n} \beta \delta_{si} h_i \tag{8-4}$$

式中 δ_{si}——第 i 层土的湿陷系数；

        h_i——第 i 层土的厚度（mm）；

        β——考虑基底下地基土的受水浸湿可能性和侧向挤出等因素的修正系数，在缺乏实测资料时，基底下 0～5m 深度内，取 $\beta = 1.50$；基底下 5～10m 深度内，取 $\beta = 1$；基底下 10m 以下至非湿陷性黄土层顶面，在自重湿陷性黄土场地，可取工程所在地区的 β_0 值。

湿陷量的计算值 Δ_s 的计算深度应自基础底面（如基底标高不确定时，自地面下 1.50m）算起；在非自重湿陷性黄土场地，累计至基底下 10m（或地基压缩层）深度止；

在自重湿陷性黄土场地，累计至非湿陷黄土层的顶面止。其中湿陷系数 δ_s（10m 以下为 δ_{zs}）小于 0.015 的土层不累计。

3. 湿陷性黄土地基的湿陷等级

湿陷性黄土地基的湿陷等级应根据湿陷量的计算值和自重湿陷量的计算值等因素，按表 8-2 判定。

湿陷性黄土地基的湿陷等级　　　　　　　表 8-2

湿陷类型 Δ_{zs} (mm) Δ_s (mm)	非自重湿陷性场地	自重湿陷性场地		
	$\Delta_{zs} \leqslant 70$	$70 < \Delta_{zs} \leqslant 350$	$\Delta_{zs} > 350$
$\Delta_s \leqslant 300$	Ⅰ（轻微）	Ⅱ（中等）	—
$300 < \Delta_s \leqslant 700$	Ⅱ（中等）	*Ⅱ（中等）或Ⅲ（严重）	Ⅲ（严重）
$\Delta_s > 700$	Ⅱ（中等）	Ⅲ（严重）	Ⅳ（很严重）

* 当湿陷量的计算值 $\Delta_s > 600$mm、自重湿陷量的计算值 $\Delta_{zs} > 300$mm 时，可判为Ⅲ级，其他情况可判为Ⅱ级。

8.1.4　湿陷性黄土地基的工程措施

湿陷性黄土地基的设计和施工，不仅应遵循一般地基的设计和施工原则，还应针对黄土湿陷性这个特点和建筑物类别（划分为甲类、乙类、丙类、丁类，详见《湿陷性黄土地区建筑规范》，不同于抗震设防标准中的甲、乙、丙、丁类），因地制宜，采用以地基处理为主的综合措施。

（1）地基处理：其目的是全部或部分消除地基的湿陷性，其常用的处理方法见表 8-3。当地基的湿陷性大，要求处理的土层深，这时可采用桩基础穿透全部湿陷性黄土层、桩端进入非湿陷性土层（或岩层）方法。

湿陷性黄土地基常用的处理方法　　　　　　　表 8-3

名　称	适用范围	可处理的湿陷性黄土层厚度（m）
垫层法	地下水位以上，局部或整片处理	1~3
强夯法	地下水位以上，$S_r \leqslant 60\%$ 的湿陷性黄土，局部或整片处理	3~12
挤密法	地下水位以上，$S_r \leqslant 65\%$ 的湿陷性黄土	5~15
预浸水法	自重湿陷性黄土场地，地基湿陷等级为Ⅲ级或Ⅳ级，可消除地面下 6m 以下湿陷性黄土层的全部湿陷性	6m 以上，尚应采用垫层或其他方法处理
其他方法	经试验研究或工程实践证明行之有效	

（2）防水措施：其目的是消除黄土发生湿陷变形的外因。应做好建筑物在施工中及正常使用期间的防水、排水工作，防止地基土受水浸湿，如：做好场地平整和排水系统，不使地面积水；压实建筑物四周地表土层，做好散水，防止雨水直接渗入地基；主要给水排

水管道离开房屋要有一定防护距离；配置检漏设施，避免漏水浸泡局部地基土等。

（3）结构措施：其目的是减小建筑物的不均匀沉降，或者使结构能适应地基的湿陷变形，故结构与施工中应考虑上部结构、基础与地基的协同作用。因此，结构措施是地基处理、防水措施的补充。

在上述三种工程措施中，消除地基的全部湿陷量或采用桩基础穿透全部湿陷性黄土层，主要用于甲类建筑；消除地基的部分湿陷量，主要用于乙、丙类建筑；丁类属次要建筑，地基可不处理。防水措施和结构措施，一般用于地基不处理或消除地基部分湿陷量的建筑，以弥补地基处理的不足。

8.2　膨胀土地基

膨胀土是指土中黏性成分主要由亲水性矿物组成，同时，具有显著的吸水膨胀和失水收缩两种变性特性的黏性土。因此，膨胀土也称为胀缩性土。

8.2.1　膨胀土的特点

1. 膨胀土的特征

膨胀土的矿物成分主要是次生黏土矿物——蒙矿石和伊利石，具有较高的亲水性，当失水时土体即收缩，甚至出现干裂，遇水即膨胀隆起。

我国膨胀土多分布在二级或二级以上阶地、山前丘陵及盆地边缘，地形平缓，无明显自然陡坎。旱季时地表常见裂缝，雨季时裂缝闭合。

我国膨胀土生成年代大多数为第四纪晚更新世 Q_3 及其以前，少量为全新世 Q_4。这种土的颜色呈黄色、黄褐色、红褐色、灰白色或花斑色等；土的结构致密，常呈坚硬或硬塑状态。这种土在地表 1～2m 内常见竖向张开裂隙，向下逐渐尖灭，并有斜交和水平方向裂缝。

我国膨胀土的黏粒含量一般很高，其中粒径小于 0.002mm 的胶体颗粒含量一般超过 20%，其液限 w_L 大于 40%，塑性指数 I_p 大于 17，且多数在 22～35 之间。自由膨胀率一般超过 40%。膨胀土的天然含水量接近或略小于塑限，液性指数常小于零，土的压缩性小，多属低压缩性土。任何黏性土都有胀缩性，关键是这种特性对房屋安全的影响程度。为此，《膨胀土地区建筑技术规范》GB 50112—2013 是根据未处理的一层砌体结构房屋的极限变形幅度 15mm 作为划分标准，其设计、施工和维护的规定是以胀缩变形量超过这个标准制定的。

膨胀土在我国分布范围很广，广西、云南、湖北、安徽、四川、河南、山东等地均存在膨胀土。

2. 膨胀土对建筑物的危害

建造在膨胀土地基上的建筑物，随季节性气候的变化会反复不断地产生不均匀的升降，而使房屋破坏，且具有如下特征：

（1）建筑物的开裂破坏一般具有地区性成群出现的特点，且以低层、轻型、砖混结构损坏最为严重，因为这类房屋重量轻，结构刚度小，基础埋深浅，地基土易受外界环境变化的影响而产生胀缩变形。

（2）房屋在垂直和水平方向都受弯和受扭，故在房屋转角处首先开裂，墙上出现正、倒八字形裂缝和 X 形交叉裂缝［图 8-3 (a)、(c)］，外纵墙基础由于受到地基在膨胀过程中产生的竖向切力和侧向水平推力的作用，造成基础外移而产生水平裂缝，并伴有水平位移［图 8-3 (b)］。

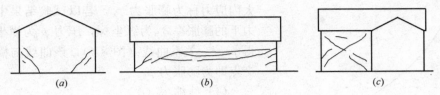

(a)　　　　　　　　　　(b)　　　　　　　　　　(c)

图 8-3　墙面裂缝

(a) 山墙上的对称斜裂缝；(b) 外纵墙的水平裂缝；(c) 墙面的交叉裂缝

（3）坡地上的建筑物，地基变形不仅有垂直向，还伴随有水平向，因而损坏要比平地上普遍而又严重。

3. 影响膨胀土变形的因素

影响膨胀土变形的因素分为内因和外因。其中，内因包括土的矿物成分、土微观结构特征、黏粒的含量、土的密度和含水量等。外因包括气候条件、地形地貌、建筑物周边环境等。

8.2.2 膨胀土地基的评价

1. 膨胀土的工程特性指标

膨胀土的工程特性指标有：自由膨胀率（δ_{ef}）、膨胀率（δ_{ep}）、膨胀力（p_e）、竖向线缩率（δ_s）、收缩系数（λ_s）。

δ_{ef}、δ_{ep} 用于判定膨胀土的膨胀潜势、胀缩等级，δ_{ep} 还用于计算膨胀土的膨胀变形量。

p_e 用于确定基底压力 p，即基底压力宜超过地基土的膨胀力，但不得超过地基承载力。

δ_s 用于计算 λ_s，而 λ_s 用于计算膨胀土的收缩变形量。

（1）自由膨胀率（δ_{ef}）

自由膨胀率 δ_{ef}（%）为人工制备的烘干土，在水中增加的体积与原体积之比，按下式计算：

$$\delta_{ef} = \frac{V_w - V_0}{V_0} \times 100\% \qquad (8\text{-}5)$$

式中　V_w——土样在水中膨胀稳定后的体积（ml）；

　　　V_0——土样原有体积（ml）。

（2）膨胀率（δ_{ep}）

膨胀率 δ_{ep}（%）为在一定压力下，浸水膨胀稳定后，试样增加的高度与原高度之比，按下式计算：

$$\delta_{ep} = \frac{h_w - h_0}{h_0} \times 100\% \qquad (8\text{-}6)$$

式中　h_w——土样浸水膨胀稳定后的高度（mm）；

　　　h_0——土样原始高度（mm）。

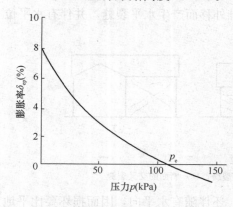

图 8-4　膨胀率-压力曲线图

（3）膨胀力（p_e）

原状土样在体积不变时，由于浸水产生的最大内应力称为膨胀力 p_e，若以试验结果中各级压力下的膨胀率 δ_{ep} 为纵坐标，压力 p 为横坐标，可得 p—δ_{ep} 关系曲线（图 8-4），该曲线与横坐标的交点即为膨胀力 p_e。

（4）线缩率（δ_s）

指土的竖向收缩变形与原状土样高度之比。试验时将土样从环刀中推出后，在室温下自然风干，室温超过 30℃ 时，宜在恒温（20℃）条件下进行，按规定时间测读试样高度，并同时测定其含水量（w），按下式计算土的线收缩率 δ_s：

$$\delta_s = \frac{h_0 - h}{h_0} \times 100\% \qquad (8\text{-}7)$$

式中　h_0——试验开始时土样的原始高度（mm）；

　　　h——试验测得的土样高度（mm）。

（5）收缩系数（λ_s）

根据不同时刻的线缩率及相应的含水量可绘制出收缩曲线（图 8-5），原状土样在直线收缩阶段，含水量减少 1% 时的竖向线缩率即为收缩系数 λ_s，其按下式计算：

$$\lambda_s = \frac{\Delta \delta_s}{\Delta w} \qquad (8\text{-}8)$$

式中　$\Delta \delta_s$——收缩过程中直线变化阶段与两点含水量之差对应的竖向线缩率之差（%）；

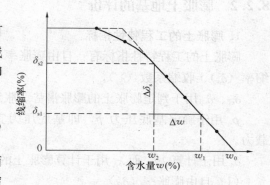

图 8-5　收缩曲线示意

　　　Δw——收缩过程直线变化阶段两点含水量之差（%）。

2. 膨胀土地基的评价

当自由膨胀率 $\delta_{ef} \geqslant 40\%$，土中黏粒成分主要由亲水性矿物组成，具有上述膨胀土野外特征和建筑物开裂破坏特征，且为膨胀性能较大的黏性土，则应判别为膨胀土。为进一步确定膨胀土的胀缩性能的强弱程度，用自由膨胀率作为膨胀土的判别和分类指标（表 8-4）。

膨胀土的膨胀潜势分类

表 8-4

自由膨胀率（%）	膨胀潜势
$40 \leqslant \delta_{ef} < 65$	弱
$65 \leqslant \delta_{ef} < 90$	中
$\delta_{ef} \geqslant 90$	强

为了衡量膨胀土地基的胀缩大小，需对膨胀土地基的变形量（膨胀量、收缩量）进行定量计算。《膨胀土地区建筑技术规范》规定：

（1）场地天然地表下 1m 处土的含水量等于或接近最小值或地面有覆盖且无蒸发可能，以及建筑物在使用期间，经常有水浸湿的地基，可按膨胀变形量计算；

（2）场地天然地表下 1m 处土的含水量大于 1.2 倍塑限含水量或直接受高温作用的地基，可按收缩变形量计算；

（3）其他情况下可按胀缩变形量计算。

地基土的胀缩变形量（s_c）应按下式计算：

$$s_c = \psi_{es} \sum_{i=1}^{n} (\delta_{epi} + \lambda_{si} \cdot \Delta w_i) h_i \tag{8-9}$$

式中 ψ_{es}——计算胀缩变形量的经验系数，宜根据当地经验确定；

      δ_{epi}——基础底面下第 i 层土在平均自重压力与对应于荷载的准永久组合时的平均附加压力之和作用下的膨胀率（用小数计），由室内试验确定；

      λ_{si}——基础底面下第 i 层土的收缩系数，由室内试验确定；

      Δw_i——地基土收缩过程中，第 i 层土可能发生的含水量变化平均值（以小数表示）；

      h_i——第 i 层土的计算厚度（mm）；

      n——基础底面至计算深度内所划分土的土层数。

根据建筑物地基的胀缩变形对低层砖混结构房屋的影响程度，对膨胀土地基评价时，其胀缩等级按分级胀缩变形量 s_c 大小进行划分，见表 8-5。

膨胀土地基的胀缩等级   表 8-5

地基分级变形量 s_c（mm）	等 级
$15 \leqslant s_c < 35$	I
$35 \leqslant s_c < 70$	II
$s_c \geqslant 70$	III

8.2.3 膨胀土地基的工程措施

针对膨胀土地基的工程措施包括：建筑场址选择与总平面设计、建筑措施、结构措施、地基与基础措施，以及施工措施和维护管理措施。

场址选择与总平面设计：场址选择宜选择地形条件较简单，且土质比较均匀、胀缩性较弱的地段；宜具有排水畅通或易于进行排水处理的地形条件，避开不利的地段。总平面设计时，同一建筑物地基土的分级变形量之差不宜大于 35mm，竖向设计宜避免大挖大填，建筑物周围应有良好的排水条件，距建筑物外墙基础外缘 5m 范围内不得积水等。

建筑措施：建筑物的体型应力求简单，其选址宜位于膨胀土层厚度均匀、地形坡度小的地段，不宜建在地下水位升降变化大的地段。当无法避免时，应采取设置沉降缝或提高建筑结构整体抗变形能力等措施。做好建筑物四周散水、室内地面的设计、建筑物周围的道路、广场等设计。

结构措施：应选择适宜的结构体系和基础形式；加强基础和上部结构的整体强度和刚

度。对于砌体结构应做好圈梁的设置、构造柱的设置，以及预制钢筋混凝土梁、段、墙体与其他支承部位的可靠连接。

地基基础措施：膨胀土地基处理可采用换土、土性改良、砂石或灰土垫层等方法。膨胀土地基换土可采用非膨胀性土、灰土或改良土，换土厚度应通过变形计算确定。膨胀土土性改良可采用掺和水泥、石灰等材料，掺和比和施工工艺应通过试验确定。平坦场地上胀缩等级为Ⅰ级、Ⅱ级的膨胀土地基宜采用砂、碎石垫层。垫层厚度不应小于300mm。垫层宽度应大于基底宽度，两侧宜采用与垫层相同的材料回填，并应做好防、隔水处理。对较均匀且胀缩等级为Ⅰ级的膨胀土地基，可采用条形基础，基础埋深较大或基底压力较小时，宜采用墩基础；对胀缩等级为Ⅲ级或设计等级为甲级的膨胀土地基，宜采用桩基础。其中，桩顶标高低于大气影响急剧层深度的高、重建筑物，可按一般桩基础进行设计；桩顶标高位于大气影响急剧层深度内的三层及三层以下的轻型建筑物，桩基础设计应符合《膨胀土地区建筑技术规范》的要求。

施工措施：膨胀土地区的建筑施工时，应根据设计要求、场地条件和施工季节，针对膨胀土的特性编制好施工组织设计。建筑场地施工前，应完成场地土方、挡土墙、护坡、防洪沟及排水沟等工程，使排水畅通、边坡稳定。施工用水应妥善管理，防止管网漏水。临时水池、洗料场、搅拌站与建筑物的距离不少于10m。应做好排水措施，防止施工用水流入基槽内。需大量浇水的材料，堆放在距基槽（坑）边缘的距离不应小于10m。基槽施工宜采取分段快速作业，施工过程中，基槽不应曝晒或浸泡。被水浸湿后的软弱层必须清除，雨期施工应有防水措施。基础施工完毕后，应立即将基槽和室内回填土分层夯实。基坑回填压实系数不应小于0.94。

8.3 红黏土地基

8.3.1 红黏土的工程特性

1. 红黏土的形成与分布

炎热湿润气候条件下的石灰岩、白云岩等碳酸盐岩系出露区的岩石在长期的成土化学风化作用（红土化作用）下形成的高塑性黏土物质，一般呈棕红或者褐黄等颜色，称为红黏土。当其液限≥50%时，应判定为原生红黏土。原生红黏土经搬运、沉积后仍保留其基本特征，且液限大于45%的黏土，可判定为次生红黏土。

红黏土的矿物成分主要为高岭石、伊利石和绿泥石。黏土矿物具有稳定的结晶格架、细粒组结成稳固的团粒结构、土体近于两相体且土中水又多为结合水，这三者是使红黏土具有良好力学性能的基本因素。

红黏土主要分布在我国长江以南的地区。西起云贵高原，经四川盆地南缘，鄂西、湘西、广西向东延伸到粤北、湘南、皖南、浙西等丘陵山地。

2. 红黏土的工程特性

（1）红黏土的物理力学性质

红黏土的物理力学性质指标与一般黏性土有很大区别，主要表现在：

1）粒度组成的高分散性。红黏土中小于0.005mm的黏粒含量为60%～80%；其中小于 0.002mm 的胶粒含量占 40%～70%，使红黏土具有高分散性。

2) 天然含水率 w、饱和度 S_r、塑性界限（液限 w_L、塑限 w_p、塑性指数 I_p）和天然孔隙比 e 都很高，却具有较高的力学强度和较低的压缩性。这与具有类似指标的一般黏性土力学强度低、压缩性高的规律完全不同。

3) 很多指标变化幅度都很大，如天然含水率、液限、塑限、天然孔隙比等。与其相关的力学指标的变化幅度也较大。

4) 土中裂隙的存在，使土体与土块的力学参数尤其是抗剪强度指标相差很大。

(2) 厚度分布特征

红黏土层总的平均厚度不大，这是由其成土特性和母岩岩性所决定的。在高原或山区分布较零星，厚度一般为 5～8m，少数达 15～30m；在准平原或丘陵区分布较连续，厚度一般约 10～15m，最厚超过 30m。因此，当作为地基时，往往是属于有刚性下卧层的有限厚度地基。红黏土土层厚度在水平方向上变化很大，往往造成可压缩性土层厚度变化悬殊，导致地基的不均匀沉降。

(3) 上硬下软现象

在红黏土地区天然竖向剖面上，往往出现地表呈坚硬、硬塑状态，向下逐渐变软，成为可塑、软塑甚至流塑状态的现象。随着这种由硬变软现象，土的天然含水率、含水比和天然孔隙比也随深度递增，力学性质则相应变差。据统计，上部坚硬、硬塑土层厚度一般大于 5m。

(4) 岩土接触关系特征

红黏土是在经历了红土化作用后由岩石变成土的，无论外观、成分还是组织结构上都发生了明显不同于母岩的质的变化。除少数泥灰岩分布地段外，红黏土与下伏基岩均属岩溶不整合接触，它们之间的关系是突变的。

(5) 红黏土的胀缩性

红黏土的组成矿物亲水性不强，交换容量不高，交换阳离子以 Ca^{2+}、Mg^{2+} 为主，天然含水率接近缩限，孔隙呈饱和水状态，以致表现在胀缩性能上以收缩为主，在天然状态下膨胀量很小，收缩性很高；红黏土的膨胀势能主要表现在失水收缩后复浸水的过程中，一部分可表现出缩后膨胀，另一部分则无此现象。因此，不宜把红黏土与膨胀土混同。

(6) 红黏土的裂隙性

红黏土在自然状态下呈致密状，无层理，表部呈坚硬、硬塑状态，失水后含水率低于缩限，土中即开始出现裂缝，近地表处呈竖向开口状，向深处渐弱，呈网状闭合微裂隙。裂隙破坏土的整体性，降低土的总体强度；裂隙使失水通道向深部土体延伸，促使深部土体收缩，加深加宽原有裂隙，严重时甚至形成深长地裂。

8.3.2 红黏土地基的评价

1. 地基承载力

红黏土的地基承载力应结合地区经验按有关规范综合确定。当基础浅埋、外侧地面倾斜、有临空面或承受较大水平荷载，在确定红黏土的承载力时，应综合考虑土体结构和裂隙对承载力的影响；开挖面长时间暴露，裂隙发展和复浸水对土质的影响。

2. 地基均匀性

红黏土地基均匀性分类，见表 8-6。

红黏土的地基均匀性分类　　　　　　　　　表 8-6

地基均匀性	地基压缩层范围内岩土组成
均匀地基	全部由红黏土组成
不均匀地基	由红黏土和岩石组成

8.3.3　红黏土地基的工程措施

（1）充分利用浅部硬壳层。选择适宜的持力层和基础形式，基础埋深应大于大气影响急剧层的深度，此时，基础宜浅埋，利用浅部硬壳层，并进行下卧层承载力的验算；不能满足承载力和变形要求时，应进行地基处理或采用桩基础。

（2）对不均匀地基的工程措施。对基础下红黏土厚度变化较大的地基，采用调整基础沉降差的方法，选用压缩性较低的材料（或密度较小的填土）进行置换局部原有的红黏土，以达到沉降均匀的目的。对于存在岩溶、土洞的红黏土地基可采用本章第 4 节山区地基中岩溶与土洞的地基处理方法。

（3）施工措施。基坑开挖时宜采取保湿措施，边坡应及时维护，防止失水干缩。

8.4　山区地基

山区地基的特征是工程地质条件复杂多变，如在同一个建筑场地内，经常存在地形高差较大，岩土工程特性明显不同，不良地质作用（如滑坡、泥石流、危岩、岩溶及土洞等）发育程度差异较大等情况。因此，山区地基的特点是地基的不均匀沉降、建筑场地及地基的稳定性。此外，山区地基还受到潜在的地质灾害对建筑安全的影响。

山区地基的内容包括：土岩组合地基、填土地基（见本书第 7 章）、岩溶与土洞、岩石地基，以及土质边坡与岩质边坡等。

8.4.1　土岩组合地基

土岩组合地基是山区地基中常见的一种复杂类型地基，即在地基压缩层内常有起伏变化很大的下卧基岩，在不大的范围内，就有可能分布有不同类型的土层，故地基的压缩性和土的物理力学性质差异比较悬殊。在建筑地基的主要受力范围内，存在下列情况之一，则属于土岩组合地基：

（1）下卧基岩表面坡度较大的地基；

（2）石芽密布并有出露的地基；

（3）大块孤石或个别石芽出露的地基。

1. 下卧基岩表面坡度较大的地基

这类地基在重庆、云南等地最多，其他山区也较普遍。这类地基由于基岩起伏不一，上覆土层厚薄差别较大，其主要特点表现在变形不均匀和场地稳定性两大问题上。

这类地基的变形条件，除上部结构的因素外，与地基的因素密切相关，即：①基岩表面的倾斜程度；②上覆土层的力学性质及厚度；③岩层的坚硬、风化程度及相应的压缩性。

当地基中下卧基岩面为单向倾斜、岩面坡度大于 10%、基底下的土层厚度大于 1.5m，结构类型和地质条件符合表 8-7 的要求时，地基可不进行变形验算，按一般地基进行设计。

下卧基岩表面允许坡度值　　　　　　　　　表 8-7

地基土承载力标准值 f_{ak}(kPa)	四层及四层以下的砌体承重结构，三层和三层以下的框架结构	具有 150kN 和 150kN 以下吊车的一般单层排架结构	
		带墙的边柱和山墙	无墙的中柱
≥150	≤15%	≤15%	≤30%
≥200	≤25%	≤30%	≤50%
≥300	≤40%	≤50%	≤70%

若不满足上述条件时，应考虑刚性下卧层的影响（即上层软下层硬的双层地基的影响），并按下式计算地基的变形：

$$s_{gz} = \beta_{gz} s_z \qquad (8-10)$$

式中　s_{gz}——具有刚性下卧层时，地基土的变形计算值；

　　　β_{gz}——刚性下卧层对上覆土层的变形增大系数，按表 8-8 采用；

　　　s_z——变形计算深度相当于实际土层厚度按《建筑地基基础设计规范》计算确定的地基最终变形计算值。

具有刚性下卧层时地基变形增大系数 β_{gz}　　　　表 8-8

h/b	0.5	1.0	1.5	2.0	2.5
β_{gz}	1.26	1.17	1.12	1.09	1.00

注：h—基底下的土层厚度；b—基础底面宽度。

土岩组合地基的另一个特点是建筑场地的稳定性问题。一般土岩组合地基往往伴随着边坡存在，特别是暗藏的下伏基岩，经常给地基稳定性造成威胁。如不少建筑场地地表看起来比较平坦，但下伏基岩坡度较大，尤其在岩土面上存在较弱层（如泥化带）时，工程处理不当，容易造成地基失稳。

当建筑物位于冲沟部位，下卧基岩往往相向倾斜，呈倒八字形。如岩层表面坡度较缓，而上覆土层的性质又较好时，对于中小型建筑物，可适当加强上部结构的刚度，而不必处理地基。但若存在局部较弱土层，则应验算较弱下卧层的强度及不均匀变形。

若基岩在地下形成暗丘，即岩面向两边倾斜时，地基土层为中间薄，两边厚。这对建筑物最为不利，往往在双斜面交界处出现裂缝，一般应进行地基处理，并在这些部位设置沉降缝。

因此，在土岩组合地基上进行工程建设时，应重视场地的工程地质勘察。在勘察阶段，对于基岩面沿房屋纵横向的起伏变化及基岩顶面与基础底面的关系应查清，以便设计采取的调整不均匀沉降措施和防止地基失稳的措施更有针对性，必要时应进行补充勘察工作。

2. 石芽密布并有局部出露的地基

石芽密布并有局部出露的地基是岩溶现象的反映（图 8-6）。它的基本特点是基岩表面凹凸不平，在贵州、广西、云南等地最多。一般基岩起伏较大，石芽多被红黏土所填充。一般勘探方法不易查清基岩面的起伏变化。

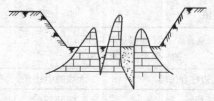

图 8-6　石芽密布地基

这类地基的变形问题，目前尚无理论公式进行计算。实践表明，由于充填在石芽间的红黏土，其压缩性低、承载力高，因而变形小，并由于石芽限制了岩间土的侧向膨胀，变形量一般小于同类土在无侧限压缩时的变形量。岩溶地区，气候温湿多雨，土的饱和度多在 85% 以上，不易失水收缩。调查表明，建造在这种地基上的大量中小型建筑物，地基未经处理，至今使用正常。因此，当石芽间距小于 2m，其间为硬塑或坚硬状态的红黏土时，对于房屋为六层和六层以下的砌体承重结构、三层和三层以下的框架结构或具有 15t 和 15t 以下吊车的单层排架结构，其基底压力小于 200kPa，可不作地基处理。如不能满足上述要求时，可利用经检验稳定性可靠的石芽作支墩式基础，也可在石芽出露部位作褥垫。当石芽间有较厚的软弱土层时，可用碎石、土夹石等进行置换。褥垫可采用炉渣、中砂、粗砂、土夹石等材料，其厚度宜取 300~500mm，夯填度（即褥垫夯实后的厚度与虚铺厚度的比度）应根据试验确定。

3. 大块孤石或个别石芽出露的地基

这类地基的变形条件对建筑物极为不利，在进行地基处理时，应使局部部位的变形与其周围的变形条件相适应，否则极易在软硬交接处产生不均匀沉降，造成建筑物开裂。

当土层的承载力特征值大于 150kPa、房屋为单层排架结构或一、二层砌体承重结构时，宜在基础与岩石接触的部位采用褥垫进行处理。对于多层砌体承重结构，应根据土质情况综合处理。当建筑物对地基变形要求较高或地质条件比较复杂时，可适当调整建筑平面位置，或采用桩基础或梁、拱跨越等处理措施。在地基压缩性相差较大的部位，宜结合建筑平面形状、荷载条件设置沉降缝。沉降缝宽度宜取 30~50mm，在特殊情况下可适当加宽。

8.4.2　岩溶与土洞

在碳酸盐岩为主的可溶性岩石地区，当存在岩溶（溶洞、溶蚀裂隙等）、土洞等现象时，应考虑其对地基稳定性的影响。

1. 岩溶的发育条件和规律

岩溶（又称喀斯特）是可溶性岩石在水的溶蚀作用下，产生的各种地质作用、形态和现象的总称。可溶性岩石包括碳酸盐类岩石（石灰石、白云岩等）、硫酸盐类岩石（石膏、芒硝等）和卤素类岩石（岩盐等）。在我国各类可溶性岩石中，碳酸盐类岩石的分布范围占有绝对优势。

岩溶发育的条件是：①具有可溶性的岩层；②具有有溶解能力（含 CO_2）和足够流量的水；③具有地表水下渗、地下水流动的途径。前述三者缺一不可。

岩溶发育的规律如下：

（1）岩溶与岩性的关系

岩石成分、成层条件和组织结构等直接影响岩溶的发育程度和速度。一般地说，硫酸盐类和卤素类岩层岩溶发展速度较快；碳酸盐类岩层则发育速度较慢。质纯层厚的岩层，岩溶发育强烈，且形态齐全，规模较大；含泥质或其他杂质的岩层，岩溶发育较弱。结晶颗粒粗大的岩石岩溶较为发育；结晶颗粒细小的岩石，岩溶发育较弱。

（2）岩溶与地质构造的关系

1）节理裂隙：裂隙的发育程度和延伸方向通常决定了岩溶的发育程度和发展方向。在节理裂痕的交叉处或密集带，岩溶最易发育。

2）断层：沿断裂带是岩溶显著发育地段，常分布有漏斗、竖井、落水洞及溶洞、暗河等。往往在正断层处岩溶较发育，逆断层处岩溶发育较弱。

3）褶皱：褶皱轴部一般岩溶较发育。在单斜地层中，岩溶一般顺层面发育。在不对称褶曲中，陡的一翼岩溶较缓的一翼发育。

4）岩层产状：倾斜或陡倾斜的岩层，一般岩溶发育较强烈；水平或缓倾斜的岩层，当上覆或下伏非可溶性岩层时，岩溶发育较弱。

5）可溶性岩与非可溶性岩接触带或不整合面岩溶往往发育。

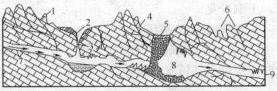

图8-7　岩溶岩层剖面示意图

1—石芽、石林；2—漏斗；3—落水洞；4—溶蚀裂隙；
5—塌陷洼地；6—溶沟、溶槽；7—暗河；
8—溶洞；9—钟乳石

（3）岩溶与新构造运动的关系

地壳强烈上升地区，岩溶以垂直方向发育为主；地壳相对稳定地区，岩溶以水平方向发育为主；地壳下降地区，既有水平发育又有垂直发育，岩溶发育较为复杂。

（4）岩溶与地形的关系

地形陡峭、岩石裸露的斜坡上，岩溶多呈溶沟、溶槽、石芽等地表形态，地形平缓地带，岩溶多以漏斗、竖井、落水洞、塌陷洼地、溶洞等形态为主，如图8-7所示。

（5）地表水体同岩层产状关系对岩溶发育的影响

水体与层面反向或斜交时，岩溶易于发育。

（6）岩溶与气候的关系

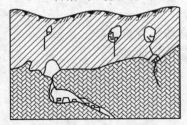

图8-8　土洞剖面示意图

1—土；2—灰岩；3—土洞；
4—溶洞；5—裂隙

在大气降水丰富、气候潮湿地区，地下水能经常得到补给，水的来源充沛，岩溶易发育。

2. 土洞的分类和规律

土洞是岩溶作用的产物，故其分布同样受到控制岩溶发育的岩性、岩溶水和地质构造等因素的控制。土洞发育区通常是岩溶发育区。

土洞可分为地表水形成的土洞和地下水形成的土洞，土洞剖面示意图如图8-8所示。地表水形成的土洞，主要在地下水深埋于基岩面以下的岩溶发育地区，地表水沿上覆土层中的裂隙渗入地下，对土体起着冲蚀、淘空作用，逐渐形成土洞。地下水形成的土洞，主要在地下水位于上覆土层与下伏基岩交界面处作频繁升降变化的地区，当水位上升到高于基岩面时，土体被水浸泡，逐渐湿化、崩解，形成松软土带；当水位下降到低于基岩面时，水对松软土产生潜蚀、搬运作用，在岩土交界处易形成土洞。

土洞的发育规律如下：

（1）土洞与下伏基岩中岩溶发育的关系

土洞是岩溶作用的产物，它的分布同样受到控制岩溶发育的岩性、岩溶水和地质构造等因素的控制。土洞发育区通常是岩溶发育区。

（2）土洞与土质、土层厚度的关系

土洞多发育于黏性土中。黏性土中亲水、易湿化、崩解的土层、抗冲蚀力弱的松软土层易产生土洞；土层越厚，达到出现塌陷的时间越长。

（3）土洞与地下水的关系

由地下水形成的土洞大部分分布在高水位与平水位之间。在高水位以上和低水位以下，土洞少见。

3. 岩溶场地的等级

《建筑地基基础设计规范》规定，岩溶场地可根据岩溶发育程度划分为三个等级，设计时应根据具体情况，按表8-9采用。

岩溶发育程度　　　　　　　　　　　　　　　　　　　　　　　表 8-9

等　级	岩溶场地条件
岩溶强发育	地表有较多岩溶塌陷、漏斗、洼地、泉眼 溶沟、溶槽、石芽密布，相邻钻孔间存在临空面且基岩面高差大于5m 地下有暗河、伏流 钻孔见洞隙率大于30％或线岩溶率大于20％ 溶槽或串珠状竖向溶洞发育深度达20m以上
岩溶中等发育	介于强发育和微发育之间
岩溶微发育	地表无岩溶塌陷、漏斗 溶沟、溶槽较发育 相邻钻孔间存在临空面且基岩面相对高差小于2m 钻孔见洞隙率小于10％或线岩溶率小于5％

4. 岩溶与土洞场地的地基设计一般规定

地基基础设计等级为甲级、乙级的建筑物主体宜避开岩溶强发育地段。

（1）当场地存在下列情况之一，未经处理，不应作为建筑物地基：

① 浅层溶洞成群分布，洞径大，且不稳定的地段；

② 埋藏浅的漏斗、溶槽等，其中为软弱土体充填；

③ 土洞或塌陷等岩溶强发育的地段；

④ 岩溶水排泄不畅，有可能造成场地暂时淹没的地段。

（2）对于完整、较完整的坚硬岩、较硬岩地基，当符合下列条件之一时，可不考虑岩溶对地基稳定性的影响：

① 洞体较小，基础底面尺寸大于洞的平面尺寸，并有足够的支承长度；

② 顶板岩石厚度大于或等于洞跨。

（3）地基基础设计等级为丙级且荷载较小的建筑物，当符合下列条件之一时，可不考虑岩溶对地基稳定性的影响：

① 基础底面以下的土层厚度大于独立基础宽度的 3 倍或条形基础宽度的 6 倍，且不具备形成土洞的条件时；

② 基础底面与洞体顶板间土层厚度小于独立基础宽度的 3 倍或条形基础宽度的 6 倍，洞隙或岩溶漏斗被沉积物填满，其承载力特征值超过 150kPa，且无被水冲蚀的可能性时；

③ 基础底面存在宽度或直径小于基础底面积 25% 的垂直洞隙，但基底岩石面积满足上部荷载要求时。

5. 岩溶场地的工程措施

对较小的岩溶洞隙，可采用镶补、嵌塞与跨越等方法处理。

对较大的岩溶洞隙，可采用梁、板和拱等结构跨越，也可采用浆砌块石等堵塞措施以及洞底支撑或调整柱距等方法处理。跨越结构应有可靠的支承面。梁式结构在稳定岩石上的支承长度应大于梁高 1.5 倍。

基底有不超过 25% 基底面积的溶洞（隙）且充填物难以挖除时，宜在洞隙部位设置钢筋混凝土底板，底板宽度应大于洞隙，并采取措施保证底板不向洞隙方向滑移，也可在洞隙部位设置钻孔桩进行穿越处理。

对于荷载不大的低层和多层建筑，围岩稳定，如溶洞位于条形基础末端，跨越工程量大，可按悬臂梁设计基础；若溶洞位于单独基础重心一侧，可按偏心荷载设计基础。

6. 土洞场地的工程措施

（1）地表水和地下水的处理

在建筑场地和地基范围内，做好地表水的截流、防渗、堵漏等工作，杜绝地表水渗入土层。对形成土洞的地下水，当地质条件许可时，亦可采取截流地下水等措施，以阻止土洞和地表塌陷的发展。

（2）挖填与灌砂处理

对地下水形成的浅埋土洞和塌陷先清除软土，抛填块石作反滤层，面层用黏土夯填；深埋土洞宜用砂、砾石或细石混凝土灌填。对埋藏深、洞径大的土洞，采用灌砂法处理。

（3）采用钢筋混凝土梁、板跨越

在进行上述处理的同时，均应采用梁、板或拱跨越。

（4）采用桩基

岩溶场地上的重要建筑物，可采用桩基。

8.4.3 岩石地基

相对于土而言，岩石具有较牢固的刚性连接，故具有较高的强度和较小的透水性，因此岩石地基（也称为岩体地基）具有承载力高、压缩性低和稳定性强的特点。所以当建筑物置于完整、较完整、较破碎岩体上时，只要岩体均匀性良好，可仅进行地基承载力计算。

作为岩石地基的岩体，相对于岩石来说要复杂得多。岩体是指赋存于一定地质环境，含不连续结构面，具有一定工程地质特征的岩石综合体。而岩石是指天然形成的具有一定结构构造的单一或多种矿物或碎屑物的集合体。可见，岩体具有不连续结构面，会造成岩体的非均匀性、各向异性、不连续性等，故岩体的强度远远小于完整岩石的强度。在岩石地基中，特别是在层状岩石中，平面和垂向持力层范围内软、硬岩相间出现很常见。当软、硬岩石强度相差较大，在平面上软、硬岩石相间分布或在垂向上硬岩有一定厚度、软岩有一定埋深的情况下，使得岩石地基均匀性较差，为安全合理地使用岩石地基，此时应对岩石地基的承载力和变形进行验算。

目前，在岩石地基上的常见建筑物基础类型，如图8-9所示。

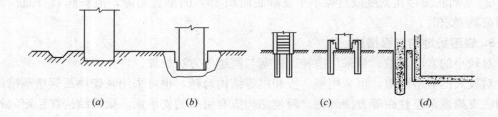

图8-9 岩石地基上的基础类型

(a) 墙下无大放脚基础；(b) 预制柱的岩石杯口；(c) 锚杆基础；(d) 嵌岩桩基础

1. 岩石地基承载力特征值

对于完整、较完整、较破碎的岩石地基承载力特征值可按《建筑地基基础设计规范》附录中岩石地基载荷试验方法确定；对破碎、极破碎的岩石地基承载力特征值，可根据平板载荷试验确定。对完整、较完整和较破碎的岩石地基承载力特征值，也可根据室内饱和单轴抗压强度按下式进行计算：

$$f_a = \psi_r \cdot f_{rk} \tag{8-11}$$

式中 f_a——岩石地基承载力特征值（kPa）；

f_{rk}——岩石饱和单轴抗压强度标准值（kPa）；

ψ_r——折减系数。根据岩体完整程度以及结构面的间距、宽度、产状和组合，由地方经验确定。无经验时，对完整岩体可取0.5；对较完整岩体可取0.2～0.5；对较破碎岩体可取0.1～0.2。

上述折减系数值未考虑施工因素及建筑物使用后风化作用的继续。

2. 岩石锚杆基础

岩石锚杆基础适用于直接建在基岩上的柱基，以及承受拉力或水平力较大的建筑物基础。岩石锚杆基础应与基岩连成整体。

锚杆孔直径，宜取锚杆筋体直径的3倍，但不应小于一倍锚杆筋体直径加50mm。锚杆基础的构造要求，可按图8-10采用。

锚杆筋体插入上部结构的长度，应符合钢筋的锚固

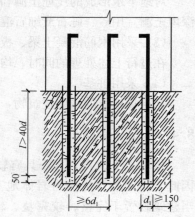

图8-10 锚杆基础

d_1—锚杆孔直径；l—锚杆的有效
锚固长度；d—锚杆筋体直径

长度要求。锚杆筋体宜采用热轧带肋钢筋，水泥砂浆强度不宜低于 30MPa，细石混凝土强度不宜低于 C30。灌浆前，应将锚杆孔清理干净。

岩石锚杆基础设计时，对单根锚杆应进行抗拔力验算。

8.5 滑坡

8.5.1 滑坡的形成条件及其分类

1. 滑坡的形成条件

（1）地质条件

岩性，在岩土层中必须具有受水构造、聚水条件和软弱面（该软弱面也是有隔水作用）等，才可能形成滑坡。

地质构造，岩体构造和产状对山坡的稳定，滑动面的形成、发展影响很大，一般堆积层和下伏岩层接触的越陡，则其下滑力越大，滑坡发生的可能性也越大。

（2）地形及地貌

从局部地形可以看出，下陡中缓上陡的山坡和山坡上部成马蹄形的环状地形，且汇水面积较大时，在坡积层中或沿基岩面易发生滑动。

（3）气候、径流条件

它包括气候条件、地表水作用及地下水作用等。

（4）其他因素

如地震，人为地破坏边坡坡角、破坏自然排水系统，坡顶堆载等都可能引起滑坡。

2. 滑坡的要素与分类

一个发育完全的滑坡，一般具有的主要要素如图 8-11 所示。

滑坡的分类，不同行业（房屋建筑、铁路、公路）有不同的划分方法。我国房屋建筑行业对工程滑坡的分类见表 8-10。

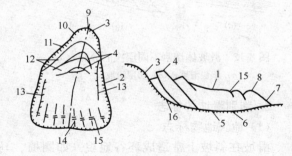

图 8-11　滑坡要素

1—滑坡体；2—滑坡周界；3—滑坡壁；4—滑坡台阶；5—滑动面；6—滑动带；7—滑坡舌；8—滑坡鼓丘；9—滑坡轴；10—破裂缘；11—封闭洼地；12—拉张裂缝；13—剪切裂缝；14—扇形裂缝；15—鼓胀裂缝；16—滑坡床

滑 坡 类 型　　　　　　　　　　　　表 8-10

滑坡类型		诱发因素	滑体特征	滑动特征
工程滑坡	人工弃土滑坡、切坡顺层滑坡、切坡岩层滑坡、切坡土层滑坡	开挖坡脚、坡顶加载、施工用水等因素	由外倾且软弱的岩土坡面上填土构造；由层面外倾且较软弱的岩土体构成；由外倾软弱结构面控制稳定的岩体构成	弃土沿下卧岩土层面或弃土体内滑动；沿外倾的下卧潜在滑面或土体内滑动；沿外倾、临空软弱结构面滑动

续表

滑坡类型		诱发因素	滑体特征	滑动特征
自然滑坡或工程滑坡	堆积体滑坡、岩体顺层滑坡、土体顺层滑坡	暴雨、洪水或地震等自然因素，或人为因素	由崩塌堆积体构成，已有老滑面； 由顺层岩体构成，已有老滑面； 由顺层土体构成，已有老滑面	沿外倾下卧岩土层老滑面或体内滑动； 沿外倾软弱岩层、老滑面或体内滑动； 沿外倾土层老滑面或体内滑动

根据主滑动面与层面的空间关系可分为：岩层倾向与坡向一致且顺层面滑动的顺层滑坡，滑动面切割层面的切层滑坡（图 8-12）。

根据滑动方式可分为：中上部滑坡体挤压推动前缘段且整体性较好的推移式滑坡，前缘段发生滑动后牵引后缘而产生的牵引式滑坡（图 8-13）。

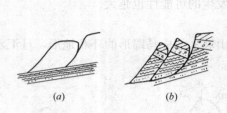

图 8-12　滑坡体切割不同层次的分布
(a) 顺层滑坡；(b) 切层滑坡

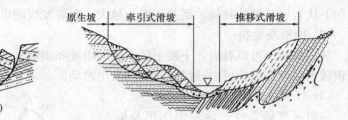

图 8-13　牵引式、推移式滑坡断面

3. 判别滑坡的标志

（1）地貌地物标志

滑坡在斜坡上常造成环谷地貌（如圈椅、马蹄状地形），或使斜坡上出现异常台阶及斜坡坡脚侵占河床（如河床凹岸反而稍微突出或有残留的大孤石）等现象。滑坡体上常有鼻状凸丘或多级平台，其高程和特征与外围阶地不同。滑坡体两侧常形成沟谷，并有双沟同源现象。有的滑坡体上还有积水洼地、地面裂缝、醉汉林、马刀树和房屋倾斜、开裂等现象（图 8-14）。

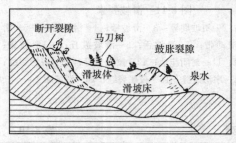

图 8-14　滑坡特征

（2）岩、土结构标志

滑坡范围内的岩、土常有扰动松脱现象。基岩层位、产状特征与外围不连续，有时局部地段新老地层呈倒置现象，常与断层混淆，常见有泥土、碎屑充填或未被充填的张性裂缝，普遍存在小型坍塌。

（3）水文地质标志

斜坡含水层的原有状况常被破坏，使滑坡体成为复杂的单独含水体。在滑动带前缘常有成排的泉水溢出。

（4）滑坡边界及滑坡床标志

滑坡后缘断壁上有顺坡擦痕，前缘土体常被挤出或呈舌状凸起；滑坡两侧常以沟谷或裂面为界；滑坡床常具有塑性变形带，其内多由黏性物质或黏粒夹磨光角砾组成；滑动面很光滑，其擦痕方向与滑动方向一致。

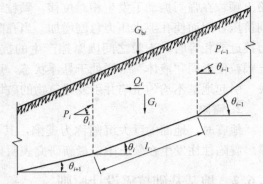

4. 滑坡

折线形滑动面的滑坡（图8-15），其滑坡推力的计算可采用传递系数法隐式解，具体计算公式详见《建筑边坡工程技术规范》GB 50330—2013。

图 8-15　折线形滑面边坡传递系数法计算简图

折线形滑动面的滑坡，其边坡稳定性系数同样也采用传递系数法隐式解。

8.5.2　工程滑坡防治的工程措施

工程滑坡治理应考虑滑坡类型成因、滑坡形态、工程地质和水文地质条件、滑坡稳定性、工程重要性、坡上建（构）筑物和施工影响等因素，分析滑坡的有利和不利因素、发展趋势及危害性，并应综合治理。滑坡防治的工程措施如下：

（1）排水：根据工程地质、水文地质、暴雨、洪水和防治方案等条件，采取有效的地表排水和地下排水措施；可采用在滑坡后缘外设置环形截水沟、滑坡体上设分级排水沟、裂隙封填以及坡面封闭等措施，排放地表水，防止暴雨和洪水对滑体和滑面的浸蚀软化；需要时可采用设置地下横、纵向排水盲沟、廊道和仰斜式孔等措施，疏排滑体及滑带水。

（2）支挡：滑坡整治时应根据滑坡稳定性、滑坡推力和岩土性状等因素，合理选用支挡结构类型。

（3）减载：刷方减载应在滑坡的主滑段实施。

（4）反压：反压填方应设置在滑坡前缘抗滑段区域，可采用土石回填或加筋土反压以提高滑坡的稳定性；同时应加强反压区地下水引排。

（5）对滑带注浆条件和注浆效果较好的滑坡，可采用注浆法改善滑坡带的力学特性；注浆法宜与其他抗滑措施联合使用；严禁因注浆堵塞地下水排泄通道。

（6）植被绿化。

8.6　地震区的地基基础

8.6.1　地基的震害现象

地基的震害主要包括液化、滑坡、地裂及震陷等方面。这些现象的宏观特征各不相同，但产生的条件是互相依存的，某些防治措施亦可通用。

1. 饱和砂土或者粉土的液化

饱和松散的砂土或粉土，地震时易发生液化现象，使地基承载力丧失或减弱，甚至喷水冒砂，这种现象一般称为砂土液化或粉土液化，其产生的机理是：地震时，饱和砂土、粉土颗粒在强烈振动下发生相对位移，颗粒结构趋于压密，颗粒间孔隙水来不及排泄而受到挤压，因而使孔隙水压力急剧增加。当孔隙水压力上升到与土颗粒所受到的总的正压应力接近或相等时，土粒之间因摩擦产生的抗剪能力消失（即：土的有效应力减小到零），土颗粒便形同"液体"一样处于悬浮状态，形成所谓液化现象。液化使土体的抗震强度丧失，引起地基不均匀沉陷并引发建筑物的破坏，甚至倒塌。

2. 震陷

地震时，地面的巨大沉陷称为震陷，其导致建筑物产生不均匀沉陷而倾斜，甚至倒塌。震陷往往发生在软土中，最新研究表明，自重湿陷性黄土或黄土状土也具有震陷性。

8.6.2 地基基础抗震设计原则

工程抗震设计应贯彻以预防为主的方针，重视工程抗震概念设计，从上部结构、基础与地基的协同作用处理好三者的关系。根据房屋建筑的重要性、地震破坏的经济损失及社会影响，房屋建筑物的抗震设防类别分为：甲类、乙类、丙类和丁类四类。

1. 基本原则

（1）选择有利的建筑场地

选择建筑场地时，应根据工程需要和地震活动情况、工程地质和地震地质的有关资料，对抗震有利、一般、不利和危险地段（表8-11）做出综合评价。尽量选择有利地段或一般地段。对不利地段，应提出避开要求；当无法避开时，应采取有效的抗震措施；对于危险地段，严禁建造甲、乙类的建筑，不应建造丙类的建筑。

有利、一般、不利和危险地段的划分　　　　　　表8-11

地段类别	地质、地形、地貌
有利地段	稳定基岩，坚硬土，开阔、平坦、密实、均匀的中硬土等
一般地段	不属于有利、不利和危险的地段
不利地段	软弱土，液化土，条状突出的山嘴，高耸孤立的山丘，陡坡，陡坎，河岸和边坡的边缘，平面分布上成因、岩性、状态明显不均匀的土层（含故河道、疏松的断层破碎带、暗埋的塘浜沟谷和半填半挖地基），高含水量的可塑黄土，地表存在结构性裂缝等
危险地段	地震时可能发生滑坡、崩塌、地陷、地裂、泥石流等及发震断裂带上可能发生地表错位的部位

（2）基础的抗震措施

建筑结构的同一结构单元的基础不宜设置在性质截然不同的地基上。同一结构单元不宜部分采用天然地基部分采用桩基；当采用不同的基础类型或基础埋深显著不同时，应根据地震时两部分地基基础的沉降差异，在基础与上部结构的相关部位采取相应措施。比如：高层主楼与低层裙房相连成为同一结构单元时，可在基础、上部结构的相同竖向位置处设置沉降后浇带。

选择合适的基础埋深，尽量设置地下室，调整基础底面积，减少基础偏心。

加强基础的整体性和刚度，比如：筏形基础优于柱下条形基础；桩筏基础优于桩基础等。

加强基础与上部结构的整体性。

（3）地基的抗震措施

地基为软弱黏性土、液化土、新近填土或严重不均匀土时，应根据地震时地基不均匀沉降和其他不利影响，采取相应的措施。比如：抗液化措施、抗震陷措施等。

（4）上部结构、基础和地基的协同作用的抗震措施

增强上部结构、基础的整体刚度、均匀对称性，合理设置沉降缝；根据上部结构、地基的情况，基础设计采用变刚度调平的原则。

8.6.3 液化和震陷的判定

1. 液化

地基土的液化判定分为两个步骤：第一步，初判；第二步，细判。

初判，即饱和砂土或粉土，当符合下列条件之一时，可初步判别为不液化或可不考虑液化影响：

（1）地质年代为第四纪晚更新世（Q_3）及其以前时，抗震设防烈度为 7、8 度时可判为不液化。

（2）粉土的黏粒（粒径小于 0.005mm 的颗粒）含量百分率，7 度、8 度和 9 度分别不小于 10、13 和 16 时，可判别为不液化土。

（3）浅埋天然地基的建筑，当上覆非液化土层厚度和地下水位深度符合下列条件之一时，可不考虑液化影响：

$$d_u > d_0 + d_b - 2 \tag{8-12}$$

$$d_w > d_0 + d_b - 3 \tag{8-13}$$

$$d_u + d_w > 1.5d_0 + 2d_b - 4.5 \tag{8-14}$$

式中　d_u——上覆盖非液化土层厚度（m），计算时宜将淤泥和淤泥质土层扣除；

d_w——地下水位深度（m），宜按设计基准期内年平均最高水位采用，也可按近期内年最高水位采用；

d_b——基础埋置深度（m），不超过 2m 时应采用 2m；

d_0——液化土特征深度（m），可按表 8-12 采用。

液化土特征深度（m）　　　　　　　　　　　　表 8-12

饱和土类别	烈　度		
	7 度	8 度	9 度
粉土	6	7	8
砂土	7	8	9

细判，即采用标准贯入试验判别法，计算标准贯入锤击数临界值 N_{cr}，并与标准贯入试验锤击数 N 进行比较。当 $N \leqslant N_{cr}$ 时，应判定为液化土。进一步可计算得到液化指数。

根据液化指数，将建筑物地基的液化等级分为三类：轻微、中等、严重。

2. 震陷

抗震设防烈度为 8 度（0.30g）和 9 度时，当塑性指数小于 15 且符合下式规定的饱和粉质黏土，可判为震陷性软土。

$$W_S \geqslant 0.9W_L \qquad\qquad (8-15)$$
$$I_L \geqslant 0.75 \qquad\qquad (8-16)$$

式中　W_S——天然含水量；

　　　W_L——液限含水量，采用液、塑限联合测定法测定；

　　　I_L——液性指数。

8.6.4　可液化和可震陷地基的抗震措施

1. 可液化地基

对可液化地基采取的抗液化措施应根据建筑的重要性、地基的液化等级，结合具体情况综合确定，选择全部或部分消除液化沉陷、基础和上部结构处理等措施，或不采取措施等。

全部消除地基液化沉陷的措施有：采用底端深入液化深度以下稳定土层的桩基础或深基础，以振冲、振动加密、砂桩挤密、强夯等加密法加固（处理至液化深度下界），挖除全部液化土层或增加上覆非液化土层的厚度。

部分消除地基液化沉陷的措施应使处理后的地基液化指数减少，其值不宜大于5；大面积筏形基础、箱形基础的中心区域（指位于基础外边界以内沿长宽方向距外边界大于相应方向1/4长度的区域），其处理后的液化指数可比上述规定降低1；对独立基础与条形基础，处理深度尚不应小于基础底面下液化土特征深度和基础宽度的较大值。采取减小液化震陷的其他方法，如增厚上覆非液化土层的厚度和改善周边的排水条件。

减轻液化影响的基础和上部结构处理，可综合考虑基础的埋深选择、调整基底尺寸，减小基础偏心、加强基础的整体性和刚度，以及减轻上部结构的荷载、增强上部结构刚度和均匀对称性、合理设置沉降缝等。

2. 可震陷地基

地基主要受力层范围内存在软弱黏性土层和高含水量的可塑性黄土时，可能发生震陷，应结合具体情况综合考虑，采用桩基、地基加固处理，或采用上述减轻液化影响的基础和上部结构处理措施，也可根据软土震陷量的估计，采取相应措施。

8.6.5　地基与基础的抗震承载力验算

1. 天然地基

下列建筑可不进行天然地基及基础的抗震承载力验算：

（1）《建筑抗震设计规范》GB 50011—2010 规定可不进行上部结构抗震验算的建筑。

（2）地基主要受力层范围内不存在软弱黏性土层（它是指抗震设防烈度7、8和9度时，地基承载力特征值分别小于80、100和120kPa的土层）的下列建筑：

1）一般的单层厂房和单层空旷房屋；

2）砌体房屋；

3）不超过8层且高度在24m以下的一般民用框架和框架—抗震墙房屋；

4）基础荷载与3）项相当的多层框架厂房和多层混凝土抗震墙房屋。

天然地基基础抗震验算时，应采用地震作用效应标准组合，且地基抗震承载力应取地基承载力特征值乘以地基抗震承载力调整系数计算。

地基抗震承载力应按下式计算：

$$f_{aE} = \zeta_a f_a \tag{8-17}$$

式中　f_{aE}——调整后的地基抗震承载力；

　　　ζ_a——地基抗震承载力调整系数，应按表 8-13 采用；

　　　f_a——深宽修正后的地基承载力特征值。

地基抗震承载力调整系数　　　　表 8-13

岩土名称和性状	ζ_a
岩石，密实的碎石土，密实的砾、粗砂、中砂，$f_{ak} \geq 300kPa$ 的黏性土和粉土	1.5
中密、稍密的碎石土，中密和稍密的砾、粗砂、中砂，密实和中密的细、粉砂，$150kPa \leq f_{ak} < 300kPa$ 的黏性土和粉土，坚硬黄土	1.3
稍密的细、粉砂，$100kPa \leq f_{ak} < 150kPa$ 的黏性土和粉土，可塑黄土	1.1
淤泥，淤泥质土，松散的沙，杂填土，新近堆积黄土及流塑黄土	1.0

验算天然地基地震作用下的竖向承载力时，按地震作用效应标准组合的基础底面平均压力和边缘最大压力应符合下列各式要求：

$$p \leq f_{aE} \tag{8-18}$$

$$p_{max} \leq 1.2 f_{aE} \tag{8-19}$$

式中　p——地震作用效应标准组合的基础底面平均压力；

　　　p_{max}——地震作用效应标准组合的基础边缘的最大压力。

同时，对于高宽比大于 4 的高层建筑，在地震作用下基础底面不宜出现拉应力；对于其他建筑，则要求基础底面零应力面积不超过基础底面的 15%。

2. 桩基础

桩基础抗震验算也分为两类：第一类可不进行桩基础抗震验算的情况；第二类应进行桩基础抗震验算的情况，具体参见《建筑抗震设计规范》GB 50011—2010。

思考题

1. 黄土的湿陷性是指什么？
2. 黄土湿陷性的外因、内因是什么？
3. 黄土湿陷性的三个最基本的试验指标是哪些？
4. 湿陷性黄土的判定依据是什么？
5. 湿陷性黄土的湿陷起始压力的目的是什么？
6. 湿陷性黄土场地的判定依据是什么？
7. 湿陷性黄土地基的湿陷等级划分为哪几类？
8. 湿陷性黄土地基的工程措施有哪些？
9. 膨胀土的概念是什么？
10. 影响膨胀土变形的内因、外因是哪些？
11. 膨胀土的工程特性指标中，用于计算膨胀变形、收缩变形的指标分别是哪些？

12. 膨胀土的工程特性指标中膨胀力的作用是什么？

13. 膨胀土地基的胀缩等级划分为哪几级？

14. 膨胀土地基的工程措施有哪些？

15. 红黏土的工程特性有哪些？

16. 红黏土地基的工程措施有哪些？

17. 土岩组合地基的特点是什么？

18. 影响土岩组合地基变形的因素有哪些？

19. 在土岩组合地基中，刚性下卧层对地基变形有什么影响？

20. 土岩组合地基存在大块孤石或个别石牙出露时，其地基处理的工程措施有哪些？

21. 岩溶场地根据岩溶发育程度划分为几个等级？

22. 哪些情况下岩溶与土洞场地不应作为建筑物地基？

23. 岩溶场地的工程措施有哪些？

24. 土洞场地的工程措施有哪些？

25. 岩石地基的特点是什么？

26. 岩石地基承载力是如何确定的？

27. 在房屋建筑物中工程滑坡的分类有哪些？

28. 工程滑坡防治的工程措施有哪些？

29. 地震时，饱和砂土或粉土出现液化的原因是什么？

30. 地基基础抗震设计原则有哪些？

31. 饱和砂土或粉土地震液化的判别是如何进行的？

32. 可液化地基所采取的工程措施有哪些？

33. 抗震设计时，高宽比小于 4 的高层建筑，其基础底面零应力面积有何要求？

附录一 附加应力系数和平均附加应力系数

矩形面积上均布荷载作用下角点附加应力系数 α　　　　附表 1-1

z/b	l/b											
	1.0	1.2	1.4	1.6	1.8	2.0	3.0	4.0	5.0	6.0	10.0	条形
0.0	0.250	0.250	0.250	0.250	0.250	0.250	0.250	0.250	0.250	0.250	0.250	0.250
0.2	0.249	0.249	0.249	0.249	0.249	0.249	0.249	0.249	0.249	0.249	0.249	0.249
0.4	0.240	0.242	0.243	0.243	0.244	0.244	0.244	0.244	0.244	0.244	0.244	0.244
0.6	0.223	0.228	0.230	0.232	0.232	0.233	0.234	0.234	0.234	0.234	0.234	0.234
0.8	0.200	0.207	0.212	0.215	0.216	0.218	0.220	0.220	0.220	0.220	0.220	0.220
1.0	0.175	0.185	0.191	0.195	0.198	0.200	0.203	0.204	0.204	0.204	0.205	0.205
1.2	0.152	0.163	0.171	0.176	0.179	0.182	0.187	0.188	0.189	0.189	0.189	0.189
1.4	0.131	0.142	0.151	0.157	0.161	0.164	0.171	0.173	0.174	0.174	0.174	0.174
1.6	0.112	0.124	0.133	0.140	0.145	0.148	0.157	0.159	0.160	0.160	0.160	0.160
1.8	0.097	0.108	0.117	0.124	0.129	0.133	0.143	0.146	0.147	0.148	0.148	0.148
2.0	0.084	0.095	0.103	0.110	0.116	0.120	0.131	0.135	0.136	0.137	0.137	0.137
2.2	0.073	0.083	0.092	0.098	0.104	0.108	0.121	0.125	0.126	0.127	0.128	0.128
2.4	0.064	0.073	0.081	0.088	0.093	0.098	0.111	0.116	0.118	0.118	0.119	0.119
2.6	0.057	0.065	0.072	0.079	0.084	0.089	0.102	0.107	0.110	0.111	0.112	0.112
2.8	0.050	0.058	0.065	0.071	0.076	0.080	0.094	0.100	0.102	0.104	0.105	0.105
3.0	0.045	0.052	0.058	0.064	0.069	0.073	0.087	0.093	0.096	0.097	0.099	0.099
3.2	0.040	0.047	0.053	0.058	0.063	0.067	0.081	0.087	0.090	0.092	0.093	0.094
3.4	0.036	0.042	0.048	0.053	0.057	0.061	0.075	0.081	0.085	0.086	0.088	0.089
3.6	0.033	0.038	0.043	0.048	0.052	0.056	0.069	0.076	0.080	0.082	0.084	0.084
3.8	0.030	0.035	0.040	0.044	0.048	0.052	0.065	0.072	0.075	0.077	0.080	0.080
4.0	0.027	0.032	0.036	0.040	0.044	0.048	0.060	0.067	0.071	0.073	0.076	0.076
4.2	0.025	0.029	0.033	0.037	0.041	0.044	0.056	0.063	0.067	0.070	0.072	0.073
4.4	0.023	0.027	0.031	0.034	0.038	0.041	0.053	0.060	0.064	0.066	0.069	0.070
4.6	0.021	0.025	0.028	0.032	0.035	0.038	0.049	0.056	0.061	0.063	0.066	0.067
4.8	0.019	0.023	0.026	0.029	0.032	0.035	0.046	0.053	0.058	0.060	0.064	0.064
5.0	0.018	0.021	0.024	0.027	0.030	0.033	0.043	0.050	0.055	0.057	0.061	0.062
6.0	0.013	0.015	0.017	0.020	0.022	0.024	0.033	0.039	0.043	0.046	0.051	0.052
7.0	0.009	0.011	0.013	0.015	0.016	0.018	0.025	0.031	0.035	0.038	0.043	0.045
8.0	0.007	0.009	0.010	0.011	0.013	0.014	0.020	0.025	0.028	0.031	0.037	0.039
9.0	0.006	0.007	0.008	0.009	0.010	0.011	0.016	0.020	0.024	0.026	0.032	0.035
10.0	0.005	0.006	0.007	0.007	0.008	0.009	0.013	0.017	0.020	0.022	0.028	0.032
12.0	0.003	0.004	0.005	0.005	0.006	0.006	0.009	0.012	0.014	0.017	0.022	0.026
14.0	0.002	0.003	0.004	0.004	0.004	0.005	0.007	0.009	0.011	0.013	0.018	0.023
16.0	0.002	0.002	0.003	0.003	0.003	0.004	0.005	0.007	0.009	0.010	0.014	0.020
18.0	0.001	0.002	0.002	0.002	0.003	0.003	0.004	0.006	0.007	0.008	0.012	0.018
20.0	0.001	0.001	0.002	0.002	0.002	0.002	0.004	0.005	0.006	0.007	0.010	0.016
25.0	0.001	0.001	0.001	0.001	0.001	0.002	0.002	0.003	0.004	0.004	0.007	0.013
30.0	0.001	0.001	0.001	0.001	0.001	0.001	0.002	0.002	0.003	0.003	0.005	0.011
35.0	0.000	0.000	0.001	0.001	0.001	0.001	0.001	0.002	0.002	0.002	0.004	0.009
40.0	0.000	0.000	0.001	0.001	0.001	0.001	0.001	0.001	0.001	0.002	0.003	0.008

矩形面积上均布荷载作用下角点的平均附加应力系数 $\bar{\alpha}$ 附表 1-2

z/b \ l/b	1.0	1.2	1.4	1.6	1.8	2.0	2.4	2.8	3.2	3.6	4.0	5.0	10.0
0.0	0.2500	0.2500	0.2500	0.2500	0.2500	0.2500	0.2500	0.2500	0.2500	0.2500	0.2500	0.2500	0.2500
0.2	0.2496	0.2497	0.2497	0.2498	0.2498	0.2498	0.2498	0.2498	0.2498	0.2498	0.2498	0.2498	0.2498
0.4	0.2474	0.2479	0.2481	0.2483	0.2483	0.2484	0.2485	0.2485	0.2485	0.2485	0.2485	0.2485	0.2485
0.6	0.2423	0.2437	0.2444	0.2448	0.2451	0.2452	0.2454	0.2455	0.2455	0.2455	0.2455	0.2455	0.2456
0.8	0.2346	0.2372	0.2387	0.2395	0.2400	0.2403	0.2407	0.2408	0.2409	0.2409	0.2410	0.2410	0.2410
1.0	0.2252	0.2291	0.2313	0.2326	0.2335	0.2340	0.2346	0.2349	0.2351	0.2352	0.2352	0.2353	0.2353
1.2	0.2149	0.2199	0.2229	0.2248	0.2260	0.2268	0.2278	0.2282	0.2285	0.2286	0.2287	0.2288	0.2289
1.4	0.2043	0.2102	0.2140	0.2164	0.2180	0.2191	0.2204	0.2211	0.2215	0.2217	0.2218	0.2220	0.2221
1.6	0.1939	0.2006	0.2049	0.2079	0.2099	0.2113	0.2130	0.2138	0.2143	0.2146	0.2148	0.2150	0.2152
1.8	0.1840	0.1912	0.1960	0.1994	0.2018	0.2034	0.2055	0.2066	0.2073	0.2077	0.2079	0.2082	0.2084
2.0	0.1746	0.1822	0.1875	0.1912	0.1938	0.1958	0.1982	0.1996	0.2004	0.2009	0.2012	0.2015	0.2018
2.2	0.1659	0.1737	0.1793	0.1833	0.1862	0.1883	0.1911	0.1927	0.1937	0.1943	0.1947	0.1952	0.1955
2.4	0.1578	0.1657	0.1715	0.1757	0.1789	0.1812	0.1843	0.1862	0.1873	0.1880	0.1885	0.1890	0.1895
2.6	0.1503	0.1583	0.1642	0.1686	0.1719	0.1745	0.1779	0.1799	0.1812	0.1820	0.1825	0.1832	0.1838
2.8	0.1433	0.1514	0.1574	0.1619	0.1654	0.1680	0.1717	0.1739	0.1753	0.1763	0.1769	0.1777	0.1784
3.0	0.1369	0.1449	0.1510	0.1556	0.1592	0.1619	0.1658	0.1682	0.1698	0.1708	0.1715	0.1725	0.1733
3.2	0.1310	0.1390	0.1450	0.1497	0.1533	0.1562	0.1602	0.1628	0.1645	0.1657	0.1664	0.1675	0.1685
3.4	0.1256	0.1334	0.1394	0.1441	0.1478	0.1508	0.1550	0.1577	0.1595	0.1607	0.1616	0.1628	0.1639
3.6	0.1205	0.1282	0.1342	0.1389	0.1427	0.1456	0.1500	0.1528	0.1548	0.1561	0.1570	0.1583	0.1595
3.8	0.1158	0.1234	0.1293	0.1340	0.1378	0.1408	0.1452	0.1482	0.1502	0.1516	0.1526	0.1541	0.1554
4.0	0.1114	0.1189	0.1248	0.1294	0.1332	0.1362	0.1408	0.1438	0.1459	0.1474	0.1485	0.1500	0.1516
4.2	0.1073	0.1147	0.1205	0.1251	0.1289	0.1319	0.1365	0.1396	0.1418	0.1434	0.1445	0.1462	0.1479
4.4	0.1035	0.1107	0.1164	0.1210	0.1248	0.1279	0.1325	0.1357	0.1379	0.1396	0.1407	0.1425	0.1444
4.6	0.1000	0.1070	0.1127	0.1172	0.1209	0.1240	0.1287	0.1319	0.1342	0.1359	0.1371	0.1390	0.1410
4.8	0.0967	0.1036	0.1091	0.1136	0.1173	0.1204	0.1250	0.1283	0.1307	0.1324	0.1337	0.1357	0.1379
5.0	0.0935	0.1003	0.1057	0.1102	0.1139	0.1169	0.1216	0.1249	0.1273	0.1291	0.1304	0.1325	0.1348
5.2	0.0906	0.0972	0.1026	0.1070	0.1106	0.1136	0.1183	0.1217	0.1241	0.1259	0.1273	0.1295	0.1320
5.4	0.0878	0.0943	0.0996	0.1039	0.1075	0.1105	0.1152	0.1186	0.1211	0.1229	0.1243	0.1265	0.1292
5.6	0.0852	0.0916	0.0968	0.1010	0.1046	0.1076	0.1122	0.1156	0.1181	0.1200	0.1215	0.1238	0.1266
5.8	0.0828	0.0890	0.0941	0.0983	0.1018	0.1047	0.1094	0.1128	0.1153	0.1172	0.1187	0.1211	0.1240
6.0	0.0805	0.0866	0.0916	0.0957	0.0991	0.1021	0.1067	0.1101	0.1126	0.1146	0.1161	0.1185	0.1216
6.2	0.0783	0.0842	0.0891	0.0932	0.0966	0.0995	0.1041	0.1075	0.1101	0.1120	0.1136	0.1161	0.1193
6.4	0.0762	0.0820	0.0869	0.0909	0.0942	0.0971	0.1016	0.1050	0.1076	0.1096	0.1111	0.1137	0.1171
6.6	0.0742	0.0799	0.0847	0.0886	0.0919	0.0948	0.0993	0.1027	0.1053	0.1073	0.1088	0.1114	0.1149
6.8	0.0723	0.0779	0.0826	0.0865	0.0898	0.0926	0.0970	0.1004	0.1030	0.1050	0.1066	0.1092	0.1129
7.0	0.0705	0.0761	0.0806	0.0844	0.0877	0.0904	0.0949	0.0982	0.1008	0.1028	0.1044	0.1071	0.1109
7.2	0.0688	0.0742	0.0787	0.0825	0.0857	0.0884	0.0928	0.0962	0.0987	0.1008	0.1023	0.1051	0.1090
7.4	0.0672	0.0725	0.0769	0.0806	0.0838	0.0865	0.0908	0.0942	0.0967	0.0988	0.1004	0.1031	0.1071
7.6	0.0656	0.0709	0.0752	0.0789	0.0820	0.0846	0.0889	0.0922	0.0948	0.0968	0.0984	0.1012	0.1054
7.8	0.0642	0.0693	0.0736	0.0771	0.0802	0.0828	0.0871	0.0904	0.0929	0.0950	0.0966	0.0994	0.1036
8.0	0.0627	0.0678	0.0720	0.0755	0.0785	0.0811	0.0853	0.0886	0.0912	0.0932	0.0948	0.0976	0.1020
8.2	0.0614	0.0663	0.0705	0.0739	0.0769	0.0795	0.0837	0.0869	0.0894	0.0914	0.0931	0.0959	0.1004
8.4	0.0601	0.0649	0.0690	0.0724	0.0754	0.0779	0.0820	0.0852	0.0878	0.0898	0.0914	0.0943	0.0988
8.6	0.0588	0.0636	0.0676	0.0710	0.0739	0.0764	0.0805	0.0836	0.0862	0.0882	0.0898	0.0927	0.0973
8.8	0.0576	0.0623	0.0663	0.0696	0.0724	0.0749	0.0790	0.0821	0.0846	0.0866	0.0882	0.0912	0.0959

z/b \ l/b	1.0	1.2	1.4	1.6	1.8	2.0	2.4	2.8	3.2	3.6	4.0	5.0	10.0
9.2	0.0554	0.0599	0.0637	0.0670	0.0697	0.0721	0.0761	0.0792	0.0817	0.0837	0.0853	0.0882	0.0931
9.6	0.0533	0.0577	0.0614	0.0645	0.0672	0.0696	0.0734	0.0765	0.0789	0.0809	0.0825	0.0855	0.0905
10.0	0.0514	0.0556	0.0592	0.0622	0.0649	0.0672	0.0710	0.0739	0.0763	0.0783	0.0799	0.0829	0.0880
10.4	0.0496	0.0537	0.0572	0.0601	0.0627	0.0649	0.0686	0.0716	0.0739	0.0759	0.0775	0.0804	0.0857
10.8	0.0479	0.0519	0.0553	0.0581	0.0606	0.0628	0.0664	0.0693	0.0717	0.0736	0.0751	0.0781	0.0834
11.2	0.0463	0.0502	0.0535	0.0563	0.0587	0.0609	0.0644	0.0672	0.0695	0.0714	0.0730	0.0759	0.0813
11.6	0.0448	0.0486	0.0518	0.0545	0.0569	0.0590	0.0625	0.0652	0.0675	0.0694	0.0709	0.0738	0.0793
12.0	0.0435	0.0471	0.0502	0.0529	0.0552	0.0573	0.0606	0.0634	0.0656	0.0674	0.0690	0.0719	0.0774
12.8	0.0409	0.0444	0.0474	0.0499	0.0521	0.0541	0.0573	0.0599	0.0621	0.0639	0.0654	0.0682	0.0739
13.6	0.0387	0.0420	0.0448	0.0472	0.0493	0.0512	0.0543	0.0568	0.0589	0.0607	0.0621	0.0649	0.0707
14.4	0.0367	0.0398	0.0425	0.0448	0.0468	0.0486	0.0516	0.0540	0.0561	0.0577	0.0592	0.0619	0.0677
15.2	0.0349	0.0379	0.0404	0.0426	0.0446	0.0463	0.0492	0.0515	0.0535	0.0551	0.0565	0.0592	0.0650
16.0	0.0332	0.0361	0.0385	0.0407	0.0425	0.0442	0.0469	0.0492	0.0511	0.0527	0.0540	0.0567	0.0625
18.0	0.0297	0.0323	0.0345	0.0364	0.0381	0.0396	0.0422	0.0442	0.0460	0.0475	0.0487	0.0512	0.0570
20.0	0.0269	0.0292	0.0312	0.0330	0.0345	0.0359	0.0383	0.0402	0.0418	0.0432	0.0444	0.0468	0.0524

附录二 单桩竖向静载荷试验要点

1. 单桩竖向静载荷试验的加载方式，应按慢速维持荷载法。

2. 加载反力装置宜采用锚桩，当采用堆载时应符合下列规定：

(1) 堆载加于地基的压应力不宜超过地基承载力特征值。

(2) 堆载的限值可根据其对试桩和对基准桩的影响确定。

(3) 堆载量大时，宜利用桩（可利用工程桩）作为堆载的支点。

(4) 试验反力装置的最大抗拔或承重能力应满足试验加荷的要求。

3. 试桩、锚桩（压重平台支座）和基准桩之间的中心距离应符合附表 2-1 的规定。

试桩、锚桩和基准桩之间的中心距离   附表 2-1

反力系统	试桩与锚桩（或压重平台支座墩边）	试桩与基准桩	基准桩与锚桩（或压重平台支座墩边）
锚桩横梁反力装置 压重平台反力装置	≥4d 且 ＞2.0m	≥4d 且 ＞2.0m	≥4d 且 ＞2.0m

注：d——试桩或锚桩的设计直径，取其较大者（如试桩或锚桩为扩底桩时，试桩与锚桩的中心距尚不应小于 2 倍扩大端直径）。

4. 开始试验的时间：预制桩在砂土中入土 7d 后。黏性土不得少于 15d。对于饱和软黏土不得少于 25d。灌注桩应在桩身混凝土达到设计强度后，才能进行。

5. 加荷分级不应小于 8 级，每级加载量宜为预估极限荷载的 1/8～1/10。

6. 测读桩沉降量的间隔时间：每级加载后，每第 5min、10min、15min 时各测读一次，以后每隔 15min 读一次，累计 1h 后每隔半小时读一次。

7. 在每级荷载作用下，桩的沉降量连续两次在每小时内小于 0.1mm 时可视为稳定。

8. 符合下列条件之一时可终止加载：

(1) 当荷载-沉降（Q-s）曲线上有可判定极限承载力的陡降段，且桩顶总沉降量超过 40mm；

(2) $\dfrac{\Delta s_{n+1}}{\Delta s_n} \geqslant 2$，且经 24h 尚未达到稳定；

(3) 25m 以上的非嵌岩桩，Q-s 曲线呈缓变形时，桩顶总沉降量大于 60～80mm；

(4) 在特殊条件下，可根据具体要求加载至桩顶总沉降量大于 100mm。

注：1. Δs_n——第 n 级荷载的沉降量；Δs_{n+1}——第 $n+1$ 级荷载的沉降量；

    2. 桩底支承在坚硬岩（土）层上，桩的沉降量很小时，最大加载量不应小于设计荷载的两倍。

9. 卸载及卸载观测应符合下列规定：

(1) 每级卸载值为加载值的两倍；

(2) 卸载后隔 15min 测读一次，读两次后，隔半小时再读一次，即可卸下一级荷载；

（3）全部卸载后，隔 3h 再测读一次。

10. 单桩竖向极限承载力应按下列方法确定：

（1）作荷载-沉降（Q-s）曲线和其他辅助分析所需的曲线。

（2）当陡降段明显时，取相应于陡降段起点的荷载值。

（3）当出现本附录第 8 条第 2 款的情况时，取前一级荷载值。

（4）Q-s 曲线呈缓变形时，取桩顶总沉降量 $s = 40mm$ 所对应的荷载值，当桩长大于 40m 时，宜考虑桩身的弹性压缩。

（5）按上述方法判断有困难时，可结合其他辅助分析方法综合判定。对桩基沉降有特殊要求者，应根据具体情况选取。

（6）参加统计的试桩，当满足其极差不超过平均值的 30% 时，可取其平均值为单桩竖向极限承载力；极差超过平均值的 30% 时，宜增加试桩数量并分析极差过大的原因，结合工程具体情况确定极限承载力。对桩数为 3 根及 3 根以下的柱下桩台，取最小值。

11. 将单桩竖向极限承载力除以安全系数 2，为单桩竖向承载力特征值（R_a）。

附录三　桩型与成桩工艺选择

桩型与成桩工艺选择　　　　　　　　　　　　　附表 3-1

桩类（成桩方式 / 工艺 / 桩类）			桩径 桩身(mm)	桩径 扩底端(mm)	最大桩长(m)	穿越土层 一般黏性土及其填土	淤泥和淤泥质土	粉土	砂土	碎石土	季节性冻土膨胀土	黄土 非自重湿陷性黄土	黄土 自重湿陷性黄土	中间有硬夹层	中间有砾石夹层	桩端进入持力层 硬黏性土	密实砂土	碎石土	软质岩石和风化岩石	地下水位 以上	以下	对环境影响 振动和噪声	排浆	孔底有无挤密
非挤土成桩	干作业法	长螺旋钻孔灌注桩	300~800	—	28	○	×	○	△	×	○	△	×	△	○	○	○	△	×	○	×	无	无	无
		短螺旋钻孔灌注桩	300~800	—	20	○	×	○	△	×	○	△	×	△	○	○	○	△	×	○	×	无	无	无
		钻孔扩底灌注桩	300~600	800~1200	30	○	×	○	△	×	○	△	×	△	△	○	○	△	×	○	×	无	无	无
		机动洛阳铲成孔灌注桩	300~500	—	20	○	×	○	△	×	○	△	×	×	×	○	△	×	×	○	×	无	无	无
		人工挖孔扩底灌注桩	800~2000	1600~3000	30	○	△	○	○	△	○	○	△	○	○	○	○	△	○	○	△	无	无	无
	泥浆护壁法	潜水钻成孔灌注桩	500~800	—	50	○	△	○	○	△	○	○	△	○	△	○	○	△	×	○	○	无	有	无
		反循环钻成孔灌注桩	600~1200	—	80	○	△	○	○	△	○	○	△	○	○	○	○	○	△	○	○	无	有	无
		正循环钻成孔灌注桩	600~1200	—	80	○	△	○	○	△	○	○	△	○	○	○	○	○	△	○	○	无	有	无
		旋挖成孔灌注桩	600~1200	—	60	○	△	○	○	△	○	○	△	○	△	○	○	△	△	○	○	无	有	无
		钻孔扩底灌注桩	600~1200	1000~1600	30	○	△	○	○	△	○	○	△	○	△	○	○	△	×	○	○	无	有	无
	套管护壁	贝诺托灌注桩	800~1600	—	50	○	△	○	○	△	○	○	△	○	○	○	○	○	△	○	○	无	无	无
		短螺旋钻孔灌注桩	300~800	—	20	○	×	○	△	×	○	△	×	△	○	○	○	△	×	○	×	无	无	无
部分挤土成桩	灌注桩	冲击成孔灌注桩	600~1200	—	50	○	△	○	○	○	○	○	△	○	○	○	○	○	△	○	○	有	有	无
		长螺旋钻孔压灌桩	300~800	—	25	○	△	○	△	×	○	△	×	△	○	○	○	△	×	○	○	无	无	无
		钻孔挤扩多支盘桩	700~900	1200~1600	40	○	△	○	△	×	○	△	×	△	△	○	○	△	×	○	○	无	无	无
	预制桩	预钻孔打入式预制桩	500	—	50	○	△	○	△	△	○	△	△	○	△	○	○	△	×	○	○	有	无	有
		静压混凝土（预应力混凝土）敞口管桩	800	—	60	○	△	○	△	△	○	△	△	○	△	○	○	△	×	○	○	无	无	有
		H 型钢桩	规格	—	60	○	△	○	△	△	○	△	△	○	△	○	○	△	×	○	○	有	无	无
		敞口钢管桩	600~900	—	80	○	△	○	△	△	○	△	△	○	△	○	○	△	×	○	○	有	无	有
挤土成桩	灌注桩	内夯沉管灌注桩	325，377	460~700	25	○	○	○	△	×	○	△	△	○	×	△	△	△	×	○	○	有	无	有
	预制桩	打入式混凝土预制桩 闭口钢管桩、混凝土管桩	500×500 1000	—	60	○	○	○	△	△	○	△	△	○	×	○	△	△	×	○	○	有	无	有
		静压桩	1000	—	60	○	○	○	△	△	○	△	△	○	×	○	△	△	×	○	○	无	无	有

注：表中符号○表示比较合适；△表示有可能采用；×表示不宜采用。

附录四　独立基础平法施工图

独立基础平法施工图，有平面注写与截面注写两种表达方式，设计者可根据具体工程情况选择一种，或两种方式相结合进行独立基础的施工图设计。

当绘制独立基础平面布置图时，应将独立基础平面与基础所支承的柱一起绘制。当设置基础连系梁时，可根据图面的疏密情况，将基础连系梁与基础平面布置图一起绘制，或将基础连系梁布置图单独绘制。

在独立基础平面布置图上应标注基础定位尺寸；当独立基础的柱中心线或杯口中心线与建筑轴线不重合时，应标注其定位尺寸。编号相同且定位尺寸相同的基础，可仅选择一个进行标注。

各种独立基础编号按附表 4-1 规定。

独立基础编号 附表 4-1

类　　型	基础底板截面形状	代　号	序　号
普通独立基础	阶形	DJ$_J$	××
	坡形	DJ$_P$	××
杯口独立基础	阶形	BJ$_J$	××
	坡形	BJ$_P$	××

独立基础的平面注写方式，分为集中标注和原位标注两部分内容。

一、集中标注

普通独立基础和杯口独立基础的集中标注，系在基础平面图上集中引注：基础编号、截面竖向尺寸、配筋三项必注内容，以及基础底面标高（与基础底面基准标高不同时）和必要的文字注解两项选注内容。

素混凝土普通独立基础的集中标注，除无基础配筋内容外均与钢筋混凝土普通独立基础相同。

独立基础集中标注的具体内容，规定如下：

1. 注写独立基础编号（必注内容），见附表 4。

独立基础底板的截面形状通常有两种：

(1) 阶形截面编号加下标"J"，如 DJ$_J$××、BJ$_J$××；

(2) 坡形截面编号加下标"P"，如 DJ$_P$××、BJ$_P$××。

2. 注写独立基础截面竖向尺寸（必注内容）。下面按普通独立基础和杯口独立基础分别进行说明。

(1) 普通独立基础。注写 $h_1/h_2/\cdots\cdots$，具体标注为：

1) 当基础为阶形截面时，见示意附图 4-1。

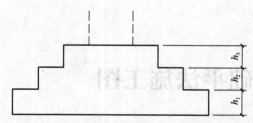

附图 4-1　阶形截面普通独立基础竖向尺寸

【例 1】 当阶形截面普通独立基础 $DJ_J\times\times$ 的竖向尺寸注写为 400/300/300 时，表示 $h_1=400$、$h_2=300$、$h_3=300$，基础底板总厚度为 1000。

上例及附图 1 为三阶；当为更多阶时，各阶尺寸自下而上用"/"分隔顺写。

当基础为单阶时，其竖向尺寸仅为一个，且为基础总厚度，示意见附图 4-2。

2）当基础为坡形截面时，注写为 h_1/h_2，示意见附图 4-3。

【例 2】 当坡形截面普通独立基础 $DJ_P\times\times$ 的竖向尺寸注写为 350/300 时，表示 $h_1=350$、$h_2=300$，基础底板总厚度为 650。

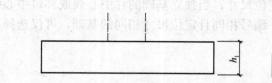

附图 4-2　单阶普通独立基础竖向尺寸

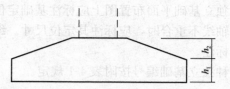

附图 4-3　坡形截面普通独立基础竖向尺寸

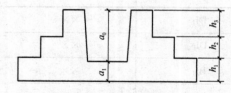

附图 4-4　阶形截面杯口独立基础竖向尺寸

（2）杯口独立基础：

当基础为阶形截面时，其竖向尺寸分两组，一组表达杯口内，另一组表达杯口外，两组尺寸以"，"分隔，注写为：a_0/a_1，$h_1/h_2/\cdots\cdots$，其含义示意见附图 4-4，其中杯口深度 a_0 为柱插入杯口的尺寸加 50mm。

当杯口独立基础为坡形截面时，详见图集 11G101-3。

3. 注写独立基础配筋（必注内容）。

（1）注写独立基础底板配筋。普通独立基础和杯口独立基础的底部双向配筋注写规定如下：

1）以 B 代表各种独立基础底板的底部配筋；

2）X 向配筋以 X 打头、Y 向配筋以 Y 打头注写；当两向配筋相同时，则以 X&Y 打头注写。

【例 3】 当独立基础底板配筋标注为：B：X Φ 16@150，Y Φ 16@200；表示基础底板底部配置 HRB400 级钢筋，X 向直径为 Φ 16，分布间距 150；Y 向直径为 Φ 16，分布间距 200。示意见附图 4-5。

（2）注写杯口独立基础顶部焊接钢筋网。以 Sn 打头引注杯口顶部焊接钢筋网的各边钢筋。

【例 4】 当杯口独立基础顶部钢筋网标注为：Sn 2 Φ 14，表示杯口顶部每边配置 2 根 HRB400 级直径为 Φ 14 的焊接钢筋网。示意见附图 4-6。

（3）注写高杯口独立基础的杯壁外侧和短柱配筋，见图集 11G101-3 规定。

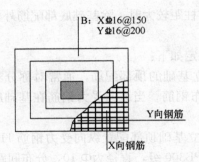

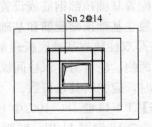

附图 4-5　独立基础底板底部双向配筋示意　　附图 4-6　单杯口独立基础顶部焊接钢筋网示意

（4）注写普通独立深基础短柱竖向尺寸及钢筋。当独立基础埋深较大，设置短柱时，短柱配筋应注写在独立基础中。具体注写规定见图集 11G101-3。

4. 注写基础底面标高（选注内容）。当独立基础的底面标高与基础底面基准标高不同时，应将独立基础底面标高直接注写在"（　）"内。

5. 必要的文字注解（选注内容）。当独立基础的设计有特殊要求时，宜增加必要的文字注解。例如，基础底板配筋长度是否采用减短方式等，可在该项内注明。

二、原位标注

钢筋混凝土和素混凝土独立基础的原位标注，系在基础平面布置图上标注独立基础的平面尺寸。对相同编号的基础，可选择一个进行原位标注；当平面图形较小时，可将所选定进行原位标注的基础按比例适当放大；其他相同编号者仅注编号。

原位标注的具体内容规定如下：

普通独立基础。原位标注 x、y、x_c、y_c（或圆柱直径 d_c），x_i、y_i，$i=1$，2，3……。其中，x、y 为普通独立基础两向边长，x_c、y_c 为柱截面尺寸，x_i，y_i 为阶宽或坡形平面尺寸（当设置短柱时，尚应标注短柱的截面尺寸）。

对称阶形截面普通独立基础的原位标注，见附图 4-7；非对称阶形截面设置短柱、杯口独立基础的原位标注，见图集 11G101-3。

三、集中标注与原位标注的综合表达

普通独立基础采用平面注写方式的集中标注和原位标注综合设计表达示意，见附图 4-8。

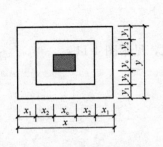

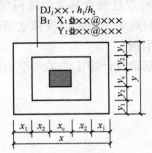

附图 4-7　对称阶形截面普通独立基础原位标注　　附图 4-8　普通独立基础平面注写方式设计表达示意

四、双柱独立基础的表达

双柱独立基础的编号、几何尺寸和配筋的标注方法与单柱独立基础相同。当双柱独立

基础且柱距较小时，通常仅配置基础底部钢筋；当柱距较大时，除基础底部配筋外，尚需在两柱间配置基础顶部钢筋或设置基础梁。

双柱独立基础顶部配筋和基础梁的注写方法规定如下：

1. 注写双柱独立基础底板顶部配筋。双柱独立基础的顶部配筋，通常对称分布在双柱中心线两侧，注写为：双柱间纵向受力钢筋/分布钢筋。当纵向受力钢筋在基础底板顶面非满布时，应注明其总根数。

【例5】T：11Φ18@100/Φ10@200；表示独立基础顶部配置纵向受力钢筋 HRB400 级，直径为Φ18设置11根，间距100；分布筋 HPB300 级，直径为Φ10，分布间距200。示意见附图4-9。

2. 注写双柱独立基础的基础梁配筋。当双柱独立基础为基础底板与基础梁相结合时，注写基础梁的编号、几何尺寸和配筋。如 JL×× (1) 表示该基础梁为1跨，两端无外伸；JL×× (1A) 表示该基础梁为1跨，一端有外伸；JL×× (1B) 表示该基础梁为1跨，两端均有外伸。

通常情况下，双柱独立基础宜采用端部有外伸的基础梁，基础底板则采用受力明确、构造简单的单向受力配筋与分布筋。基础梁宽度宜比柱截面宽出不小于100mm（每边不小于50mm）。

基础梁的注写规定与条形基础的基础梁注写规定相同，注写示意图见附图4-10。

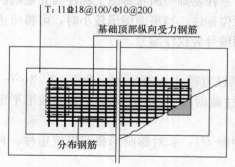

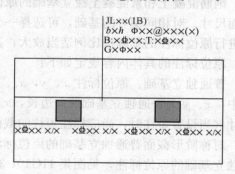

附图4-9　双柱独立基础顶部配筋示意　　　附图4-10　双柱独立基础的基础梁配筋注写示意

3. 注写双柱独立基础的底板配筋。双柱独立基础底板配筋的注写，可以按条形基础底板的注写规定，也可以按独立基础底板的注写规定。

五、示例

独立基础设计施工图采用平面注写方式表达的示意，见附图4-11。

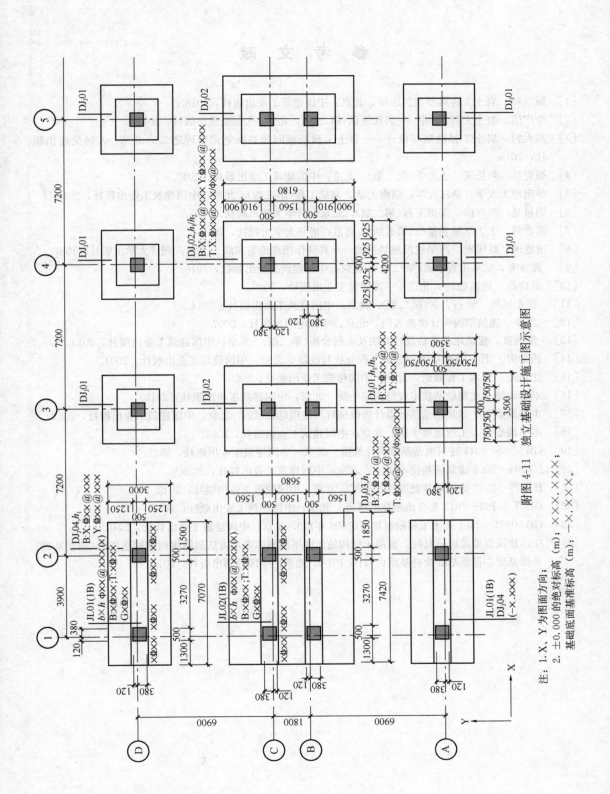

附图 4-11 独立基础设计施工图示意图

注：1. X、Y 为图面方向；
2. ±0.000 的绝对标高 (m)：×××.×××；
   基础底面基准标高 (m)：−×.×××。

参 考 文 献

[1] 顾宝和．岩土工程典型案例述评．北京：中国建筑工业出版社，2015.

[2] 李广信．岩土工程50讲——岩坛漫话(第二版)．北京：人民交通出版社，2013.

[3] 高大钊．岩土工程勘察与设计——岩土工程疑难问题答疑笔记整理之二．北京：人民交通出版社，2013.

[4] 张克恭，刘松玉．土力学(第三版)．北京：中国建筑工业出版社，2010.

[5] 华南理工大学，浙江大学，湖南大学．基础工程(第三版)．北京：中国建筑工业出版社，2014.

[6] 周星星，李广信．基础工程(第二版)．北京：清华大学出版社，2007.

[7] 陈希哲．土力学地基基础(第五版)．北京：清华大学出版社，2013.

[8] 董建国、赵锡宏．高层建筑地基基础——共同作用理论与实践．上海：同济大学出版社，1997.

[9] 龚晓南．桩基工程手册(第二版)．北京：中国建筑工业出版社，2016.

[10] 龚晓南．地基处理．北京：中国建筑工业出版社，2005.

[11] 张永兴等．岩石力学(第二版)．北京：中国建筑工业出版社，2014.

[12] 刘铮．建筑结构设计快速入门．北京：中国电力出版社，2007.

[13] 朱炳寅．建筑地基基础设计方法及实例分析(第二版)．北京：中国建筑工业出版社，2013.

[14] 约瑟夫·E·波勒斯著．基础工程分析与设计．北京：中国建筑工业出版社，2004.

[15] 沈祖炎．土木工程概论．北京：中国建筑工业出版社，2009.

[16] 刘金砺等．建筑桩基技术规范应用手册．北京：中国建筑工业出版社，2010.

[17] 本书编委会．建筑地基基础设计规范理解与应用(第二版)．北京：中国建筑工业出版社，2012.

[18] 本书编委会．工程地质手册．北京：中国建筑工业出版社，2007.

[19] GB 5007—2011 建筑地基基础设计规范．北京：中国建筑工业出版社，2011.

[20] JGJ 94—2008 建筑桩基技术规范．北京：中国建筑工业出版社，2009.

[21] JGJ 79—2012 建筑地基处理技术规范．北京：中国建筑工业出版社，2012.

[22] GB/T 50783—2012 复合地基技术规范．北京：中国建筑工业出版社，2012.

[23] GB 50021—2001 岩土工程勘察规范(2009年版)．北京：中国建筑工业出版社，2010.

[24] 中国建筑标准设计研究院．混凝土结构施工图平面整体表示方法制图规则和构造详图(独立基础、条形基础、筏形基础及桩基承台)11G 101-3．北京：中国计划出版社，2011.